U0391711

住房和城乡建设部“十四五”规划教材
高等学校给排水科学与工程专业新形态系列教材

城镇水厂的运行管理

李亚峰　李　军　李倩倩　主编
蒋白懿　主审

中国建筑工业出版社

图书在版编目（CIP）数据

城镇水厂的运行管理／李亚峰，李军，李倩倩主编
．—北京：中国建筑工业出版社，2023.8
住房和城乡建设部“十四五”规划教材　高等学校给
排水科学与工程专业新形态系列教材
ISBN 978-7-112-29004-8

Ⅰ.①城…　Ⅱ.①李…②李…③李…　Ⅲ.①水厂—
运营管理—高等学校—教材　Ⅳ.①TU991.6

中国国家版本馆CIP数据核字（2023）第143000号

本教材主要介绍城镇给水厂、城镇污水处理厂的运行管理及泵站与鼓风机房的运行管理，包括城镇给水厂的典型处理工艺及主要处理构筑物、城镇给水厂的试运行与水质监测、给水厂处理构筑物的运行管理、城镇污水处理厂典型处理工艺及主要处理构筑物、城镇污水处理厂的试运行与水质监测、污水处理系统的运行管理、污泥处理构筑物的运行管理以及水厂主要运转设施的运行管理等方面的知识。

本书是给排水科学与工程专业的本科生教材，也可供从事城镇供水、城镇污水处理的管理人员、技术人员参考。

为了便于教学，作者特别制作了配套电子课件。索取方式：

1. 邮箱：jckj@cabp.com.cn；12220278@qq.com
2. 电话：（010）58337285；
3. 建工书院：http://edu.cabplink.com。

责任编辑：吕　娜　王美玲
文字编辑：勾淑婷
责任校对：姜小莲

住房和城乡建设部“十四五”规划教材
高等学校给排水科学与工程专业新形态系列教材
城镇水厂的运行管理
李亚峰　李　军　李倩倩　主编
蒋白懿　主审
*
中国建筑工业出版社出版、发行（北京海淀三里河路9号）
各地新华书店、建筑书店经销
北京建筑工业印刷有限公司制版
北京圣夫亚美印刷有限公司印刷
*
开本：787毫米×1092毫米　1/16　印张：13½　字数：319千字
2023年9月第一版　2023年9月第一次印刷
定价：**45.00**元
ISBN 978-7-112-29004-8
（41065）

出版说明

党和国家高度重视教材建设。2016年，中共中央办公厅、国务院办公厅联合印发了《关于加强和改进新形势下大中小学教材建设的意见》，提出要健全国家教材制度。2019年12月，教育部牵头制定了《普通高等学校教材管理办法》和《职业院校教材管理办法》，旨在全面加强党的领导，切实提高教材建设的科学化水平，打造精品教材。住房和城乡建设部历来重视土建类学科专业教材建设，从“九五”开始组织部级规划教材立项工作，经过近30年的不断建设，规划教材提升了住房和城乡建设行业教材质量和认可度，出版了一系列精品教材，有效促进了行业部门引导专业教育，推动了行业高质量发展。

为进一步加强高等教育、职业教育住房和城乡建设领域学科专业教材建设工作，提高住房和城乡建设行业人才培养质量，2020年12月，住房和城乡建设部办公厅印发《关于申报高等教育职业教育住房和城乡建设领域学科专业“十四五”规划教材的通知》（建办人函〔2020〕656号），开展了住房和城乡建设部“十四五”规划教材选题的申报工作。经过专家评审和部人事司审核，512项选题列入住房和城乡建设领域学科专业“十四五”规划教材（简称规划教材）。2021年9月，住房和城乡建设部印发了《高等教育职业教育住房和城乡建设领域学科专业“十四五”规划教材选题的通知》（建人函〔2021〕36号）（简称《通知》）。为做好规划教材的编写、审核、出版等工作，《通知》要求：（1）规划教材的编著者应依据《住房和城乡建设领域学科专业“十四五”规划教材申请书》（简称《申请书》）中的立项目标、申报依据、工作安排及进度，按时编写出高质量的教材；（2）规划教材编著者所在单位应履行《申请书》中的学校保证计划实施的主要条件，支持编著者按计划完成书稿编写工作；（3）高等学校土建类专业课程教材与教学资源专家委员会、全国住房和城乡建设职业教育教学指导委员会、住房和城乡建设部中等职业教育专业指导委员会应做好规划教材的指导、协调和审稿等工作，保证编写质量；（4）规划教材出版单位应积极配合，做好编辑、出版、发行等工作；（5）规划教材封面和书脊应标注“住房和城乡建设部‘十四五’规划教材”字样和统一标识；（6）规划教材应在“十四五”期间完成出版，逾期不能完成的，不再作为《住房和城乡建设领域学科专业“十四五”规划教材》。

住房和城乡建设领域学科专业“十四五”规划教材的特点，一是重点以修订教育部、住房和城乡建设部“十二五”“十三五”规划教材为主；二是严格按照专业标准规范要求编写，体现新发展理念；三是系列教材具有明显特点，满足不同层次和类型的学校专业教学要求；四是配备了数字资源，适应现代化教学的要求。规划教材的出版凝聚了作者、主审及编辑的心血，得到了有关院校、出版单位的大力支持，教材建设管理过程有严格保障。希望广大院校及各专业师生在选用、使用过程中，对规划教材的编写、出版质量进行反馈，以促进规划教材建设质量不断提高。

住房和城乡建设部“十四五”规划教材办公室

2021年11月

前　言

城镇水厂包括城镇给水厂和城镇污水处理厂。城镇给水厂是保障生活饮用水水质安全的关键，城镇污水处理厂是保证城镇生活污水达标排放的关键。城镇给水厂和城镇污水处理厂的出水能否达到设计要求的关键是日常的运行管理。因此，城镇水厂的运行管理是给排水科学与工程专业学生必须掌握的知识。

为了使学生能够系统地学习城镇给水厂和城镇污水处理厂运行管理方面的知识，在教育部给排水科学与工程专业教学指导分委员会的指导下，编写了这本教材。本教材以城镇给水厂和城镇污水处理厂的运行管理为重点，系统地介绍了城镇给水厂和城镇污水处理厂的典型处理工艺、常用的处理构筑物以及城镇水厂运行管理方面的知识，包括近几年城镇给水处理和城镇污水处理采用的新技术、新工艺以及泵站与鼓风机房等辅助设施；同时，对城镇给水厂和城镇污水处理厂运行管理中容易遇到的问题和解决办法进行了全面的归纳和总结。

本书共分为 3 篇 9 章。第 1 篇“城镇给水厂的运行管理”主要介绍城镇给水厂的典型处理工艺及主要处理构筑物、城镇给水厂试运行与水质监测、给水厂处理构筑物的运行管理。第 2 篇“城镇污水处理厂的运行管理”主要介绍城镇污水处理厂典型处理工艺及主要处理构筑物、城镇污水处理厂试运行与水质检测、污水处理系统的运行管理、污泥处理构筑物的运行管理。第 3 篇“泵站与鼓风机房的运行管理”主要介绍水泵与水泵站的运行与维护、鼓风机及鼓风机房的运行管理。本书是给排水科学与工程专业的本科生教材，也可供从事城镇供水、城镇污水处理的管理人员、技术人员参考。

本书第 1 章由李军、律泽编写；第 2 章由李军、伍健伯编写；第 3 章由李倩倩、傅翔宇编写；第 4 章由李亚峰、苏雷编写；第 5 章由李亚峰、尚彦辰编写；第 6 章由张驰、杨曦编写；第 7 章由刘元、鹿晓菲编写；第 8 章由李倩倩、王璐编写。第 9 章由李倩倩、伍健伯编写。全书由李亚峰统稿，蒋白懿教授负责主审。

本书是沈阳建筑大学立项建设教材。

由于编者知识水平有限，对于书中缺点和错误之处，请读者不吝指教。

编者

2023 年 1 月

目　　录

第 1 篇
城镇给水厂的运行管理

第1篇
城镇给水厂的运行管理

第1章　城镇给水厂的典型处理工艺及主要处理构筑物

1.1　生活饮用水卫生标准

我国政府为保障城镇居民的饮用水安全，制定了集中式供水的生活饮用水卫生标准。于1959年颁布的第一个国家标准《生活饮用水卫生规程》只包括了16项水质指标。1976年修订时将水质指标增加到23项。1985年修订时（《生活饮用水卫生标准》GB 5749—1985）又将水质指标增加到35项。2006年对原水质标准进行修订，GB 5749—2006与GB 5749—1985相比，水质指标增加到106项，增加了71项，修订了8项。该标准自2007年7月1日实施以来，对提升我国饮用水水质、保障饮用水水质安全发挥了重要作用。面对我国发展形势的新变化，人民群众对美好生活的新期待和原标准实施过程中出现的新问题，有关部门适时对原标准进行了修订，于2022年3月15日发布了《生活饮用水卫生标准》GB 5749—2022，并于2023年4月1日正式实施。新标准将原标准中的“非常规指标”调整为“扩展指标”，以反映地区生活饮用水水质特征及在一定时间内或特殊情况的水质特征，指标数量由原标准的106项调整为97项，包括常规指标43项和扩展指标54项。新标准规定生活饮用水水质应符合下列基本要求，保证用户饮用安全。

（1）生活饮用水中不得含有病原微生物。

（2）生活饮用水中化学物质不得危害人体健康。

（3）生活饮用水中放射性物质不得危害人体健康。

（4）生活饮用水的感官性状良好。

（5）生活饮用水应经消毒处理。

生活饮用水水质应符合表1-1和表1-3的卫生要求。集中式供水出厂水中消毒剂限值、出厂水和管网末梢水中消毒剂余量均应符合表1-2要求。

水质常规指标及限值　　表1-1

序号	指标	限值
一、微生物指标		
1	总大肠菌群（MPN/100mL或CFU/100mL）[a]	不得检出
2	大肠埃希氏菌（MPN/100mL或CFU/100mL）[a]	不得检出
3	菌落总数（MPN/mL，或CFU/mL）[b]	100

续表

序号	指标	限值
	二、毒理指标	
4	砷（mg/L）	0.01
5	镉（mg/L）	0.005
6	铬（六价）（mg/L）	0.05
7	铅（mg/L）	0.01
8	汞（mg/L）	0.001
9	氰化物（mg/L）	0.05
10	氟化物（mg/L）[b]	1.0
11	硝酸盐（以 N 计）（mg/L）[b]	10
12	三氯甲烷（mg/L）[c]	0.06
13	一氯二溴甲烷（mg/L）[c]	0.01
14	二氯一溴甲烷（mg/L）[c]	0.06
15	三溴甲烷（mg/L）[c]	0.1
16	三卤甲烷（三氯甲烷、一氯二溴甲烷、二氯一溴甲烷、三溴甲烷总称）（mg/L）[c]	0.05
17	三氯乙酸（mg/L）[c]	0.1
18	溴酸盐（mg/L）[c]	0.01
19	亚氯酸盐（mg/L）[c]	0.7
20	氯酸盐（使用复合二氧化氯消毒时）（mg/L）[c]	0.7
	三、感官性状和一般化学指标[d]	
21	色度（铂钴色度单位）（度）	15
22	浑浊度（散射浊度单位）（NTU[b]）	1
23	臭和味	无异臭、异味
24	肉眼可见物	无
25	pH	不小于 6.5 且不大于 8.5
26	铝（mg/L）	0.2
27	铁（mg/L）	0.3
28	锰（mg/L）	0.1
29	铜（mg/L）	1.0
30	锌（mg/L）	1.0
31	氯化物（mg/L）	250
32	硫酸盐（mg/L）	250
33	溶解性总固体（mg/L）	1000
34	总硬度（以 $CaCO_3$ 计）（mg/L）	450
35	高锰酸盐指数（以 O_2 计）（mg/L）	3
36	氨（以 N 计）（mg/L）	0.5

续表

序号	指标	限值
	四、放射性指标[e]	
37	总 α 放射性（Bq/L）	0.5（指导值）
38	总 β 放射性（Bq/L）	1（指导值）

[a] MPN 表示最可能数；CFU 表示菌落形成单位。当水样检出总大肠菌群时，应进一步检验大肠埃希氏菌或耐热大肠菌群；水样未检出总大肠菌群，不必检验大肠埃希氏菌。

[b] 小型集中式供水和分散供水因水源与净水技术受限时，菌落总数指标限值按 500MPN/100mL 或 500CFU/mL 执行，氟化物指标限值按 1.2mg/L 执行，硝酸盐（以 N 计）指标限值按 20mg/L 执行，浑浊度指标限值按 3NTU 执行。

[c] 水处理工艺流程预氧化或消毒方式：

——采用液氯、次氯酸钙、氯胺消毒方式时，应测定三氯甲烷、一氯二溴甲烷、二氯一溴甲烷、三溴甲烷、三卤甲烷、二氯乙酸、三氯乙酸。

——采用次氯酸钠消毒方式时，应测定三氯甲烷、一氯二溴甲烷、二氯一溴甲烷、三溴甲烷、三卤甲烷、二氯乙酸、三氯乙酸、氯酸盐。

——采用臭氧消毒方式时，应测定溴酸盐。

——采用二氧化氯时，应测定亚氯酸盐。

——采用二氧化氯与氯混合消毒剂发生器时，应测定亚氯酸盐、氯酸盐、三氯甲烷、一氯二溴甲烷、二氯一溴甲烷、三溴甲烷、三卤甲烷、二氯乙酸、三氯乙酸。

——当原水中含上述污染物，可能导致出厂水和末梢水的超标风险时，无论采用何种预氧化或消毒方式，都要对其测定。

[d] 当发生影响水质的突发事件时，经风险评估，感官性状和一般化学指标可适当放宽。

[e] 放射性指标超过指导值（总 β 放射性扣除 ^{40}K 后仍大于 1 Bq/L），应进行核素分析和评价，判定能否饮用。

饮用水中消毒剂常规指标及要求 表 1-2

序号	指标	与水接触时间（min）	出厂水中限值（mg/L）	出厂水中余量（mg/L）	末梢水中余量（mg/L）
40	游离氯[a, d]	≥ 30	≤ 2	≥ 0.3	≥ 0.05
41	总氯[b]	≥ 120	≤ 3	≥ 0.5	≥ 0.05
42	臭氧[c]	≥ 12	≤ 0.3	—	≥ 0.02 如采用其他协同消毒方式，消毒剂限值和余量应该满足相关要求
43	二氧化氯[d]	≥ 30	≤ 0.8	≥ 0.1	≥ 0.02

[a] 采用液氯、次氯酸钠、次氯酸钙消毒方式时，应测定游离氯。

[b] 采用氯胺消毒方式时，应测定总氯。

[c] 采用臭氧消毒方式时，应测定臭氧。

[d] 采用二氧化氯消毒方式时，应测定二氧化氯。采用二氧化氯与氯混合消毒剂发生器消毒方式时，应测定二氧化氯和游离氯。两项指标均应满足限值要求，至少有一项指标满足余量要求。

生活饮用水水质扩展指标及限值 表 1-3

序号	指标	限值
	一、微生物指标	
44	贾第鞭毛虫（个 /10L）	＜1
45	隐孢子虫（个 /10L）	＜1

续表

序号	指标	限值
	二、毒理指标	
46	锑（mg/L）	0.005
47	钡（mg/L）	0.7
48	铍（mg/L）	0.002
49	硼（mg/L）	1.0
50	钼（mg/L）	0.07
51	镍（mg/L）	0.02
52	银（mg/L）	0.05
53	铊（mg/L）	0.0001
54	硒（mg/L）	0.01
55	高氯酸盐（mg/L）	0.07
56	二氯甲烷（mg/L）	0.02
57	1，2- 二氯乙烷（mg/L）	0.03
58	四氯化碳（mg/L）	0.002
59	氯乙烯（mg/L）	0.001
60	1，1- 二氯乙烯（mg/L）	0.03
61	1，2- 二氯乙烯（总量）（mg/L）	0.05
62	三氯乙烯（mg/L）	0.02
63	四氯乙烯（mg/L）	0.04
64	六氯丁二烯（mg/L）	0.0006
65	苯（mg/L）	0.01
66	甲苯（总量）（mg/L）	0.7
67	二甲苯（mg/L）	0.5
68	苯乙烯（mg/L）	0.02
69	氯苯（mg/L）	0.3
70	1，4- 二氯苯（mg/L）	0.3
71	三氯苯（mg/L）	0.02
72	六氯苯（mg/L）	0.001
73	七氯（mg/L）	0.0004
74	马拉硫磷（mg/L）	0.25
75	乐果（mg/L）	0.006
76	灭草松（mg/L）	0.3
77	百菌清（mg/L）	0.01
78	呋喃丹（mg/L）	0.007
79	毒死蜱（mg/L）	0.03

续表

序号	指标	限值
	二、毒理指标	
80	草甘膦（mg/L）	0.7
81	敌敌畏（mg/L）	0.001
82	莠去津（mg/L）	0.002
83	溴氰菊酯（mg/L）	0.02
84	2，4- 滴（mg/L）	0.03
85	乙草胺（mg/L）	0.02
86	五氯酚（mg/L）	0.009
87	2，4，6 三氯酚（mg/L）	0.2
88	苯并（a）芘（mg/L）	0.00001
89	邻苯二甲酸二（2- 乙基己基）酯（mg/L）	0.008
90	丙烯酰胺（mg/L）	0.0005
91	环氧氯丙烷（mg/L）	0.0004
92	微囊藻毒素 -LR（藻类暴发情况发生时（mg/L）	0.001
	三、感官性状和一般化学指标[a]	
93	钠（mg/L）	200
94	挥发酚类（以苯酚计）（mg/L）	0.002
95	阴离子合成洗涤剂（mg/L）	0.3
96	2- 甲基异莰醇（mg/L）	0.00001
97	土臭素（mg/L）	0.00001

[a] 当发生影响水质的突发事件时，经风险评估，感官性状和一般化学指标可适当放宽。

1.2　生活饮用水常规处理工艺及处理构筑物

1.2.1　工艺流程

以地表水为水源，且水源水质满足水源水水质要求时，采用常规的饮用水处理工艺就能够保证水质达到生活饮用水卫生标准要求。生活饮用水常规处理工艺主要包括混凝、沉淀（澄清、气浮）、过滤、消毒 4 个工艺单元，如图 1-1 所示。其去除对象主要为悬浮物、胶体和致病微生物。对不同水源的水质，处理流程中的工艺单元可以增减。

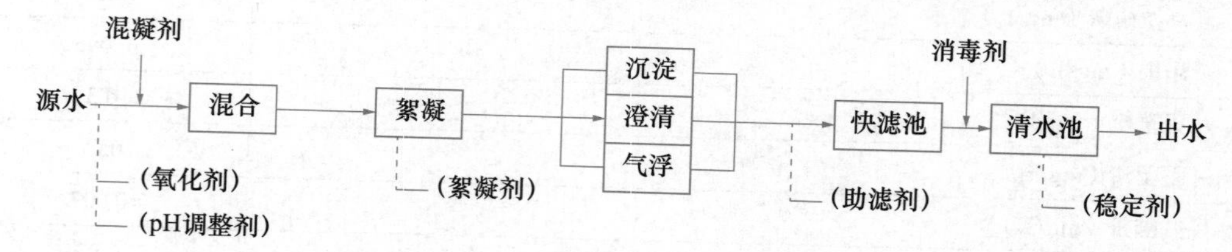

图 1-1　生活饮用水常规处理工艺

以地下水为水源，且水源水质优良时，直接消毒即可饮用，省去了混凝、沉淀、过滤等所有工艺。当源水浊度经常在 20NTU 的情况下，色度不超过 15 度时，可采用直接过滤的方法，省去混凝、沉淀等工艺。

因此，给水工艺流程要充分考虑原水水质情况，经论证后确定，以节约工程投资和运行管理费用。

1. 2. 2　药剂投加

混凝剂投加设备包括计量设备、药液提升设备、投药箱、必要的水封箱以及注入设备等。根据不同投药方式或投药量控制系统，所用设备也有所不同。

1. 计量设备

药液投入原水中必须有计量或定量设备，并能随时调节。计量设备多种多样，应根据具体情况选用。计量设备有转子流量计、电磁流量计、苗嘴、计量泵等。采用苗嘴计量仅适用人工控制，其他计量设备既可人工控制，也可自动控制。

2. 投加方式

（1）泵前投加。药液投加在水泵吸水管或吸水喇叭口处，如图 1-2 所示。这种投加方式安全可靠，一般适用于取水泵房距水厂较近者。图 1-2 中水封箱是为防止空气进入而设的。

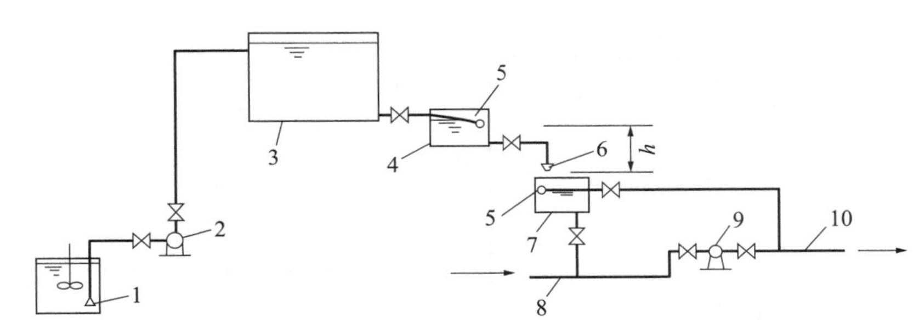

图 1-2　泵前投加

1—溶解池；2—提升泵；3—溶液池；4—恒位箱；5—浮球阀；
6—投药苗嘴；7—水封箱；8—吸水管；9—水泵；10—压水管

（2）高位溶液池重力投加。当取水泵房距水厂较远时，应建造高架溶液池利用重力将药液投入水泵压水管上，如图 1-3 所示，或者投加在混合池入口处。这种投加方式安全可靠，但溶液池位置较高。

（3）水射器投加。利用高压水通过水射器喷嘴和喉管之间真空抽吸作用将药液吸入，同时随水的余压注入原水管中，如图 1-4 所示。这种投加方式设备简单，使用方便，溶液池高度不受太大限制，但水射器效率较低，且易磨损。

（4）泵投加。泵投加有两种方式，一是采用计量泵（柱塞泵或隔膜泵），二是采用离心泵配上流量计。采用计量泵不必另备计量设备，泵上有计量标志，可通过改变计量泵行程或变频调速改变药液投量，最适合用于混凝剂自动控制系统。图 1-5 为计量泵投加示意图。

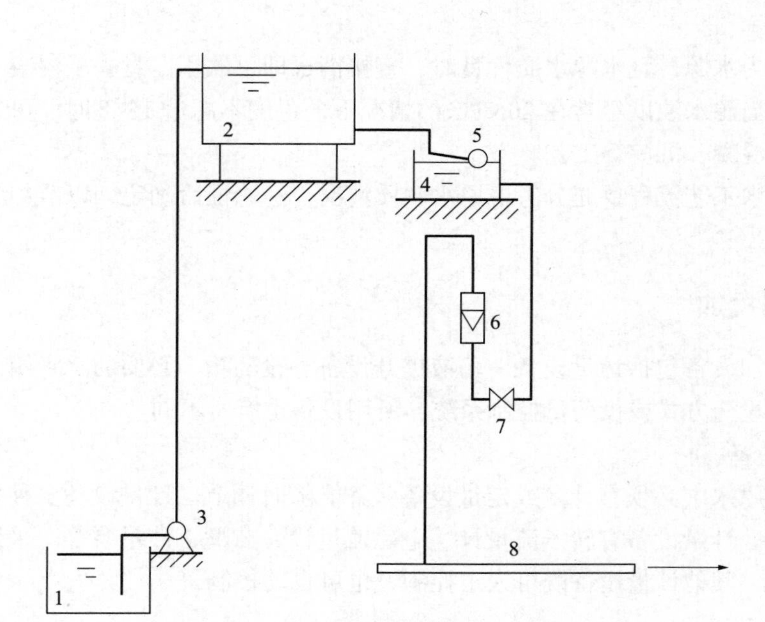

图 1-3　高位溶液池重力投加

1—溶解池；2—溶液池；3—提升泵；4—水封箱；5—浮球阀；6—流量计；7—调节阀；8—压水管

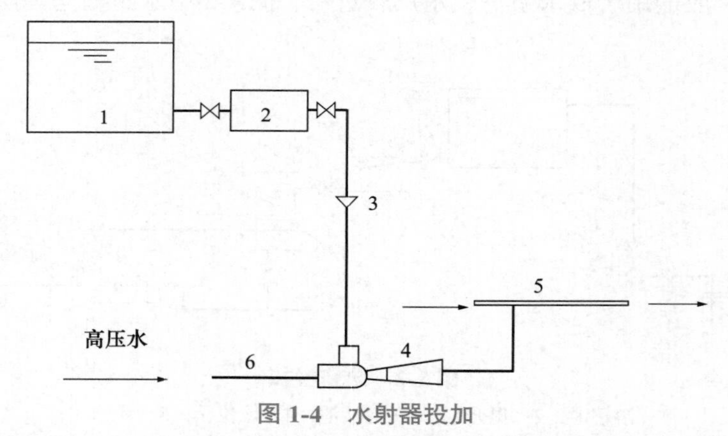

图 1-4　水射器投加

1—溶液池；2—投药箱；3—漏斗；4—水射器；5—压水管；6—高压水管

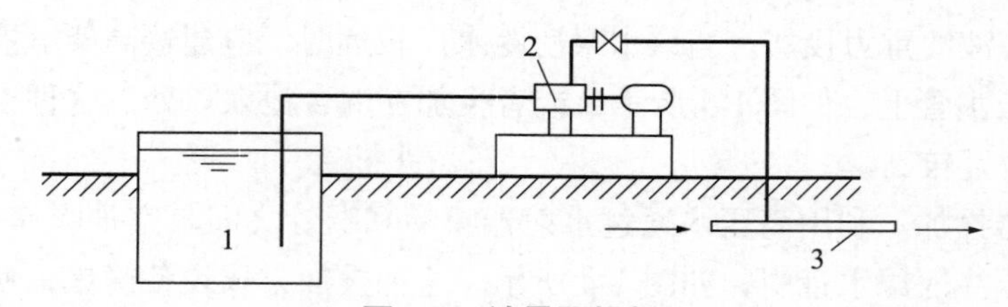

图 1-5　计量泵投加

1—溶液池；2—计量泵；3—压水管

1.2.3　混凝

混凝的目的是通过投加混凝剂，增大颗粒粒径，加速悬浮杂质的沉淀，去除悬浮物和胶体物质。由于原水中的细菌等微生物大多裹挟在悬浮物当中，经过混凝沉淀，细菌等微生物可以有较大程度的降低。同时，混凝对原水中天然大分子有机物和某些合成有机物也有一定的去除效果。

混凝包括混合和絮凝两个过程。

微课　混凝

1. 混合

混合的作用就是将投入的药剂在短时间内充分、均匀地扩散于水中。混合主要有管式混合、机械混合、水力混合和水泵混合。

（1）管式混合。管式混合主要有管式静态混合器、孔板混合器和扩散混合器。目前广泛使用的管式混合器是“管式静态混合器”。混合器内按要求安装若干固定混合单元。每一混合单元由若干固定叶片按一定角度交叉组成。水流和药剂通过混合器时，将被单元体多次分割、改向并形成涡旋，达到混合目的。这种混合器构造简单，无活动部件，安装方便，混合快速而均匀。目前，我国已生产多种形式静态混合器，图 1-6 为其中一种。管式静态混合器的口径与输水管道相配合，目前最大口径已达 2000mm。这种混合器水头损失稍大，但混合效果好。唯一缺点是当流量过小时效果下降。

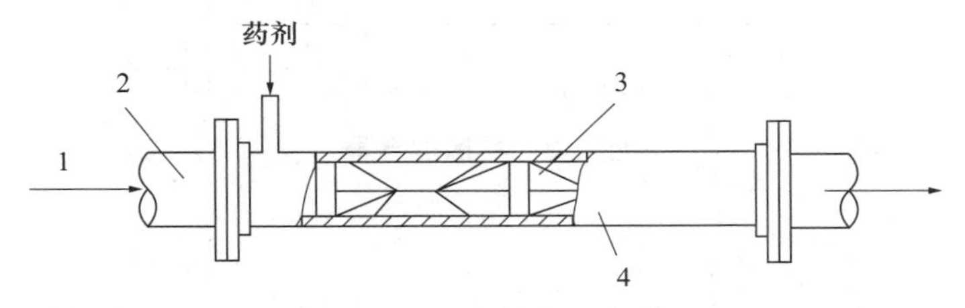

图 1-6　管式静态混合器

1—原水；2—管道；3—混合单元体；4—静态混合器

孔板混合器就是水泵压水管内设有孔板，将药剂直接投入其中，借助管中流速进行混合。

混合器内的局部水头损失不小于 0.3～0.4m。管内的流速不小于 1m/s。投药点至末端出口处距离不小于 50 倍管道直径。

扩散混合器是在管式孔板混合器前加装一个锥形帽，锥形帽夹角为 90°。孔板的开孔面积为进水管截面积的 3/4。混合器管节长度大于或等于 500mm。孔板的流速采用 1.0～2.0m/s。水流通过混合器的水头损失为 0.3～0.4m。混合时间为 2～3s。其结构形式如图 1-7 所示。

（2）机械混合。机械混合是在混合池内安装搅拌装置，用电动机驱动搅拌器使水和药剂混合。其结构形式如图 1-8 所示。机械混合池内的搅拌器有桨板式、螺旋桨式或透平式。

（3）水力混合。水力混合构筑物主要有隔板混合池、往复式混合池、涡流式混合池和穿孔混合池。

隔板式混合池的结构形式如图 1-9 所示。池体为钢筋混凝土或钢制，池内设隔板，药剂于隔板前投入，水在隔板通道间流动过程中与药剂达到充分的混合。混合效果比较好，但占地面积大，压头损失也大。

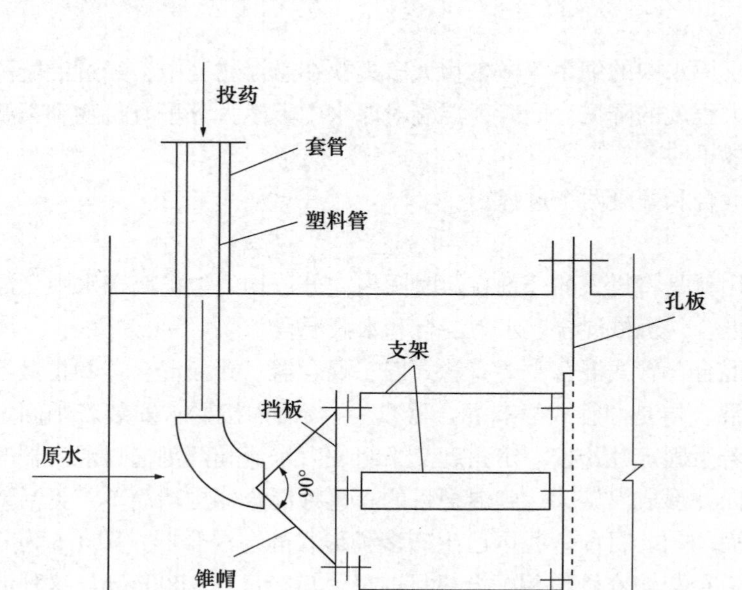

图 1-7　扩散混合器

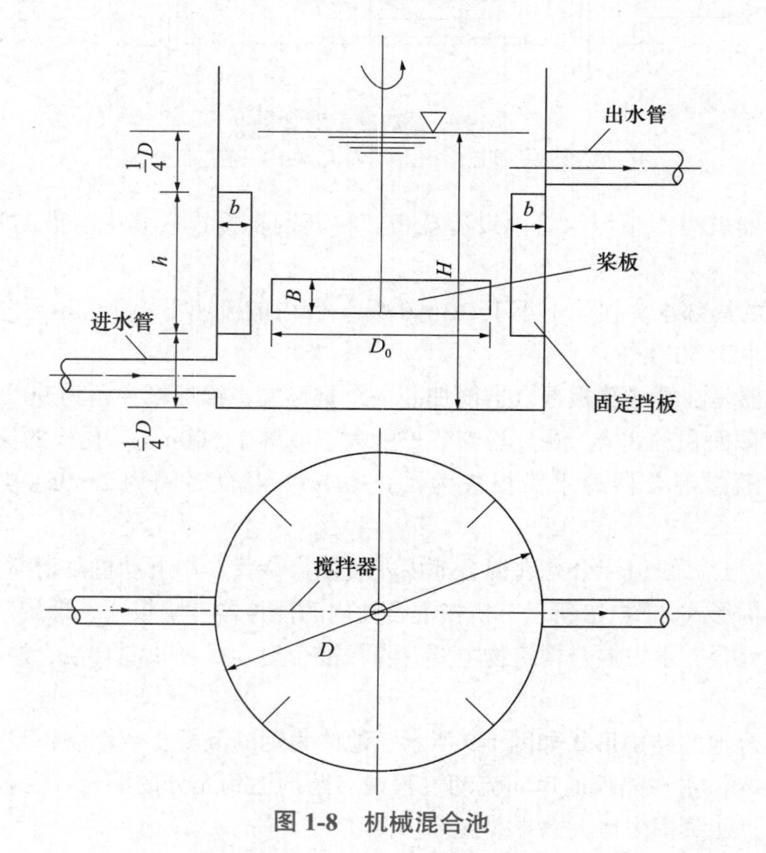

图 1-8　机械混合池

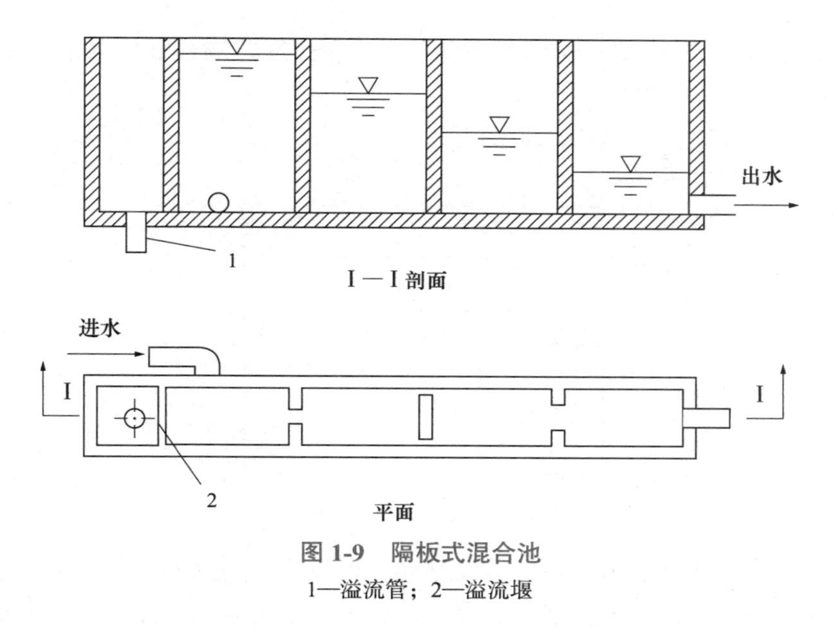

图 1-9　隔板式混合池

1—溢流管；2—溢流堰

涡流式混合池平面为正方形或圆形，与之对应的下部为倒金字塔形或圆锥形，中心角为 30° ～45° ，其构造形式如图 1-10 所示。进口处上升流速为 1.0～1.5m/s，混合池上口处流速为 25mm/s。停留时间不大于 2min，一般可用 1.0～1.5min。涡流式混合池适用于中、小型水厂，特别适合于石灰乳的混合。单池处理能力不大于 1200～1500m^3/h。

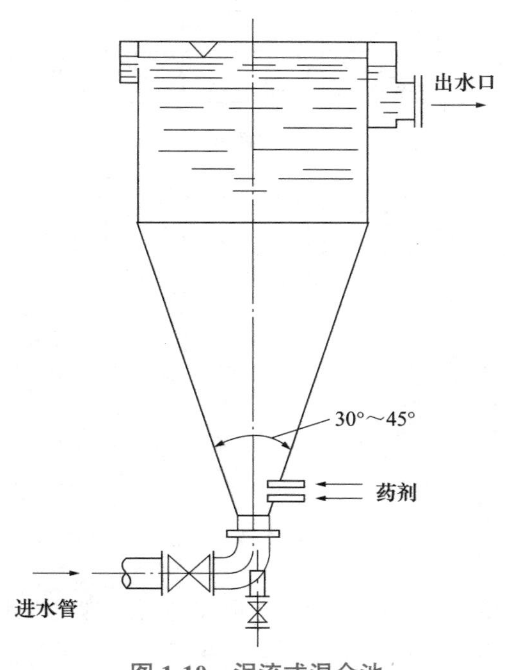

图 1-10　涡流式混合池

往复式隔板混合池的结构形式如图 1-11 所示。池内设 6～7 块隔板，间距不小于 0.7m，水流在池内做往复运动，进而达到混合的目的。水在隔板间流速 v = 0.9m/s，停留时间为 1.5min，总水头损失为 $0.15v^2s$（s 为转弯次数）。往复式隔板混合池适用于水量大于 30000m³/d 的水厂。

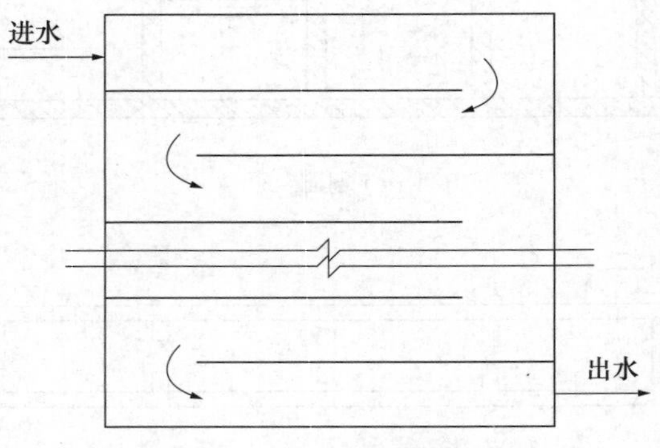

图 1-11　来回隔板混合池

多孔隔板式混合池结构形式如图 1-12 所示。池体为钢筋混凝土或钢制，池内设若干穿孔隔板，水流经小孔时作旋流运动，保证迅速、充分地得到混合。当流量变化时，可调整淹没孔口数目，以适应流量变化。缺点是压头损失较大。多孔隔板式混合池适用于 1000m³/h 以下的水厂，不适用于石灰乳或其他有较大渣子的药剂混合，以免孔口被堵塞。

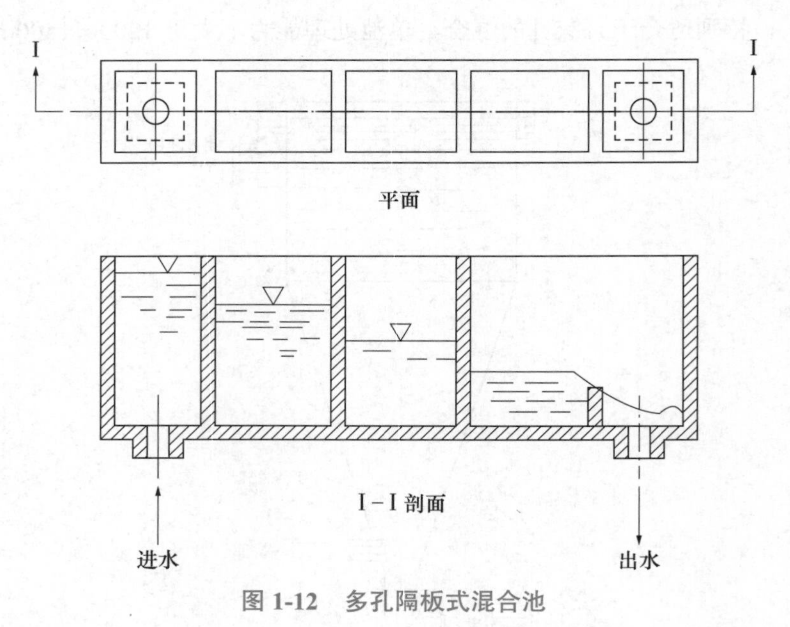

图 1-12　多孔隔板式混合池

（4）水泵混合。水泵混合是将药剂投加在取水泵吸水管或吸水喇叭口处，利用水泵叶轮高速旋转以达到快速混合的目的。水泵混合效果好，不需另建混合设施，节省动力。但当采用三氯化铁作为混凝剂时，若投量较大，药剂对水泵叶轮可能有轻微腐蚀作用。当水泵距水处理构筑物较远时，不宜采用水泵混合，因为经水泵混合后的原水在长距离管道输送过程中，可能过早地在管中形成絮凝体。已形成的絮凝体在管道中一经破碎，往往难于重新聚集，不利于后续絮凝，且当管中流速低时，絮凝体还可能沉积管中。水泵混合应用越来越少。

2. 絮凝

絮凝过程就是在外力作用下，具有絮凝性能的微絮粒相互接触碰撞，从而形成更大的稳定的絮粒，以适应沉降分离的要求。絮凝池的形式近年来有很多，大致可以按照能量的输入方式不同分为水力絮凝和机械搅拌絮凝两类。

水力絮凝的构筑物主要有隔板絮凝池、折板絮凝池、网格絮凝池等。

机械絮凝的构筑物主要是机械搅拌絮凝池，搅拌器为桨板式搅拌器，有水平轴和垂直轴两种。

（1）隔板絮凝池。隔板絮凝池是较常用的一种絮凝池，分为往复式和回转式两种。图 1-13 为往复式隔板絮凝池。隔板絮凝池适用于大、中型水厂，一般处理水量的规模大于 30000m^3/d，单个池的处理水量为 10^3～$10^4$$m^3$/d。回转式隔板絮凝池更适合对原有水池提高水量时的改造。可以将两种絮凝池相结合。

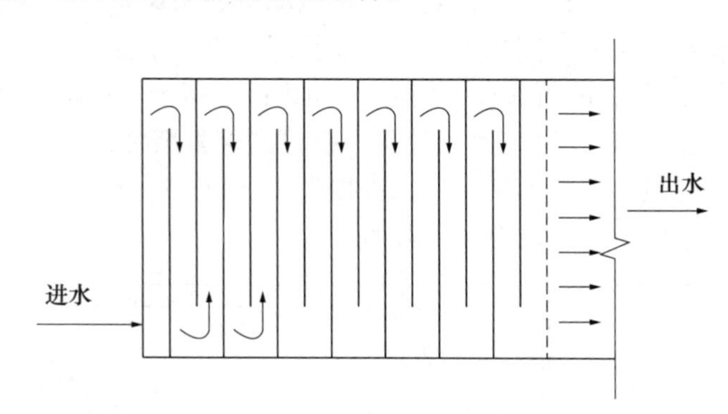

图 1-13　往复式隔板絮凝池

（2）折板絮凝池。折板絮凝池是近年来发展的一种絮凝池布置形式，它是把池内呈直线的隔板改成呈折线的隔板。折板絮凝池根据折板相对位置的不同可以分为异波折板和同波折板两种。异波折板的水头损失较大，同样流速时的 G 值较高。而同波折板的水头损失相对较小，G 值较低。絮凝池的布置方式按照水流方向可分为竖流式和平流式，目前多采用竖流式。按照水流通过折板间隙数，折板絮凝池可以布置成多通道或单通道。折板絮凝池一般在前段布置异向折板，中间布置同向折板，后段布置一般的竖流隔板，如图 1-14 所示。

折板絮凝池中水流在同向折板之间曲折流动或在异向折板之间缩放流动，提高了颗粒碰撞的絮凝效果，缩短了絮凝时间，池的体积减小。折板絮凝池安装维修较困难，费用较高。折板絮凝池适用于各种规模的水厂，但是需要水量变化不大。

（3）网格絮凝池。网格絮凝池是在池内沿流程一定距离的过水断面中设置网格。水流通过网格时，相继收缩、扩大，形成旋涡，造成絮粒碰撞。其构造一般由安装多层网格的多格竖井组成，各竖井之间的隔墙上、下交错开孔。各竖井的过水断面尺寸相同，平均流速相同。絮凝池的能耗由不同规格的网格及层数进行控制，一般分为三段，前段采用密

网，中段采用疏网，末段不安装网，絮凝过程中 G 值发生变化。网格絮凝池的絮凝效果较好，絮凝时间相对较少，水头损失小。其缺点是网眼易堵塞，池内平均流速较低，容易积泥。

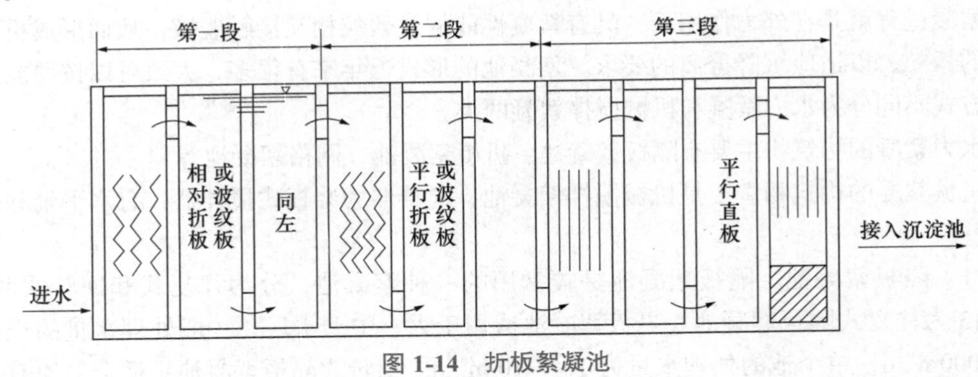

图 1-14　折板絮凝池

（4）机械搅拌絮凝池。机械搅拌絮凝池利用电动机经减速装置带动搅拌器对水流进行搅拌，使水中的颗粒相互碰撞，完成絮凝。目前我国的机械絮凝采用旋转的方式，搅拌器采用桨板式，搅拌轴有水平式和垂直式两种，如图 1-15 所示。机械搅拌絮凝池一般采用多格串联，适应 G 值的变化，提高絮凝效果。机械搅拌絮凝池的絮凝效果好，可以根据水质、水量的变化随时改变桨板的转速，水头损失小。缺点是增加机械维修工作。机械搅拌絮凝池适用于各种水质、水量及变化较大的原水。

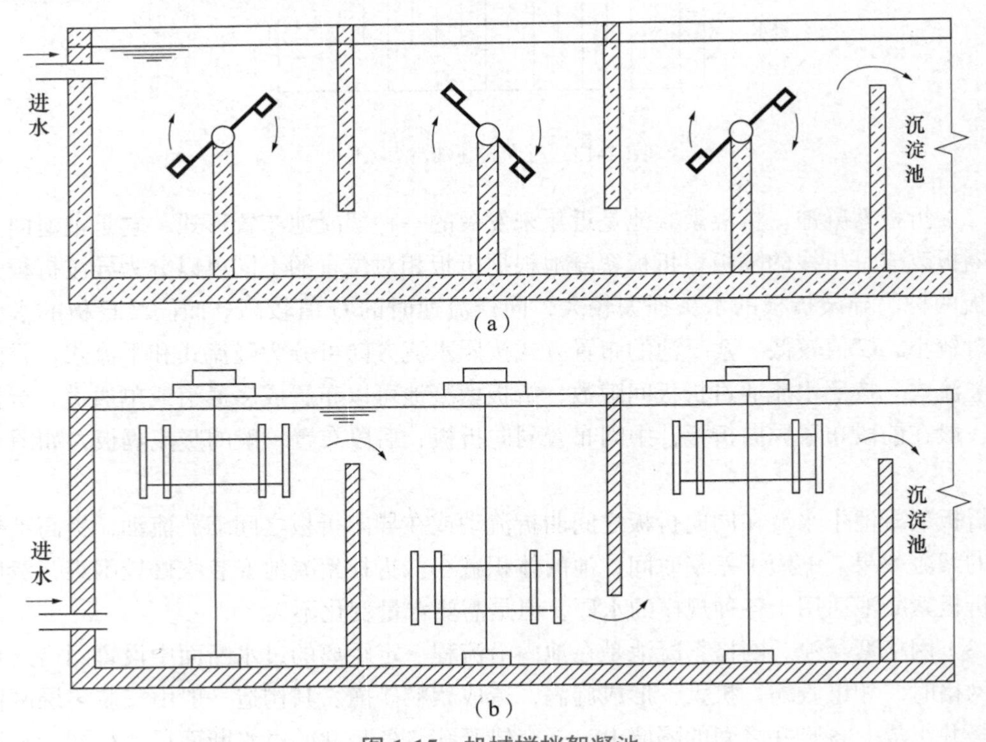

图 1-15　机械搅拌絮凝池

（a）水平轴式机械搅拌絮凝池；（b）垂直轴式机械搅拌絮凝池

1.2.4　沉淀

加药混凝后的水要进入沉淀池进行沉淀，进而达到泥水分离的目的。给水厂常用沉淀池有平流式沉淀池、斜板（管）沉淀池和澄清池。

1. 平流式沉淀池

平流式沉淀池平面呈矩形，一般由进水装置、出水装置、沉淀区、缓冲区、污泥区及排泥装置等构成。排泥方式有机械排泥和多斗排泥两种，机械排泥多采用链带式刮泥机和桥式刮泥机。图 1-16 是使用比较广泛的桥式刮泥机平流式沉淀池，流入装置是横向潜孔，潜孔均匀地分布在整个宽度上，在潜孔前设挡板，其作用是消能，使进水均匀分布。挡板高出水面 0.15～0.2m，伸入水下的深度不小于 0.2m。

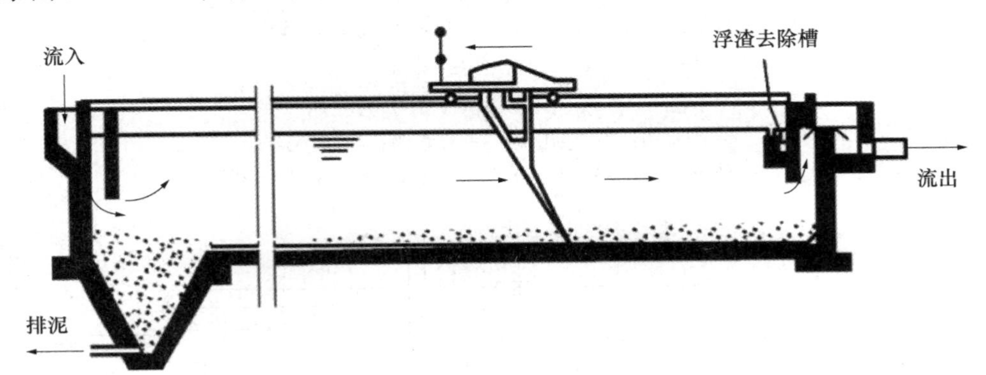

图 1-16　桥式刮泥机平流式沉淀池

2. 斜板（管）沉淀池

斜板（管）沉淀池是根据“浅层沉淀”理论，在沉淀池沉淀区放置与水平面成一定倾角（通常为 60°）的斜板或斜管组件，以提高沉淀效率的一种高效沉淀池。斜板（管）沉淀池由进水穿孔花墙、斜板（管）装置、出水渠、沉淀区和污泥区组成。按水流与污泥的相对运动方向，斜板（管）沉淀池可分为异向流、同向流和侧向流 3 种。异向流斜板（管）沉淀池水流自下向上，水中的悬浮颗粒是自上向下；同向流斜板（管）沉淀池水流和水中的悬浮颗粒都是自上向下；侧向流斜板（管）沉淀池水流沿水平方向流动，水中的悬浮颗粒是自上向下。图 1-17 为异向流斜板（管）沉淀池示意图。由于沉淀区设有斜板或斜管组件，因此，斜板（管）沉淀池的排泥只能依靠静水压力排出。

3. 澄清池

澄清是利用原水中的颗粒和池中积聚的沉淀泥渣相互接触碰撞、混合、絮凝，形成絮凝体，与水分离，从而使原水得到澄清的过程。澄清池是将絮凝和沉淀综合在一个池内完成的净水构筑物。澄清池的类型很多，常见的有机械搅拌澄清池、水力循环澄清池和脉冲澄清池。

（1）机械搅拌澄清池。机械搅拌澄清池是利用机械使水提升和搅拌，促使泥渣循环，并使水中固体杂质与已形成的泥渣接触絮凝而分离沉淀的水池。机械搅拌澄清池构造形式如图 1-18 所示。机械搅拌澄清池对原水的浊度、温度和处理水量的变化适应性较强，处理效率高，运行稳定；单位面积产水量较大，出水浊度一般不大于 10NTU。但原水浊度常年较低时，泥渣形成困难，将影响澄清池净水效果。机械搅拌澄清池适用于大、中型水厂。

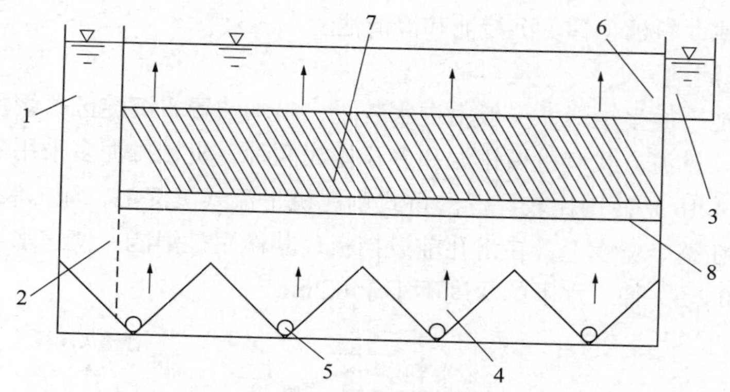

图 1-17 异向流斜板（管）沉淀池

1—配水槽；2—穿孔墙；3—集水槽；4—集泥斗；
5—排泥管；6—淹没出口；7—斜板或斜管；8—阻流板

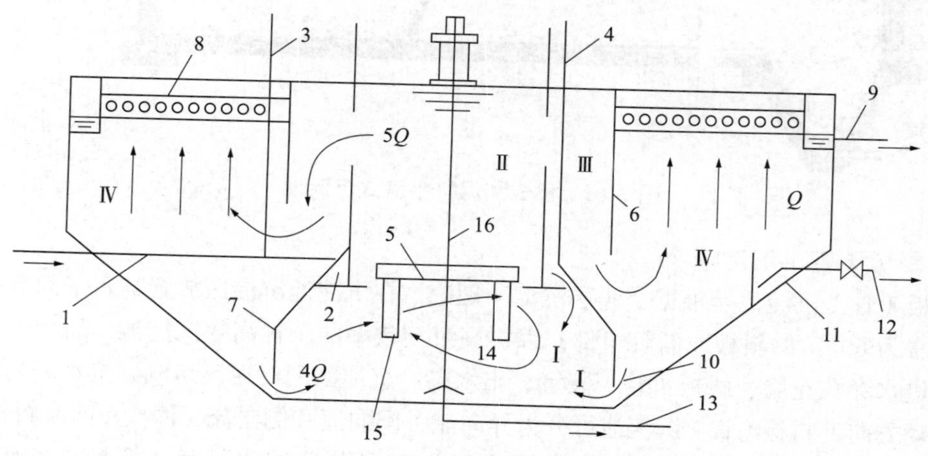

图 1-18 机械搅拌澄清池的剖面图

1—进水管；2—三角配水槽；3—投药管；4—透气管；5—提升叶轮；
6—导流板；7—伞形罩；8—集水槽；9—出水管；10—回流缝；11—泥渣浓缩室；
12—排泥管；13—放空、排泥管；14—排泥罩；15—搅拌桨；16—搅拌轴；
Ⅰ—第一絮凝室；Ⅱ—第二絮凝室；Ⅲ—导流室；Ⅳ—分离室

（2）水力循环澄清池。水力循环澄清池利用原水的动能，在水射器的作用下，将池中的活性泥渣吸入和原水充分混合，从而加强了水中固体颗粒间的接触和吸附作用，形成良好的絮凝，加速了沉降速度使水得到澄清。水力循环澄清池主要由喷嘴、混合室、喉管、第一絮凝室、第二絮凝室、泥水分离室、进水集水系统与排泥系统组成，如图 1-19 所示。

水力循环澄清池结构简单，不需要复杂的机械设备；第一絮凝室和第二絮凝室的容积较小，反应时间较短。但进水量和进水压力的变化，会在一定程度上影响净水过程的稳定性，而且投药量较大。水力循环澄清池适用于中、小型水厂。

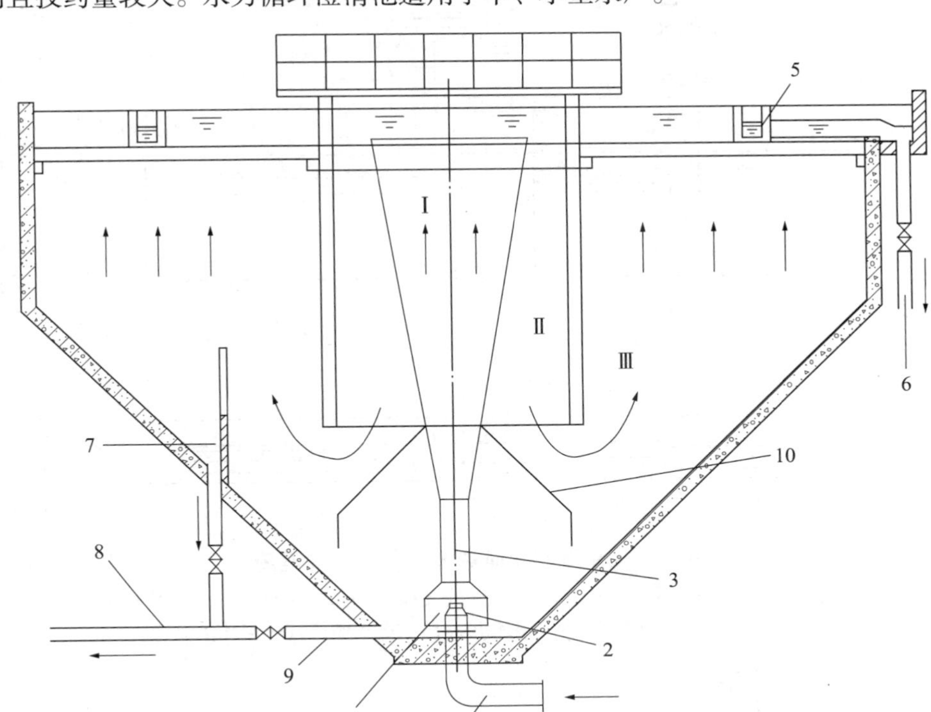

图 1-19　水力循环澄清池

1—进水管；2—喷嘴；3—喉管；4—喇叭口；5—环形集水渠；
6—出水管；7—泥渣浓缩室；8—排泥管；9—排空管；10—伞形罩；
Ⅰ—第一絮凝室；Ⅱ—第二絮凝室；Ⅲ—泥水分离室

（3）脉冲澄清池。脉冲澄清池指的是悬浮层不断产生周期性的压缩和膨胀，促使原水中固体杂质与已形成的泥渣进行接触絮凝而分离沉淀的水池。脉冲澄清池主要由脉冲发生器系统、配水稳流系统（中央落水渠、配水干渠、多孔配水支管、稳流板）、澄清系统（悬浮层、清水区、多孔集水管、集水槽）、排泥系统（泥渣浓缩室、排泥管）组成，如图 1-20 所示。

脉冲澄清池池体较浅，混合均匀，布水较均匀，可适应大流量。而且无水下的机械设备，机械维修工作少；但对水质和水量的变化适应性较差，处理效率较低。脉冲澄清池适用于大、中、小型水厂，目前在新建工程中采用不多。

（4）悬浮澄清池。悬浮澄清池如图 1-21 所示。悬浮澄清池工艺过程如下：加药后的原水经气水分离器 1，从穿孔配水管 2 自下而上通过泥渣悬浮层 4 流入澄清室 3，杂质被泥渣层截留，清水则从穿孔集水槽 5 排出。悬浮层中不断增加的泥渣，在自行扩散和强制出水管的作用下，由排泥窗口 6 进入泥渣浓缩室 7，浓缩后定期排除。强制出水管 8 收集泥渣浓缩室内的上清液，并在排泥窗口两侧造成水位差，使澄清室内的泥渣流入浓缩室。气水分离器使水中空气分离出去，防止其进入澄清室扰动悬浮层。在泥渣浓缩室底部的穿孔排泥管 9，用于排泥或放空检修。悬浮澄清池一般用于小型水厂，目前应用较少。

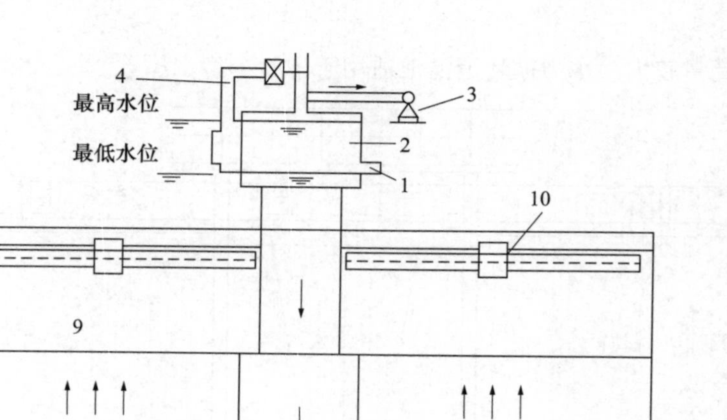

图 1-20　采用真空泵脉冲发生器的脉冲澄清池

1—进水管；2—进水室；3—真空泵；4—进气阀；5—中心配水筒；6—配水管；
7—稳流板；8—悬浮层；9—清水区；10—集水槽；11—穿孔排泥管

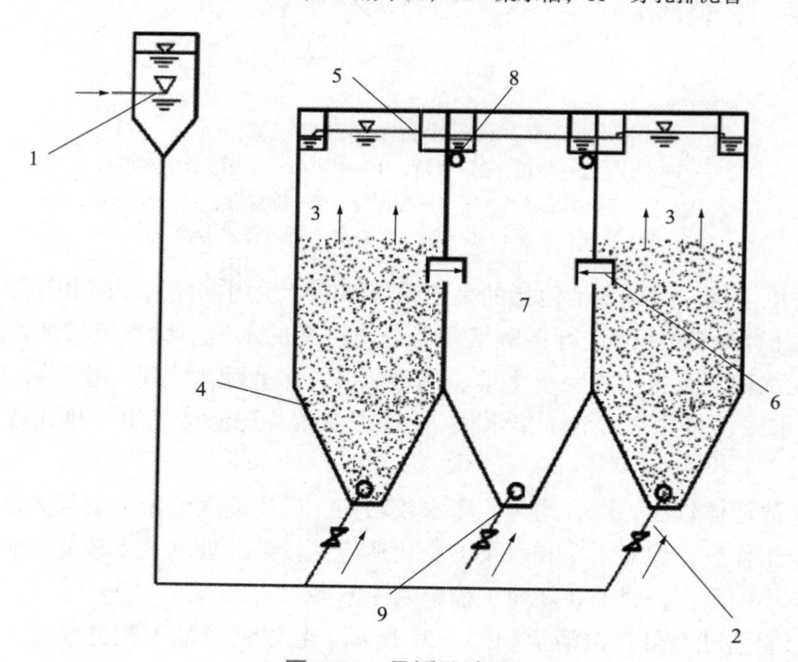

图 1-21　悬浮澄清池

1—气水分离器；2—穿孔配水管；3—澄清室；4—泥渣悬浮层；5—穿孔集水槽；
6—排泥窗口；7—泥渣浓缩室；8—强制出水管；9—穿孔排泥管

1.2.5　过滤

过滤的目的是进一步去除沉淀不能去除的悬浮物质。过滤过程：当水进入滤料层时，较大的悬浮物颗粒自然被截留下来，而较微细的悬浮颗粒则通过与滤料颗粒或已附着的悬浮颗粒接触，出现吸附和凝聚而被截留下来。一些附着不牢的被截留物质在水流作用下，随水流到下一层滤料中去。或者由于滤料颗粒表面吸附量过大，孔隙变得更小，于是水流速增大，在水流的冲刷下，被截留物也能被带到下一层，因此，随着过滤时间的增长，滤层深处被截留的物质增多，甚至随水带出滤层，使出水水质变坏。

过滤用的滤池形式很多，按滤速大小，可分为慢滤池、快滤池和高速滤池；按水流过滤层的方向，可分为上向流、下向流、双向流等；按滤料种类，可分为砂滤池、煤滤池、煤 - 砂滤池等；按滤料层数，可分为单层滤池、双层滤池和多层滤池；按水流性质，可分为压力滤池和重力滤池；按进出水及反冲洗水的供给和排出方式，可分为普通快滤池、无阀滤池、虹吸滤池、移动冲洗罩滤池、V 型滤池等。

1. 普通快滤池

普通快滤池采用传统快滤池的布置形式，滤料一般为单层细砂级配滤料或煤、砂双层滤料，冲洗采用单水冲洗，冲洗水由水塔（箱）或水泵供给。普通快滤池的构造形式如图 1-22 所示。滤池外部由滤池池体、进水管、出水管、冲洗水管、冲洗水排出管等管道及其附件组成；滤池内部由冲洗排水槽、进水渠、滤料层、垫料层（承托层）、排水系统（配水系统）组成。

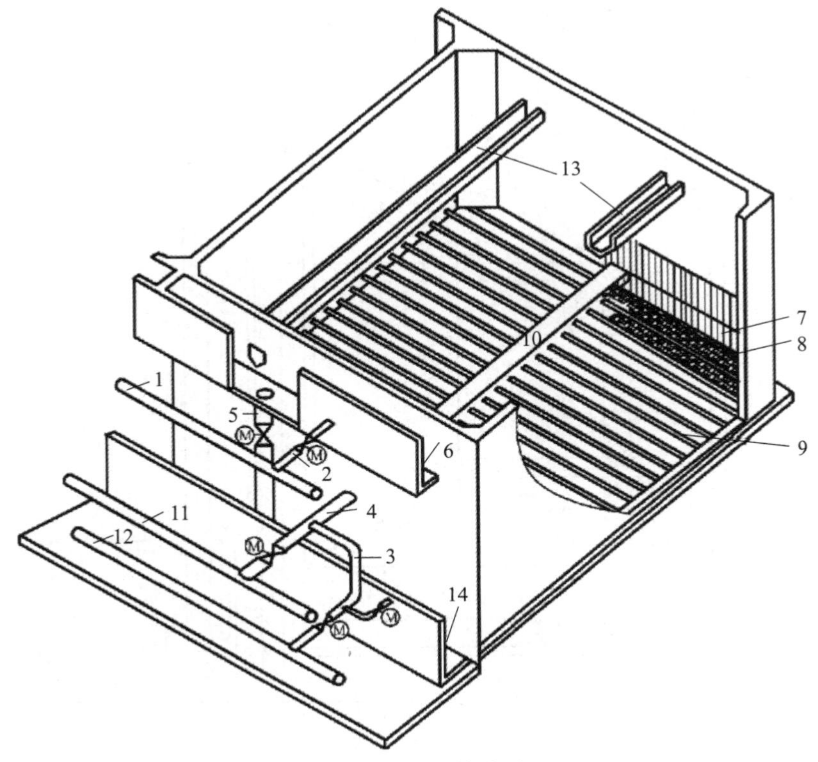

图 1-22　普通快滤池

1—浑水进水干管；2—进水支管阀门；3—清水支管阀门；4—支管；
5—排水阀；6—浑水渠；7—滤料层；8—承托层；9—配水支管；10—配水干管；
11—冲洗水干管；12—清水干管；13—冲洗排水槽；14—废水渠

普通快滤池一般有进水阀、排水阀、反冲洗阀和清水阀 4 个阀门。为了减少阀门，可以用虹吸管代替进水阀和排水阀，只用清水阀和反冲洗阀两个阀门，习惯上称“双阀滤池”。因此，可以认为双阀滤池是普通快滤池的一种。双阀滤池构造基本上与普通快滤池相同，其配水、冲洗方式，设计数据等设计要求与普通快滤池相同。

在运行过程中，出水水位保持恒定，进水水位则随滤层的水头损失增加而不断在吸管内上升，当水位上升到虹吸管管顶，并形成虹吸时，即自动开始滤层反冲洗，冲洗废水沿虹吸管排出池外。

双阀滤池保持了大阻力配水系统的特点，省去了两个阀门，降低了工程的造价，适用于大、中型滤池。

2. 无阀滤池

无阀滤池是一种不用阀门切换过滤与反冲洗过程的快滤池，由滤池本体、进水装置、虹吸装置 3 部分组成，不是没有阀门的快滤池。在运行过程中，出水水位保持恒定，进水水位则随滤层的水头损失增加而不断在吸管内上升，当水位上升到虹吸管管顶，并形成虹吸时，即自动开始滤层反冲洗，冲洗废水沿虹吸管排出池外。

无阀滤池分为重力式无阀滤池和压力式无阀滤池。

重力式无阀滤池，是因过滤过程依靠水的重力自动流入滤池进行过滤或反冲洗，且滤池没有阀门而得名的。图 1-23 为重力式无阀滤池。

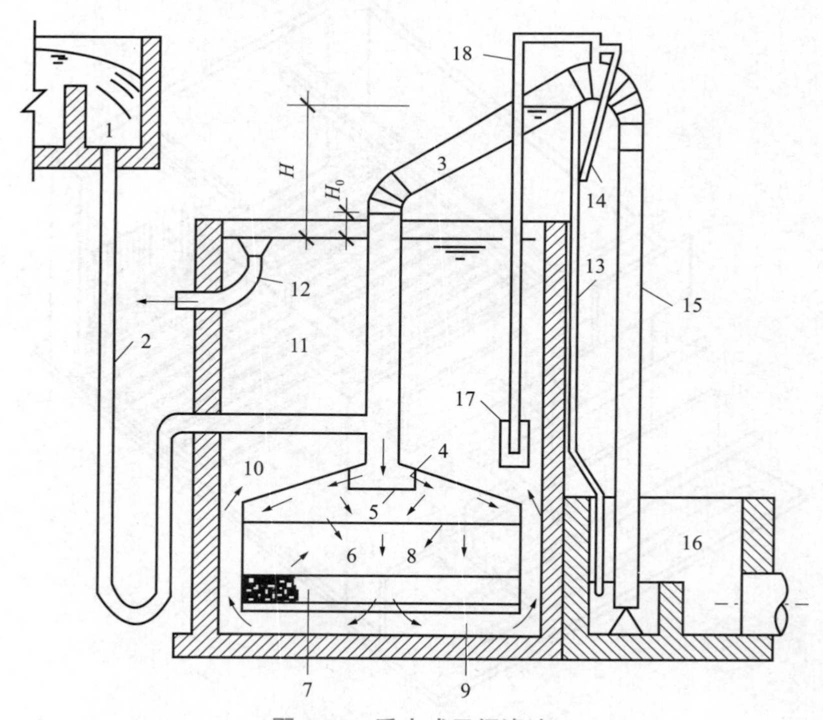

图 1-23 重力式无阀滤池

1—进水分配槽；2—进水管；3—虹吸上升管；4—顶盖；5—挡板；6—滤料层；7—承托层；8—配水系统；9—底部空间；10—连通架；11—冲洗水箱；12—出水管；13—虹吸辅助管；14—抽气管；15—虹吸下降管；16—水封井；17—虹吸破坏斗；18—虹吸破坏管

重力式无阀滤池的运行全部自动进行，操作方便，工作稳定可靠，结构简单，造价也较低，较适用于工矿、小型水处理工程以及在较大型循环冷却水系统中作旁滤池用。

压力式无阀滤池与重力式无阀滤池不同的是采用水泵加压进水，其净水系统省去了混合、絮凝、沉淀等构筑物。利用水泵吸水管的负压吸入絮凝剂，浑水和絮凝剂经过水泵叶轮强烈搅拌混合后，压入滤池进行絮凝和过滤，滤后水经过集水系统进入水塔，从水塔供给用户。

压力式无阀滤池进水浊度小于 20NTU。单个面积小于 $25m^2$，通常用于直接过滤一次净化系统，适用于水量小于 10000 m^3/d 的水厂。

3. 虹吸滤池

虹吸滤池是以虹吸管代替进水和排水阀门的快滤池形式之一。滤池各格出水互相连通，反冲洗水由其他滤水补给。每个滤格均在等滤速变水位条件下运行。一组虹吸滤池由 6～8 格组成，采用小阻力配水系统。利用真空系统控制滤池的进出水虹吸管，采用恒速过滤，变水头的方式。虹吸滤池的构造形式如图 1-24 所示。

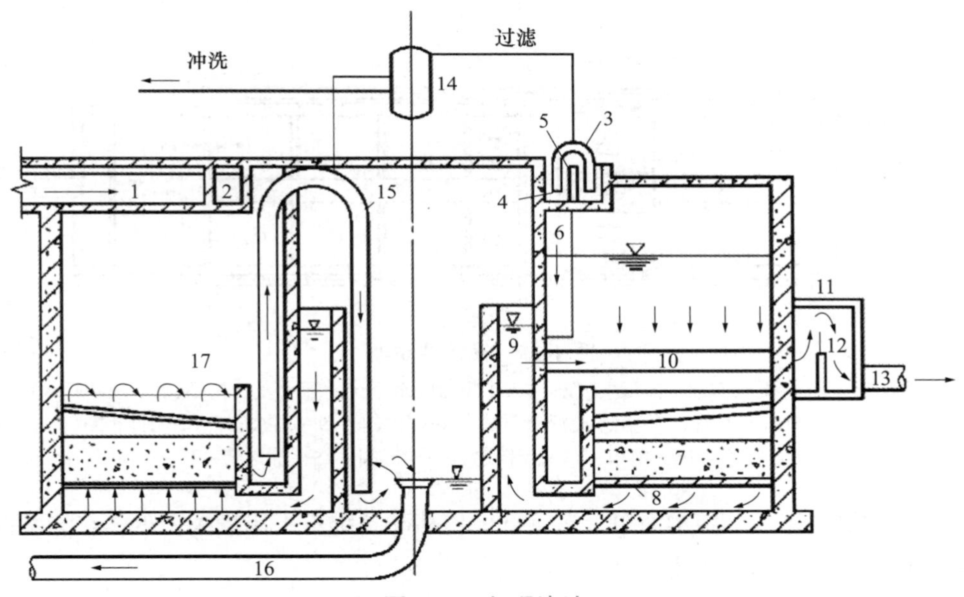

图 1-24　虹吸滤池

1—进水槽；2—配水槽；3—进水虹吸管；4—单格滤池进水槽；5—进水堰；6—布水管；7—滤层；8—配水系统；9—集水槽；10—出水管；11—出水井；12—出水堰；13—清水管；14—真空系统；15—冲洗虹吸管；16—冲洗排水管；17—冲洗排水槽

4. 移动罩滤池

移动罩滤池是由许多滤格为一组构成的滤池，它不设阀门，连续过滤，并按一定程序利用一个可移动的冲洗罩轮流对各滤池格冲洗，其构造形式如图 1-25 所示。

移动罩滤池采用小阻力配水系统，利用一个可以移动的冲洗罩轮流对各滤格进行冲洗。每个滤池的过滤运行方式为恒水头减速过滤。每组移动罩滤池设有池面水位恒定装置，控制滤池的总出水水量，设计过滤水头可采用 1.2～1.5m。

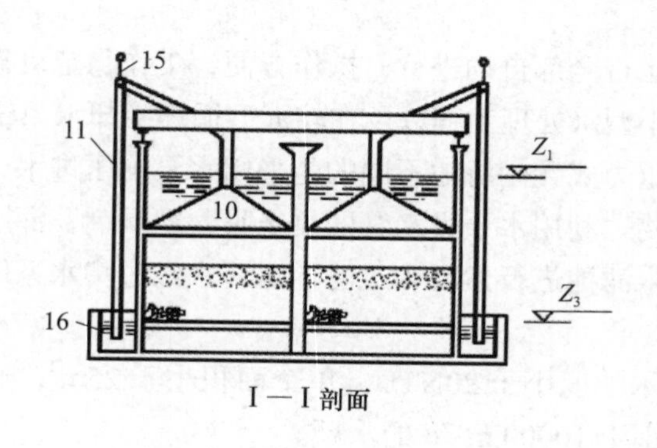

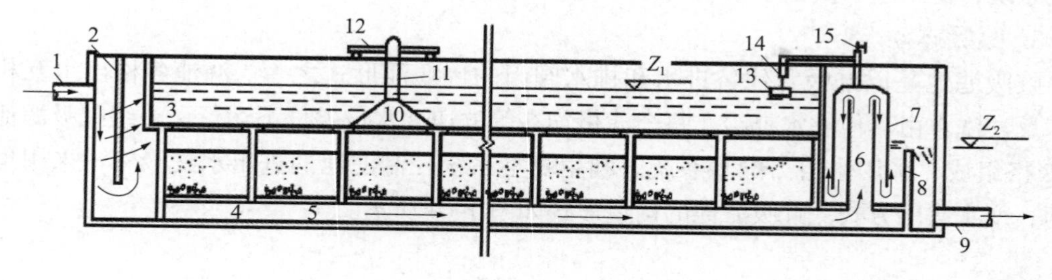

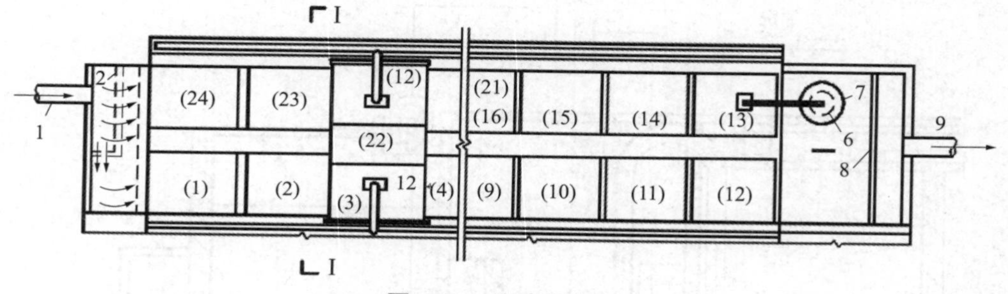

图 1-25　移动罩滤池

1—进水管；2—穿孔配水墙；3—消力栅；4—小阻力配水系统的配水孔；5—配水系统的配水室；6—出水虹吸中心管；7—出水虹吸管钟罩；8—出水堰；9—出水管；10—冲洗罩；11—排水虹吸管；12—桁车；13—浮筒；14—针形阀；15—抽气管；16—排水渠

移动罩滤池池体浅，结构简单，造价低。但移动罩维护工作量大，罩体与隔墙顶部间的密封要求高。移动罩滤池适用于大、中型水厂。

5. V 型滤池

V 型滤池是法国德格雷蒙（DEGREMONT）公司设计的一种快滤池，因其进水槽形状呈 V 字形而得名。滤料采用均质滤料，即均粒径滤料，所以也叫作均粒滤料滤池。整个滤料层在深度方向的粒径分布基本均匀，在底部采用带长柄滤头底板的排水系统，不用设砾石承托层。V 型进水槽和排水槽分别设于滤池两侧，池体可沿着长的方向发展。V 型滤池构造形式如图 1-26 所示。

V 型滤池采用均粒滤料，含污能力很高；气水反洗、表面冲洗结合，反冲洗的效果比其他滤池的好；反冲洗布气布水均匀。但单个池体的面积很大，池体的结构复杂，滤料较贵；产水量大时，比同规模的普通快滤池基建投资造价要高。V 型滤池适用于各种水厂，特别是大、中型水厂。

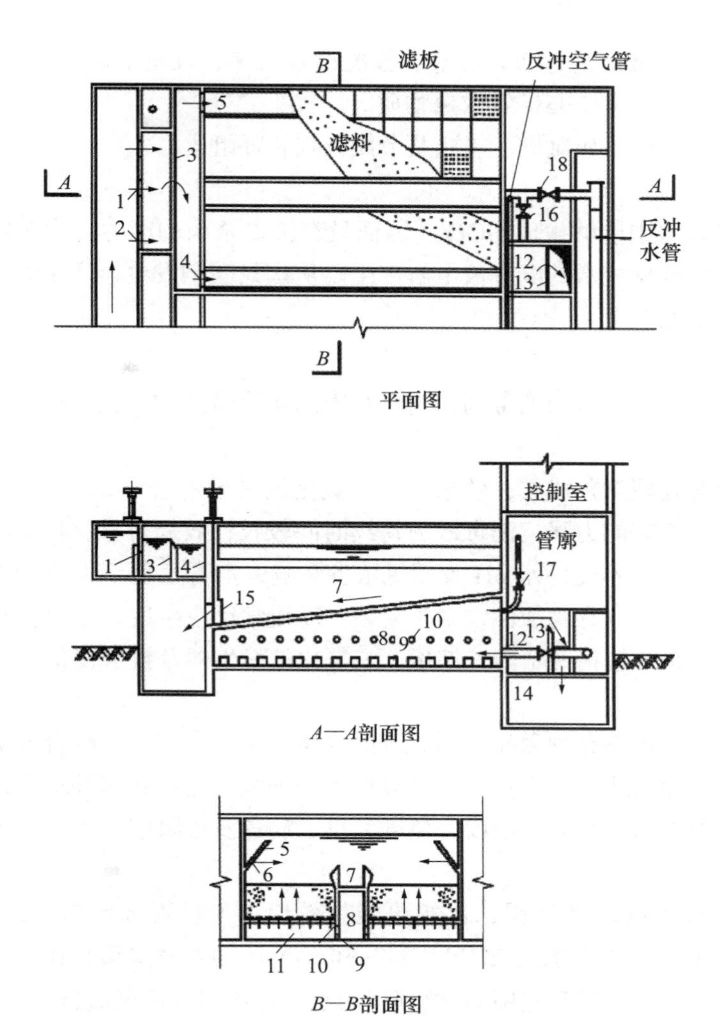

图 1-26　V 型滤池构造

1—进水气动隔膜阀；2—进水方孔；3—堰口；4—侧孔；5—V 形槽；6—扫洗水小孔；7—中央排水渠；8—气水分配渠；9—配水方孔；10—配气小孔；11—底部空间；12—水封井；13—出水堰；14—清水渠；15—排水阀；16—清水阀；17—进气阀；18—冲洗水阀

1.2.6　消毒

消毒的目的有两个：一是消灭水中的细菌和病原菌；二是保证净化后的水在输送到用户之前不致被再次污染。消毒通常在过滤以后进行。目前常用的消毒方法有液氯、次氯酸钠、二氧化氯、臭氧、紫外线等。选择消毒方式应综合考虑工程的适用性、技术的适用性、安全性、可靠性、运行及管理方便、运行成本低等因素。

1. 液氯消毒

氯气溶解在水中后，水解为 HCl 和次氯酸 HOCl，次氯酸再离解为 H^+和 OCl^-，HOCl 比 OCl^- 的氧化能力要强得多。另外，由于 HOCl 是中性分子，容易接近细菌而予以氧化，而 $OC1^-$ 带负电荷，难以靠近同样带负电的细菌，虽然有一定氧化作用，但在浓度较低时很难起到消毒作用。液氯消毒效果可靠，投配设备简单，投量准确，投资省、价格便宜、管理简便，但是可能产生 THMs 等致癌物质。

液氯消毒系统主要由加氯机、氯瓶及余氯吸收装置组成。

2. 次氯酸钠消毒

次氯酸钠投入水中能够生成 HOCl，因而具有消毒杀菌的能力。次氯酸钠可用次氯酸钠发生器，以海水或食盐水的电解液电解产生。从次氯酸钠发生器产生的次氯酸钠可直接投入水中，进行接触消毒。

3. 二氧化氯消毒

二氧化氯是一种广谱型的消毒剂，它对水中的病原微生物，包括病毒、细菌芽孢等均有较强的杀死作用。

二氧化氯消毒处理工艺成熟，效果好。二氧化氯只起氧化作用，不起氯化作用，不会生成有机氯化物；杀菌能力强，消毒效力持续时间较长，效果可靠，具有脱色、助凝、除氯、除臭等多种功能，不受污水 pH 及氨氮浓度影响，消毒杀菌能力高于氯，但必须现场制备，设备复杂，原料具有腐蚀性，制备复杂、需化学反应生成，操作管理要求高。

二氧化氯消毒系统包括两个药液储罐、二氧化氯发生器及投加设备。

4. 臭氧消毒

臭氧（O_3）是一种具有刺激味、不稳定的气体，由三个氧原子结合成的分子。由于其不稳定性，通常在使用地点生产臭氧。臭氧作为一种强氧化剂在水处理中，可发挥多种作用。如设计和管理得当，在去除浊度、色度、臭、病毒及难降解有机物等方面都可以显出很高的效果。

臭氧的氧化性比次氯酸还强，比氯更能有效地杀死病毒和胞囊。O_3 消毒不会形成 THMs 或任何含氯消毒副产物，与二氧化氯一样，O_3 不会长时间地存在于水中，几分钟后就会重新变成氧气。在欧洲普遍用 O_3 处理饮用水，在美国也逐渐流行，自 1975 年美国开始运用 O_3 对污水进行消毒。

臭氧是一种优良的消毒剂，其杀菌效果好，且一般无有害副产物生成。但目前臭氧发生装置的产率通常较低，设备昂贵，安装管理复杂，运行费用高，而且臭氧在水中溶解度低，衰减速度快，为保证管网内持续的杀菌作用，必须和其他消毒方法协同进行。

5. 紫外线消毒

细菌受紫外光照射后，紫外光谱能量为细菌核酸所吸收，使核酸结构破坏，从而达到消毒的目的。

紫外线消毒具有广谱消毒效果、速度快、接触时间短，反应快速、效率高，无需投加任何化学药剂，不影响水的物理性质和化学成分，不增加水的臭和味，占地面积小，操作简单，便于管理，易于实现自动化，但是紫外线消毒无持续消毒作用，水中色度及悬浮物浓度影响污水透光率，从而直接影响消毒效果，而且电耗较大。

紫外线消毒系统主要设备是高压水银灯。

紫外线消毒的基本原理为：紫外线对微生物的遗传物质（即 DNA）有畸变作用，在吸收了一定剂量的紫外线后，DNA 的结合键断裂，细胞失去活力，无法进行繁殖，细菌数量大幅度减少，达到灭菌的目的。因为当紫外线的波长为 254mm 时，DNA 对紫外线的吸收达到最大，在这一波长具有最大能量输出的低压水银弧灯被广泛使用，在水量较大时，也使用中压或高压水银弧灯。

紫外线消毒的主要优点是灭菌效率高，作用时间短，危险性小，无二次污染等，并且消毒时间短，不需建造较大的接触池，占地面积和土建费用大幅减少，也不影响尾水受纳水体的生物种群。缺点是设备投资高，抗悬浮固体干扰的能力差，对水中 SS 有严格要求，石英套管需定期清洗。经紫外线消毒的出水，没有持续的消毒作用。

1.3　其他生活饮水处理工艺

1.3.1　微污染饮用水源水的处理工艺

1. 处理工艺

由于工业废水的大量排放，水体受到了不同程度的污染，水中污染物的种类较多，性质较复杂。污染物含量比较低微的水源，常称为微污染水源。尽管污染物浓度较低，但常含有有毒、有害物质；尤其是难降解的、具有生物积累性和致癌、致畸、致突变性的有机污染物，对人体健康的危害性更大。微污染水作为饮用水源时，靠常规处理流程很难去除这些有机污染物，因此在常规处理的基础上，需增加预处理或深度处理。

图 1-27 为微污染饮用水源水的处理流程的一种，图中虚框部分表示可以采用的预处理技术或深度处理技术。

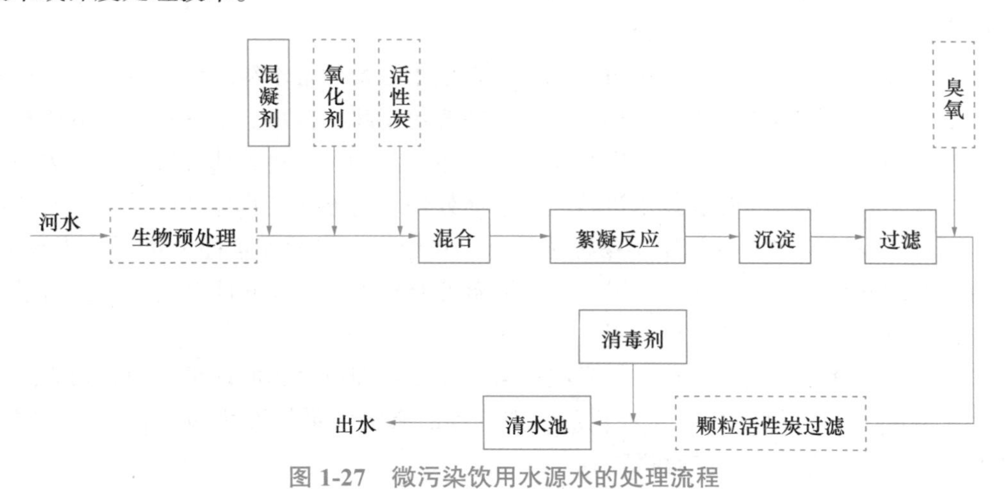

图 1-27　微污染饮用水源水的处理流程

2. 预处理

预处理的目的就是去除水源水中的污染物质，包括有机物、氮素等。预处理技术包括生物氧化法、化学氧化剂法、吸附法（粉末活性炭、活化黏土等）等。

生物氧化法就是采用生物方法去除有机污染物，具体装置有生物接触氧化池、生物流化床、塔式生物滤池、淹没式生物粒状滤料滤池等。

采用化学氧化剂法不仅能氧化去除有机污染物，同时去除原水中的色度，降低臭和味。具体方法有臭氧氧化法、高锰酸钾氧化法等。

吸附法是采用吸附剂去除污染物，包括色度和臭味等物质。具体方法有活性炭吸附法、活化黏土吸附法等。

3. 深度处理

深度处理的目的是进一步去除水源水中的污染物质。深度处理技术包括活性炭吸附法、臭氧氧化及臭氧—活性炭处理（即生物活性炭法）、光化学氧化法（包括光激发氧化法和光催化氧化法）、膜过滤法、活性炭—硅藻土过滤法等。

（1）活性炭吸附。活性炭是目前最常用的一种吸附剂。活性炭内部有大量孔隙，其比表面积可达 $1000m^2/g$ 以上，所以吸附容量很大。活性炭对水中的有机物具有很强的吸附能力，比如对酚、苯、石油及其产品，以及杀虫剂、洗涤剂、合成染料、胺类化合物等都具有较强的去除效果，其中有些有机物通常是生物法或其他氧化法难以去除的，但却非常容易被活性炭所吸附。因此，活性炭用于微污染水的深度处理具有良好的效果。

（2）臭氧氧化及臭氧—活性炭处理技术。臭氧氧化处理技术指的是利用臭氧的氧化能力，去除水体中的卤代甲烷前体物、溶解性的有机物和土霉味的物质的处理方法，这种处理工艺不仅能够提升水质，还能够对水体中的微生物进行杀菌消毒。臭氧能够快速去除溶解性的有机物，但是，在实际应用中，通常使用臭氧与活性炭结合的方式对微污染水源水进行处理。臭氧—活性炭深度处理技术主要是让活性炭和氧化作用联合在一起，以此发挥出活性炭的吸附性能，还能发挥出臭氧的氧化作用。臭氧能够把水体中的大分子有机物逐渐氧化为小分子有机物，有利于活性炭去除效果的发挥，而且，臭氧还能分解活性炭表面的有机物，使活性炭负担明显减轻。

（3）膜过滤深度处理技术。膜过滤深度处理技术在微污染水源水的处理领域占有重要地位，是一种高效、重要的深度处理工艺。其主要包括超滤技术、微滤技术、纳滤技术和反渗透技术等，能够对水体中的色度、臭味、细菌、消毒副产物前体等进行有效去除。研究表明，科学利用膜过滤处理技术进行污染水体处理，能够使其水体浊度符合国家饮用水标准，而且，系统出水中的细菌学指标也很低，在经过消毒后完全能够达到饮用水标准。膜分离技术能够有效去除胶体物、颗粒物、溶解性有机物等，在病原菌病毒和隐孢子虫卵囊的去除方面，也显示出了明显作用。

（4）光催化氧化深度处理技术。光催化氧化深度处理技术的原理是利用太阳光谱中靠近紫外光的部分和 N 型半导体光催化剂，把有毒的有机污染物转化为水、二氧化碳、无机离子，或者其他毒性较小的有机物。

1.3.2　劣质地下水的处理工艺

劣质地下水主要是指地下水中的铁、锰、氟等超标的地下水。地下水中的铁、锰一般以 Fe^{2+}、Mn^{2+} 的形式存在，去除的方法是将其氧化为三价铁和四价锰的沉淀物。具体办法可以采用曝气充氧—氧化反应—滤池过滤，也可采用药剂氧化或离子交换法等。

常采用的曝气氧化除铁工艺——地下水除铁工艺示意图如图 1-28 所示。

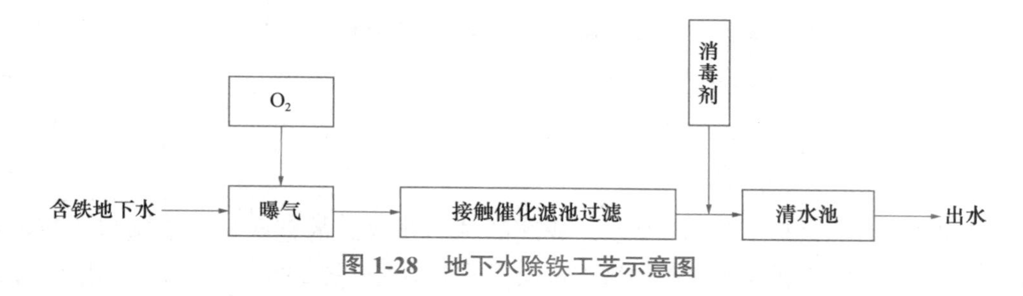

图 1-28　地下水除铁工艺示意图

含铁水井中一般不含氧，在此采用曝气法，可使空气中的氧溶于水中，作为氧化二价铁的氧化剂。曝气后的含铁水流经接触催化滤池，水中的二价铁在滤料表面催化剂的作用下被溶解氧氧化为三价铁，并沉淀析出附着于滤料表面，滤后水的含铁浓度便可降至 0.3mg/L 以下，符合水质标准要求。向滤后水投加氯进行消毒，便可使水的细菌学指标也符合标准。

除锰的方法与除铁的方法相同，当铁锰同时存在时，如果地下水含锰浓度小于 1.5mg/L，可采用一套曝气和除铁装置同时除铁、除锰。如果含锰浓度大于 1.5mg/L 时，采用强化曝气，双层除铁除锰罐，上层除铁、下层除锰，曝气氧化双层除铁除锰工艺流程如图 1-29 所示。

当水中的氟含量超标时，应进行除氟处理，目前一般采用活性氧化铝吸附除氟，工艺流程如图 1-30 所示。

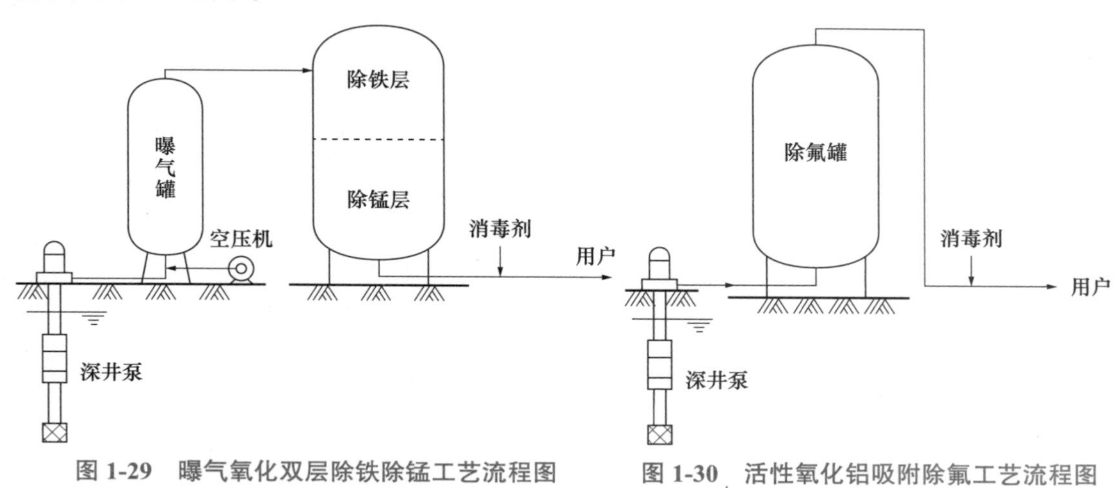

图 1-29　曝气氧化双层除铁除锰工艺流程图

图 1-30　活性氧化铝吸附除氟工艺流程图

1.3.3　高浊度水源水的处理工艺

我国地域辽阔，水源水质差异较大。黄河水的含砂量高，有的河段最大平均含砂量超过 100kg/m^3，以黄河为水源的给水厂处理工艺，要充分考虑泥砂的影响，应在混凝工艺前段设置预处理工艺，以去除高浊度水中的泥砂，图 1-31 为不设调蓄水库时的二次沉淀处理工艺。

图 1-31　不设调蓄水库时的二次沉淀处理工艺

1.3.4　富营养化水源水的处理工艺

地表水指江河、湖泊、水库等水，我国的湖泊及水库的蓄水量占全国淡水资源的23%。所以，以湖泊水库作为水源的城市占全国城市供水量的25%左右。由于湖泊、水库的水文特征，加上含氮、磷污水大量排入，使水体富营养化现象严重，藻类大量繁殖。目前水处理中含藻水的处理方法主要有化学药剂法、微滤机过滤法、气浮法、直接过滤和生物处理等。

第2章 城镇给水厂的试运行与水质监测

2.1 城镇给水厂的试运行目的与内容

微课 城镇给水厂的试运行目的与内容

在城镇给水厂的处理构筑物和主要给水设备安装、试验、验收完成之后，正式投入运行之前，都必须进行设备的试运行。

2.1.1 试运行的目的

（1）参照设计、施工、安装及验收等有关规程、规范及其他技术文件的规定，结合构筑物的具体情况，对整个构筑物的土建工程及给水排水工程设备的安装进行全面、系统的质量检查和鉴定，以作为评定工程质量的依据。

（2）通过试运行可及早发现遗漏的工作或工程和给水排水工程设备存在的缺陷，以便及早处理，避免发生事故，保证建筑物和给水排水工程设备能安全可靠地投入运行。

（3）通过试运行以考核主、辅机械协联动作的正确性，掌握给水排水工程设备的技术性能，制订一些运行中必要的技术数据及操作规程，为设备正式投入运行作技术准备。

（4）在一些大、中型水厂或有条件的水厂、站，还可以结合试运行进行一些现场测试，以便对运行进行经济分析，满足设备运行安全、低耗、高效的要求。通过试运行，确认水厂土建和安装工程质量符合规程、规范要求，便可进行全面交接验收工作，将小城镇给水厂由施工、安装单位移交给生产管理单位正式投入运行。

2.1.2 试运行的内容

给水排水工程设备试运行工作范围很广，包括检验、试验和监视运行，给水排水工程设备相互联系密切。由于给水排水工程设备为首次启动，而又以试验为主，对运行性能均不了解，所以必须通过一系列的试验才能掌握。其内容主要有：

（1）给水排水工程设备机组充水试验。

（2）给水排水工程设备机组空载试运行。

（3）给水排水工程设备机组负载试运行。

（4）给水排水工程设备机组自动开停机试验。

试运行过程中，必须按规定进行全面详细的记录，要整理成技术资料，在试运行结束后，交鉴定、验收、交接组织进行正确评估并建立档案保存。

2.2　城镇给水处理设施的试运转

2.2.1　试运行前的准备工作

试运行前要成立试运行小组，拟定试运行程序及注意事项，组织运行操作人员和值班人员学习操作规程、安全知识，然后由试运行人员进行全面认真的检查。

试运行现场必须进行彻底清扫，使运行现场有条不紊，并适当悬挂一些标牌、图表，为给水设备试运行提供良好的环境条件和协调的气氛。

1. 设备过流部分的检查

应着重过流部分的密封性检查，其次是表面的光滑性。具体工作有：

（1）清除现场的钢筋头，必要时可做表面铲刮处理，以求平滑。

（2）封闭进人孔和密封门。

（3）充水，检查人孔、阀门、混凝土结合面和相关部位有无渗漏。

（4）在静水压力下，检查调整检修闸门的启闭，对快速闸门、工作闸门、阀门的手动、自动做启闭试验，检查其密封性和可靠性。

2. 机械部分的检查

（1）检查转动部分间隙，并做好记录，转动部分间隙力求相等，否则易造成机组径向振动。

（2）渗漏检查。

（3）技术充水试验，检查渗漏是否符合规定、油轴承或橡胶轴承通水冷却或润滑情况。

（4）检查油轴承转动油盘油位及轴承的密封性。

3. 电动机部分的检查

（1）检查电动机空气间隙，用白布条或薄竹片打扫，防止杂物掉入气隙内，造成卡阻或电动机短路。

（2）检查电动机线槽有无杂物，特别是金属导电物，防止电动机短路。

（3）检查转动部分螺母是否紧固，以防运行时受振松动，造成事故。

（4）检查制动系统手动、自动的灵活性及可靠性，复归是否符合要求；顶起转子 3～5mm（视不同电动机而定），机组转动部分与固定部分不相接触。

（5）检查转子上、下风扇角度，以保证电动机本身提供最大冷却风量。

（6）检查推力轴承及导轴承润滑油位是否符合规定。

（7）通冷却水，检查冷却器的密封性和示流信号器动作的可靠性。

（8）检查轴承和电动机定子温度是否均为室温，否则应予以调整；同时检查温度信号计整定值是否符合实际要求。

（9）检查碳刷与刷环接触的紧密性、刷环的清洁程度及碳刷在刷盒内动作的灵活性。

（10）检查电动机的相序。

（11）检查电动机一次设备的绝缘电阻，做好记录，并记下测量时的环境温度。

（12）检查核对电气接线，吹扫灰尘，对一次和二次回路做模拟操作，并整定好各项参数。

4. 辅助设备的检查与单机试运行

对于设有辅助设备的情况，如泵站中的辅助设备等要进行以下检查：

（1）检查油压槽、回油箱及贮油槽油位，同时试验液位计动作反应的正确性。

（2）检查和调整油、气、水系统的信号元件及执行元件动作的可靠性。

（3）检查所有压力表计（包括真空表计）、液位计、温度计等反应的正确性。

（4）逐一对辅助设备进行单机运行操作，再进行联合运行操作，检查全系统的协联关系和各自的运行特点。

2.2.2　处理构筑物或设备的试通水

给水处理工程竣工后，应对处理构筑物（或设备）、机械设备等进行试运转，检验其工艺性能是否满足设计要求。钢筋混凝土水池或钢结构设备在竣工验收（满水试验）后，其结构性能已达到设计要求，但还应对全部给水处理流程进行试通水试验，检验在重力流条件下污水或污泥流程的顺畅性，比较实际水位变化与设计水位；检验各处理单元间及全厂连通管渠水流的通畅性，附属设施是否能正常操作；检验各处理单元进出口水流流量与水位控制装置是否有效。

2.2.3　机械设备及泵站机组试运行

1. 给水设备及泵站机组的第一次启动

经上述准备和检查合格后，即可进行第一次启动。第一次启动应用手动方式进行，有些设备应该轻载或空载启动（如离心泵的启动一定要轻启动），这样既符合试运行程序，也符合安全要求。空载启动是检查转动部件与固定部件是否有碰撞或摩擦，轴承温度是否稳定，摆度、振动是否合格，各种表计是否正常，油、气、水管路及接头、阀门等处是否渗漏，测定电动机启动特性等有关参数，对运行中发现的问题要及时处理。

2. 给水设备及泵站机组停机试验

机组运行 4～6h 后，上述各项测试工作均已完成，即可停机。机组停机仍采用手动方式，停机时主要记录从停机开始到机组完全停止转动的时间。

3. 机组自动开、停机试验

开机前将机组的自动控制、保护、励磁回路等调试合格，并模拟操作准确，即可在操作盘上发出开机脉冲，机组即自动启动。停机也以自动方式进行。

4. 机组负荷试运行

机组负荷试运行的前提条件是轻载试运行合格，油、气、水系统工作正常，各处温升符合规定，振动、摆度在允许范围内，无异常响声和碰擦声，经试运行小组同意，即可进行带负荷运行。

（1）负荷试运行前的检查。主要包括以下几项：

① 检查进、出口内有无漂浮物，并应妥善处理。

② 各种阀门操作正常，要求动作准确，密封严密。

③ 油、气、水系统投入运行。

④ 各种仪表显示正常、稳定。

⑤ 人员就位，抄表。

（2）负载启动。上述工作结束即可负载启动。负载启动用手动或自动均可，由试运行小组视具体情况而定。负载启动时的检查、监视工作，仍按轻载启动各项内容进行。

如无通水必要，运行 6～8h 后，若一切运行正常，可按正常情况停机，停机前抄表一次。

5. 给水设备及泵站机组连续试运行

在条件许可的情况下，经试运行小组同意，可以进行给水设备及泵站机组连续试运行。其要求是：① 给水设备及泵站单台机组运行一般应在 7d 内累计运行 72h（含全部给水设备及泵站机组联合运行小时数）；② 连续试运行期间，开机、停机不少于 3 次；③ 给水设备及泵站机组联合运行的时间，一般不少于 6h。

2. 3　城镇给水厂的水质监测

2. 3. 1　给水厂水质控制要求

1. 原水水质要求

（1）城镇给水厂必须按照相关规定对进厂原水进行水质监测。当原水水质发生异常变化时，应根据需要增加监测项目和频次。

（2）以地表水为水源的城镇给水厂，其水质应符合《地表水环境质量标准》GB 3838—2002 的相关要求。宜在取水口附近或水源保护区内建立水质在线监测及预警系统，原水水质在线监测及预警项目可根据当地原水特性和条件选择。未建立原水水质在线监测及预警系统的给水厂应在适当的范围内划定原水水质监测段，在监测段内应设置有代表性的水质监测点。

（3）以地下水为水源的给水厂，其水质应符合《地下水质量标准》GB/T 14848—2017 的相关要求。应在汇水区域或井群中选择有代表性的水源井、补压井（或全部井）作为原水水质监测点。

2. 净化水水质要求

城镇给水厂应在每一个净化工序设置水质检测点。当生产需要、工艺调整或者水质异常变化时，可酌情增加工序水质检测点。

2. 3. 2　给水厂水质检验项目与检验频率

城镇给水厂水质检验工作可由水厂化验室单独完成或与其所属单位的中心化验室共同承担完成。城镇给水厂开展的水质检验项目和频率应符合表 2-1 的规定（可在表 2-1 的基础上根据条件和需要酌情增加）。对于部分检验频率低、所需仪器昂贵、检验成本较高的水质指标，无条件开展检验的单位可委托具有相关项目检验资质的检验机构进行检验。

水质检验项目和频率　　表 2-1

<table>
<tr><th colspan="2">水样</th><th>检验项目</th><th>检验频率</th></tr>
<tr><td rowspan="3">水源水</td><td>地表水、地下水</td><td>浑浊度、色度、臭和味、肉眼可见物、COD_{Mn}、氨氮、细菌总数、总大肠菌群、大肠埃希氏菌或耐热大肠菌群①</td><td>每日不少于 1 次</td></tr>
<tr><td>地表水</td><td>《地表水环境质量标准》GB 3838—2002 中规定的水质检验基本项目、补充项目及特定项目②</td><td>每月不少于 1 次</td></tr>
<tr><td>地下水</td><td>《地下水质量标准》GB/T 14848—2017 中规定的所有水质检验项目</td><td>每月不少于 1 次</td></tr>
<tr><td colspan="2">沉淀、过滤等各净化工序</td><td>浑浊度及特定项目③</td><td>每 1～2h 一次</td></tr>
<tr><td colspan="2" rowspan="4">出厂水</td><td>浑浊度、余氯、pH</td><td>在线检测或每小时 1～2 次</td></tr>
<tr><td>浑浊度、色度、臭和味、肉眼可见物、余氯、细菌总数、总大肠菌群、大肠埃希氏菌或耐热大肠菌群①、COD_{Mn}</td><td>每日不少于 1 次</td></tr>
<tr><td>《生活饮用水卫生标准》GB 5749—2022 规定的表 1、表 2 全部项目和表 3 中可能含有的有害物质④</td><td>每月不少于 1 次</td></tr>
<tr><td>《生活饮用水卫生标准》GB 5749—2022 规定的全部项目⑤</td><td>以地表水为水源：每半年检验 1 次；以地下水为水源：每年检验 1 次</td></tr>
<tr><td colspan="2">管网水</td><td>色度、臭和味、浑浊度、余氯、细菌总数、总大肠菌群、COD_{Mn}（管网末梢水）</td><td>每月不少于 2 次</td></tr>
<tr><td colspan="2">管网末梢水</td><td>《生活饮用水卫生标准》GB 5749—2022 规定的表 1、表 2 全部项目和表 3 中可能含有的有害物质④</td><td>每月不少于 1 次</td></tr>
</table>

① 当水样检出总大肠菌群时才需进一步检验大肠埃希氏菌或耐热大肠菌群；

② 特定项目的确定按照《地表水环境质量标准》GB 3838—2002 规定执行；

③ 特定项目由各水厂根据实际需要确定；

④ “表 3 可能含有的有害物质”的实施项目和实施日期的确定按照《生活饮用水卫生标准》GB 5749—2022 规定执行。

⑤ 全部项目的实施进程按照《生活饮用水卫生标准》GB 5749—2022 规定执行。

2.3.3　给水厂水质检验方法及仪器设备

关于给水厂水质检验方法，本节只介绍色度、浑浊度、臭和味、肉眼可见物及 pH 的检验与测定方法，其他项目（特殊项目）的检测参照《生活饮用水标准检验方法》GB 5749—2022、行业标准及国际标准执行，尚无标准方法的，可采用其他非标方法，但应经过方法确认。

1. 色度检验

色度检验采用铂 - 钴标准比色法。其原理就是用氯铂酸钾和氯化钴配制颜色标准溶液，与被测样品进行目视比较，以测定样品的颜色强度，即色度。

该方法适用于生活饮用水及其水源水中色度的测定。水样不经稀释，测定范围为 5～

50 度。测定前应除去水样中的悬浮物。

所用仪器主要是成套高型无色具塞比色管（50mL）和离心机。

2. 浑浊度检验

实验室一般是以福尔马肼（Formazine）为标准用散射法测定生活饮用水及其水源水的浑浊度。实际工作中也可以采用浊度仪测定。按原理分，浊度仪有透光型、散射光型、散射光—透射光型、表面散射型和积分球型 5 种；按性能分，浊度仪分有便携式浊度仪、台式浊度仪和在线浊度仪 3 种。

台式浊度仪一般用于实验室检测浊度，便携式浊度仪和在线浊度仪一般用于现场检测。便携式浊度仪用于不连续的检测，在线浊度仪用于连续、现场浊度监测，它可以实时、连续监测浊度。

使用浊度计要注意以下事项：

（1）浊度测定的标准物质采用高岭土，以 1mL 试样在 1L 水中分散时的浊度为 1NTU（高岭土）。该测定是通过目测加以比较。用同样装置测定同种类的系列试样时可以相互比较，在不同装置内测定不同试样时，利用数值直接比较往往没有意义。这就是说，在测定的数据上需要标明测定方式和标准物质。

（2）高岭土标准液在稳定性、重现性方面存在许多问题，故近来采用福尔马肼标准液。它是用 1% 的硫酸肼溶液和 10% 的六亚甲基四胺溶液各 10mL，在 25±3℃下保持 24h 后配制成的 200mL 稀释液。该溶液的浊度为 400NTU（福尔马肼），用于校准浊度计。

浊度计日常要注意维护保养。对操作者的要求仅限于周期性的标定、标准化检查及维护外部设备。如果出现任何系统报警，应立即查找原因，以免发生更为严重的故障。操作者要经常监视控制单元指示器以便了解出现的异常情况。每月一次的标准化检查，应使用校准过的实验室仪器，对定时采到的样品进行分析，至少每 4 个月进行一次校准。

3. 臭和味检验

臭和味检验采用臭气和尝味法。适用于生活饮用水及其水源水中臭和味的测定。

所用的仪器为 250mL 锥形瓶。

4. 肉眼可见物检验

肉眼可见物检验采用直接观察法。其适用于生活饮用水及其水源水中肉眼可见物的测定。

5. pH 测定

pH 测定主要是采用酸度计。酸度计主要有实验室 pH 计、工业 pH 计、便携式 pH 计和笔式 pH 计四大类。

实验室 pH 计，一般为台式仪器，具有精度高、重复性好、响应快、功能全、操作简单等特点。如果为智能化仪器，一般还具有打印输出、数据处理等功能。

工业 pH 计，主要用于工业流程的连续测量，要求电极的长期稳定性好，仪表不仅要有测量显示功能，还要有报警和控制功能，以及方便安装、清洗、抗干扰性能好等优势。

便携式 pH 计，主要用于现场测试和野外测量，要求附件配置齐全、方便携带，一般电源内置，方便移动测量。仪器的显示要满足户外不同光线条件下的读数。

笔式 pH 计，主要用于代替 pH 试纸的功能，具有精度低、测定快速、操作简便等特点。

使用 pH 计要注意以下事项：

（1）pH 标准液指定 1/20mol/L 的邻苯二（甲）酸氢钾溶液，其 15℃时的 pH 定为 4。此外，还使用磷酸盐标准液（1/40mol/L 磷酸二氢钾、1/40mol/L 磷酸氢二钠溶液，pH 7）、硼酸盐标准液（1/100mol/L 硼酸钠溶液，pH 9）等。

（2）使用玻璃电极时，随着玻璃薄膜表面的逐渐变化和玻璃成分的溶出，其性质有所改变，测定误差也逐渐增大。为防止这种变化，需随时用标准液进行零位调整和间距调整。

（3）如 pH 测定原理所示，玻璃薄膜污染将导致更大误差，故污染时，要随时对电极加以清洗，近来已经普及超声波自动清洗方式。

（4）在参比电极中，有少量内液从液体接界处渗出，需适当予以补充。

（5）特殊场合也可使用锑电极，其优点是比玻璃电极牢固，还能容许氰化物共存。但缺点是测定范围窄（pH 2～12），反应不完全是直线等。

6. 余氯

实验室一般是采用邻联甲苯胺比色法测定余氯，实际工作中也可以采用余氯测定仪测定。

2.3.4　给水厂水质在线监测

（1）城镇给水厂应设置一定数量的浑浊度、余氯、pH 等水质在线监测仪表，并根据经济发展水平选择配置其他水质在线仪表。

（2）在线监测仪器设备应达到所需的灵敏度和准确度，并符合相应检验方法标准或技术规范的要求。

（3）水质在线监测数据应及时传递到控制中心进行监控和处理。

（4）在线仪表数据不能传递到控制中心的水厂，其运行管理人员应定期查看、记录并反馈在线仪表数据。

（5）在线仪器设备要有专人定期进行校准及维护。当仪表读数波动较大时，应增加校对次数。

2.3.5　突发性水污染事件应急水质监测

突发性水污染事件有突然发生的性质，水质变化速率大。因入河污染物超过水环境容量造成的水污染事件主要是因为当水量小时未及时控制污染物入河总量，受水量和入河污染物的双重影响。由于人们缺乏思想准备，不能及时采取防御措施，对社会经济和环境影响会很严重，有的甚至很难恢复。

应急水质监测是判断水污染事件影响程度的依据，它不同于日常的水质监测，其特点表现为：一是时间短，污染过程不可重复，事前无计划；二是耗费资金、人力、物力；三是污染物和排放方式不同，监测断面、项目和频率不同。

应急水质监测的原则是：事前有预防，有预案；事后就近监测、跟踪监测，测站监测与监测中心监测互相配合，固定监测与移动监测互为补充；做好人员培训、仪器设备装备和技术的储备。

若发生突发性水污染事件，应成立应急组织，在污染事件发生时各负其责，及时开展调查、监测。应急组织可包括应急监测领导小组、应急调查组、应急监测组、预测分析组、后勤保障组等。除此之外，还应制订应急水质监测预案。根据污染源影响程度和范围、水量条件、河道条件、污染源的排放情况、事故排放情况、监测能力和条件，制订水质监测预案。建立应急监测队伍，配备相应的监测仪器和设备，在尽可能短的时间内对污染物的种类、浓度、污染范围及可能造成的危害做出判断，争取时间，为污染事件的处理提供依据。

第3章　城镇给水厂处理构筑物的运行管理

3.1　投药与混凝的运行管理

3.1.1　投药运行管理

1. 运行

（1）净水工艺中选用的混凝药剂，与药液和水体有接触的设施、设备所使用的防腐涂料，均须鉴定对人体无害，即应符合《生活饮用水卫生标准》GB 5749—2022 的规定。混凝剂质量应符合国家现行的有关标准的规定。经检验合格后方可使用。

（2）混凝剂经溶解后，配置成标准浓度进行计量加注。计量器具每年鉴定一次。

（3）混凝剂配制应符合下列规定：

1）固体混凝剂溶解时应在溶液池内经机械或空气搅拌，使其充分混合、稀释，并严格控制药液浓度不超过 5%，药液配好后，继续搅拌 15min，并静置 30min 以上方能使用。溶液池需有备用，药剂的质量浓度宜控制在 5%～20% 范围内。

2）液体混凝剂原液可直接投加或按一定的比例稀释后投加。

（4）要及时掌控原水水质变化情况。混凝剂的投加量与原水水质关系极为密切，因此操作人员对原水的浊度、pH、碱度必须进行测定。一般每班测定 1～2 次，如原水水质变化较大时，则需 1～2h 测定 1 次，以便及时调整混凝剂的投加量。

（5）重力式投加设备，投加液位与药点液位要有足够的高差，并设高压水，每周至少自加药管始端冲洗一次加药管。

（6）压力式投加（加药泵、计量泵），应符合下列规定：

1）采用手动方式，应根据絮凝、沉淀效果及时调节。

2）定期清洗泵前过滤器和加药泵或计量泵。

3）更换药液前，必须清洗泵体和管道。

（7）配药、投药的房间是给水厂最难清洁卫生的场所，而它的卫生面貌也最能代表一个给水厂的运行管理水平。应在配药、投药过程中，严防跑、冒、滴、漏。加强清洁卫生工作，发现问题及时报告。

2. 维护

日常维护应注意以下几点：

（1）应每月检查投药设施运行是否正常，贮存、配制、输送设施有无堵塞和滴漏。

（2）应每月检查投药设备的润滑、加注和计量设备是否正常，并进行设备、设施的清洁保养及场地清扫。

定期维护应注意以下几点：

（1）配制、输送和加注计量设备，应每月检查维修，以保证不渗漏，运行正常。

（2）配制、输送和加注计量设备，应每年大检查一次，做好清刷、修漏、防腐和附属机械设备、阀门等的解体修理工作，金属制栏杆、平台、管道应按规范规定的色标进行涂刷油漆。

3.1.2　混合絮凝设施运行管理

1. 运行

（1）混合应符合下列规定：

1）混合宜控制好GT值，当采用机械混合时，GT值在水厂搅拌试验指导基础上确定。

2）高浊度水预处理采用高分子絮凝剂时，混合不宜过分急剧。

3）混合设施与后续处理构筑物的距离越近越好，尽可能采用直接连接方式，最长时间不宜超过2min。

（2）絮凝应符合下列规定：

1）初次运行隔板、折板絮凝池时进水速度不宜过大，防止隔板、折板倒塌、变形。

2）定时监测絮凝池出口絮凝效果，应做到絮凝后水体中的颗粒与水分离度大，絮体大小均匀，絮体大而密实。

3）絮凝池宜在GT值设计范围内运行。

4）絮凝池出口絮体形成不好时，要及时调整加药量。最好能调整混合、絮凝的运行参数。

5）定期监测积泥情况，避免絮粒在絮凝池中沉淀。如难以避免时，应采取相应排泥措施。

2. 维护

（1）日常保养。主要是做好环境的清洁工作。采用机械混合的装置，应每日检查电动机、变速箱、搅拌桨板的运行状况，加注润滑油，做好清洁工作。

（2）定期维护。机械、电气设备应每月检查修理一次；机械、电气设备、隔板、网格、静态混合器每年检查一次，解体检修或更换部件；金属部件每年涂刷油漆保养一次。

3. 常见故障与对策

（1）絮凝池末端絮体颗粒状况良好，水的浊度低，但沉淀池中絮体颗粒细小，出水携带絮体。

出现这种情况的原因，一是混凝池末端积泥，堵塞了进水穿孔墙上的部分孔口，使孔口流速过大，打碎絮体，使之不易沉降；二是沉淀池内有积泥，降低了有效池容，使沉淀池内流速过大。

这两种情况的处理方法是停池清泥。

（2）絮凝池末端絮体状况良好，水的浊度低，但沉淀池出水携带絮体。

出现这种情况的原因，一是沉淀池超负荷，解决方法是增加沉淀池投运数量，降低沉淀池的表面水力负荷；二是沉淀池内存在短流，解决方法是如果由堰板不平整所致，则应调平堰板。如果由温度变化所致，则应在沉淀池进水口采取有效的整流措施。

（3）絮凝池末端絮体颗粒细小，水体浑浊，且沉淀池出水浊度提高。

出现这种情况的原因一是混凝剂投加量不足，应及时增加投药量；二是进水碱度不足，应及时投加石灰，补充碱度不足；三是水温降低，应该用无机高分子混凝剂等受水温影响小的混凝剂，也可采用加助凝剂的方法；四是混凝强度不足，加强运行的合理调度，尽量保证混合区内有充分的流速。

（4）絮凝池末端絮体大而松散，沉淀池出水异常清澈，但出水中携带大量絮体。

出现这种情况的原因是混凝剂投加量过量，应降低投药量。

（5）絮凝池末端絮体碎小，水体浑浊，沉淀出水浊度偏高。

出现这种情况的原因是混凝剂投加大幅超量，应降低投药量。

微课　加药间的管理

3.1.3　加药间的管理

1. 药剂的贮藏

（1）贮藏量。药剂的贮藏要根据药剂周转与水厂交通条件，一般要贮备 15～30d 混凝剂用量。药剂周转使用时要贯彻先存先用的原则。但硫酸亚铁切不可积压过久，否则会变质成碱式硫酸铁，呈酱油色的冻胶状，使混凝效果大为降低。

（2）药剂的堆放。凝聚与助凝药剂一般有固体、液体之分。固体的药剂分包装药剂和散装药剂，其堆放的一般规定如下。

1）包装药剂：包装药剂一般成袋堆放，堆放高度根据工人操作条件一般为 0.5～2.0m，药剂之间要有适当的通道，通道宽度要保持 1.0m 左右，以便使用。

2）散装药剂：散装药剂（如硫酸亚铁）的堆放，则在药库内设几道隔墙分开，隔墙高度为 2.0m 左右，分格设在药库的一侧或两侧，设在两侧时中间要有通道。散装的药库一般地坪都做有 1%～3% 的坡度，中间设地沟，沟上铺穿孔盖板，用水冲溶后可沿地沟流至溶药池。

3）液体药剂：液体混凝剂一般都用坛或塑料桶装，每 30kg 一坛，可按坛或桶排列，中间应有供手推车搬运的通道。

4）溶药缸的防腐：中小自来水厂溶药缸不少采用陶瓷罐，如果采用混凝土或砖砌，则需加以防腐处理。简单的防腐处理办法有用耐酸瓷砖衬砌、贴硬聚氯乙烯板或用环氧玻璃钢。

2. 加药间的管理制度

（1）工作要求。加药间工作要求的主要内容有：

1）按规定的浓度和时间配制凝聚剂与助凝剂溶液；

2）根据原水水质变化、进水量大小和沉淀池出水水质的要求，正确调整和控制好投加量；

3）提出净水药剂的使用计划，保管好库中凝聚剂；

4）维护管理各种投加设备，及时保养检修，保持设备完好；

5）做好各项原始记录，准确填写各项日报；

6）保持加药间的环境整洁。

（2）巡回检查制度。加药间的巡回检查应按规定的路线每 1～2h 进行一次，其主要内容有：

1）溶药缸和溶液池水位是否正常；

2）加药设备、液箱、管线是否有漏液现象；

3）混合、絮凝以及沉淀池水位与水质是否正常；

4）其他与生产有关的情况。

（3）安全操作技术规程。加药间操作应符合如下要求：

1）投加凝聚剂要穿戴工作服、胶皮手套和其他必要的劳保用品；

2）配制凝聚剂与助凝剂必须按规定的浓度称取规定的数量；

3）溶药缸时要按固定的水位，并均匀搅拌、消化溶解后才放入溶液池，放入溶液池的数量及稀释的水量都要按事先规定的进行；

4）投药前对所有投药设备及水射器进行检查，确保正常后方可按规定的顺序打开各控制阀门；

5）定药量必须按进水泵房开机数量和原水水质按试验数据或事先规定的投加标准进行，投加后及时观察絮体生成情况和沉淀池出口浊度加以调整。在未正常前不得离开工作岗位；

6）必须按时正确地测定原水浊度、pH、沉淀池出口浊度，按控制出口浊度大小来调整投加量；

7）水泵停车前应提前 3～5min 关掉投药开关，以减少残留液、减轻水泵叶轮或吸水管道的腐蚀；

8）各种机械设备应按相应的安全操作规程进行。

3.2　沉淀池的运行管理

3.2.1　平流式沉淀池

1. 运行

（1）必须严格控制运行水位，防止沉淀池出水淹没出水槽现象产生。水位宜控制在允许最高运行水位和其下 0.5m 之间，以保证满足设计各种参数的允许范围。

（2）平流式沉淀池必须做好排泥工作。如果沉淀池底积泥过多将减少沉淀池容积，并影响沉淀效果，故应及时排泥。有机械连续吸泥或有其他排泥设备的沉淀池，应将沉淀池底部泥渣连续或定期进行排除。采用排泥车排泥时，每日累计排泥时间不得少于 8h，当出水浊度低于 8NTU 时，可停止排泥；采用穿孔管排泥时，排泥频率每 4～8h 一次，同时要保持快开阀的完好、灵活。无排泥设备的沉淀池，一般采取停池排泥，把池内水放空采用人工排泥，人工排泥一年至少应有 1～2 次，可在供水量较小期间利用晚间进行。

（3）发现沉淀池内藻类大量繁殖，应采取投氯和其他除藻措施，防止藻类随沉淀池出水进入滤池。此外，应保持沉淀池内外清洁卫生。

（4）平流式沉淀池的出口应设质量控制点，浊度指标一般宜控制在5NTU以下。

（5）平流式沉淀池的停止和启用操作应尽可能减少滤前水的浊度的波动。

（6）运行人员必须掌握检验浊度的手段和方法，保证沉淀池出水浊度满足要求。

2. 维护

日常保养应注意以下几点：

（1）每日检查沉淀池进出水阀门、排泥阀、排泥机械运行状况，加注润滑油，进行相应保养。

（2）检查排泥机械电气设备、传动部件、抽吸设备的运行状况并进行保养。

（3）保持管道畅通，清洁地面、走道等。

定期维护应注意以下几点：

（1）清刷沉淀池每年不少于两次，有排泥车的每年清刷一次。

（2）排泥机械、电气设备。

3.2.2　斜板（管）沉淀池

微课　斜板（管）沉淀池

1. 运行

（1）当采用聚氯乙烯蜂窝材质作斜管，在正式使用前，要先放水浸泡去除塑料板制造时添加剂中的铅、钡等。

（2）严格控制沉淀池运行的流速、水位、停留时间。积泥泥位等参数不超过设计允许范围。上向流斜板（管）沉淀池的垂直上升流速，一般情况下可采用2.5～3.0mm/s。斜板与斜管比较，当上升流速小于5mm/s时，两者净水效果相差不多；当上升流速大于5mm/s时，斜管优于斜板。水在斜板（管）内停留时间一般为2～5min。

（3）沉淀池的进水、出水、进水区、沉淀区、斜板（管）的布置和安装、积泥区、出水区应符合设计和运行要求。安装时，应用尼龙绳把斜管体与下部支架或池体捆绑牢固，以防充水后浮起。除此外还要将斜板（管）与池壁的缝隙堵好，防止水流短路。

（4）沉淀池适时排泥是斜管沉淀池正常运行的关键。穿孔管排泥或漏斗式排泥的快开阀必须保持灵活、完好，排泥管道畅通，排泥频率应在4～8h一次，原水高浊期，排泥管直径小于200mm时，排泥频率酌情增加。运行人员应根据原水水质变化情况、池内积泥情况、积累排泥经验，适时排泥。

（5）斜板（管）沉淀池不得在不排泥或超负荷情况下运行。

（6）对于斜管顶端管口、斜管管内积存的絮体泥渣，根据运行实际需要，应定期降低池内水位，露出斜管，用水压为0.25～0.3MPa的水枪水冲净。以避免斜管堵塞和变形，造成沉淀池净水能力下降。

（7）斜板（管）沉淀池出水浊度为净水厂重点控制指标，出水浊度应控制在8～10NTU以下，宜尽量增加出水浊度的检测次数。必须特别注意不间断地加注混凝剂和及时排泥，发现问题，及时采取补救措施。

（8）在日照较长，水温较高地区，应加设遮阳屋（棚）盖等措施，以防藻类繁殖与减缓斜板（管）材质的老化。

2. 维护

（1）日常保养

1）每日检查进出水阀、排泥阀、排泥机械运行状况，加注润滑油进行保养。

2）检查机械、电气设备并进行保养。

（2）定期维护

1）每月对机械、电气设备检修一次，每月对斜板（管）冲洗、清通一次。

2）排泥机械、阀门每年解体修理或更换部件一次。

3）斜板（管）沉淀池每年排空一次，对斜管、支托架、绑绳等进行维护；对池底、池壁进行修补，金属件涂刷油漆。

4）斜板（管）每 3～5 年应进行修理，支承框架和斜管局部更换。

3.3　澄清池的运行管理

3.3.1　水力循环澄清池

1. 初始运行

（1）初始运行前，要调节好喷嘴和喉管的距离。一般是将喉管与喷嘴口的距离先调节到等于 2 倍喷嘴直径的位置。

（2）初始启用前，应打开底阀先排出少量泥渣，初始运行时水量为正常水量的 50%～70%。泥渣层恢复后方可调整水量至正常值。

（3）原水浊度在 200NTU 以上时，可不加黄泥。进水流量控制在设计流量的 1/3。混凝剂投加量要比正常增加 50%～100%，即能形成活性泥渣。

（4）原水浊度低于 200NTU 时，将准备好的黄泥一部分先倒入第一反应室，然后澄清池开始进水，进水量为设计水量的 70% 左右，其余黄泥根据原水浊度情况逐步加入。总投加黄泥量应根据原水浊度酌情而定。混凝剂投加量为正常投药量的 3～4 倍。

（5）当澄清池开始出水时，要仔细观察分离区与反应池水质变化情况。如分离区的悬浮物产生分离现象，并有少量絮体上浮，而面上的水不是很浑浊，第一反应室水中泥渣含量却有所增高，一般可以认为投药和投泥适当。如第一反应室水中泥渣含量下降，或加泥水浑浊，不加时变清，则说明黄泥投加量不足，需继续增加黄泥投加量。当分离区有泥浆水向上翻，则说明投药量不足，悬浮物不能分离，需增加投药量。

（6）当澄清池开始出水时，还要密切注意出水水质情况，如水质不好应排放，不能进入滤池。

（7）测定各取样点的泥渣沉降比，泥渣沉降比反映了反应过程中泥渣的浓度与流动性，是运行中必须控制的重要参数之一。若喷嘴附近泥渣沉降比增加较快，而第一反应室出口处却增加很慢，这说明回流量过小，应立即调节喉嘴距，增加回流量，使达到最佳位置。

（8）如有两个澄清池，其中一个池子的活性泥渣已形成而另一个未形成，则可利用已形成活性泥渣池，在排泥时暂时停止进水，打开尚未形成活性泥渣池的进水闸阀，把活性泥渣引入该池。若一次不够，可进行多次，直至活性泥渣形成。澄清池的初次运行实际上是培养活性泥渣阶段，为正常运行创造必要的条件。

2. 正常运行

（1）每隔 1～2h 测定一次原水与出水的浊度与 pH，如水质变化频繁时，测定次数应增加。

（2）操作人员应根据化验室试验所需投加量，找出最佳控制数据，使出水水质符合要求。操作人员应在日常工作中摸索出原水浊度与混凝剂投加量之间的一般规律。

（3）当原水 pH 过低或过高时，应加碱和加氯助凝（参看平流式沉淀池运行管理）。

（4）每隔 1～2h 测第一反应室出口与喷嘴附近处泥渣沉降比一次。掌握沉降比、原水水质、混凝剂投加量、泥渣回流量与排泥时间之间变化关系的规律。一般原水浊度高，水温低，沉降比要控制小一些；相反要控制大一些。一般当沉降比达到 15%～30% 时应排泥，具体应根据原水水质情况来确定。

（5）掌握进水管与进水量之间的规律，避免由于进水量过大而影响出水水质，或因为水压过高、过低而影响泥渣回流量。进水量一般可根据进水压力进行控制。

（6）必须掌握气温、水温等外界因素对运行的影响，加强对清水区的观察，以便及时处理事故，避免水质变坏。

（7）及时排泥，使池内泥渣量保持平衡，不使水质因泥渣量过少或过多而变坏。排泥历时不能过长，以免排空活性泥渣而影响池正常运行。

（8）水力循环澄清池正常运行时，水量应稳定在设计范围内以保持喉管下部喇叭口处的真空度，保证适量污泥回流。

（9）短时间停运后重新投运时，应先开启底阀排除少量积泥；应适当增加投药量，进水量控制在正常水量的 70%，待出水水质正常后逐步增加到正常水量，同时减少投药量至正常投加量。

3. 运行中可能出现的情况及其处理方法

（1）分离室清水区中有细小絮体上升，出水水质浑浊；泥渣颗粒细小不易沉降，泥渣水浑浊不透明，而呈乳白色。这种情况一般是由投加混凝剂量不足或碱度不够造成的，应摸清原因，采取增加混凝剂投加量或加碱的措施。

（2）当絮体大量上浮，泥渣层升高或翻池，则应根据不同原因区别处理：如因回流泥渣量过高引起，则应缩短排泥周期或延长排泥历时，增加排泥量；如因进水流量超过设计流量引起，则应减少进水流量至设计流量；如因进水水温高于澄清池内水温，形成温差对流，使泥渣层膨胀引起，可在第一反应室出口处投加漂粉和石灰，适当增加投矾量。彻底解决的办法是设法消除温差，如澄清池进水管道增加覆土，池水顶部设遮阳措施，防止烈日直接照射；如因原水水质变化，藻类大量繁殖，原水 pH 升高引起，可采用澄清前加氯除藻，或在第一反应室出口处投加漂粉或漂粉渣来解决。

（3）因中断投加混凝剂时间过长或投加量长期不足，分离区出现泥浆水如同蘑菇状上翻，泥渣层完全趋于破坏状态时，应迅速增加混凝剂投加量为正常时的 2～3 倍，并适当减少进水量。如果情况尚不好转，应停池运行 1h 左右，待清水区的水有所澄清再投入运行，此时应适当减少进水量，增加投药量。

（4）如清水区水层透明，可见 2m 以下泥渣层，并出现白色大粒絮体上升，一般是因为投加混凝剂过量，应降低混凝剂投加量。

（5）排泥后，第一反应室泥渣含量逐渐下降，说明排泥过量，或排泥闸阀没有关紧，泥渣漏失，应及时解决。

（6）池底有大量小气泡上浮水面，有时还有大块泥渣向上浮起，这是由于池内泥渣回流不畅、沉积池底、日久腐化发酵等原因所造成，应放空池清除池底积泥。停池较长时间后，池内泥渣已被压实，在重新运转时，应先开启底部放空管闸阀，排除池底少量泥渣，使底部泥渣松动然后进水。此时应适当增加混凝剂投加量，待出水水质稳定后，再逐渐恢复到正常投加量，一般停池 24h 后，可在 1～2h 内恢复正常运行。

（7）当原水浊度小于 30NTU，或原水腐殖质含量较高而不易净化时，一般会出现泥渣层上升，絮体上浮随水流带出澄清池等现象。遇有这种情况，可适当投加黄泥和漂粉废渣，促使絮体变得重而结实，加速下沉。当原水浊度为 10NTU 左右时，一般不能经常排泥而应使沉降比尽可能保持高一点。有时也可采取适当减少进水量，不使大量絮体上浮，让泥渣层有所降低，以及增加活性泥渣的回流措施。采取上述运行管理的措施，均可获得较好效果。

4. 维护

澄清池日常保养和定期维护一般情况下与混凝池和沉淀池相似。

3.3.2　机械搅拌澄清池

1. 初始运行

机械搅拌澄清池初始运行应符合以下规定：

（1）运行水量为正常水量的 50%～70%。

（2）投药量应为正常运行投药量的 1～2 倍。

（3）原水浊度偏低时，在投药的同时可投加石灰或黏土；或在空池进水前通过排泥管把相邻运行的澄清池内的泥浆压入空池内，然后再进原水。

（4）第二反应室沉降比达 8% 以上和澄清池出水基本达标后，方可减少加药量，增加水量。

（5）增加水量应间歇进行，间隔时间不少于 30min，每次增加水量应为正常水量的 10%～15%，直至达到设计能力。

（6）搅拌强度和回流提升量应逐步增加到正常值。

机械搅拌澄清池短时间停用后重新投运时应符合以下规定：

（1）短时间停运期间，搅拌叶轮应继续低速运行，防止泥渣下沉。

（2）重新投运期间，搅拌叶轮应继续低速运行，防止打碎絮体。

（3）初始运行时水量应不大于正常水量的 70%。

（4）初始运行时，宜用较大的搅拌速度以加大泥渣回流量，以增加第二反应室的泥浆浓度。

（5）初始运行时应适当增加加药量。

（6）当第二反应室内泥浆沉降比达到 8% 以上后，可调节水量至正常值，并减少加药量至正常值。

2. 正常运行

（1）机械搅拌澄清池在正常运行期间至少每 2h 测定第二反应室泥浆沉降比。

（2）泥渣层浓度应控制在 2500～5000mg/L。当第二反应室内泥浆沉降比达到或超过 20% 时，应及时快速排泥。并使沉降比控制在 10%～15%。

3.3.3　脉冲澄清池

1. 初始运行

脉冲澄清池初始运行时应符合以下规定：

（1）初始运行时水量为正常水量的 50% 左右。

（2）投药量应为正常投药量的 1～2 倍。

（3）原水浊度偏低时在投药的同时可投加石灰或黏土；或者在空池进水前，通过底阀把相邻运行澄清池的泥渣压入空池然后再进原水。

（4）调节好充放比，初运行时一般充放比调节到 2∶1 左右为宜。

（5）为悬浮层泥浆沉降比达到 10% 以上，出水浊度基本达标后，逐步增加水量，每次增水间隔不少于 30min，增水量不大于正常水量的 20%。

（6）当出水浊度基本达标后，方可逐步减少加药量，直至正常值。

（7）当出水浊度基本达标后，适当提高冲放比至正常值。

短时间停运后重新投运时应符合以下规定：

（1）打开底阀，先排除少量底泥。

（2）初始运行时水量应不大于正常水量的 70%。

（3）初始运行时，冲放比宜较小，一般调节到 2∶1。

（4）宜适当增加投药量，一般为正常投药量的 1.5 倍。

（5）当出水浊度达标后，逐步增加水量至正常值。

（6）当出水浊度达标后，逐步减少投药量至正常值。

2. 正常运行

脉冲澄清池在正常运行期间，应定时快速排泥；或在浓缩室设泥位计，根据浓缩室泥位适时快速排泥。

3.3.4　悬浮澄清池

悬浮澄清池的运行管理，除与机械搅拌澄清池的相同内容外，尚应注意以下几点：

（1）空池运行启动时，应采用较小的上升流速（进水量可控制为设计水量的 1/3～1/2）及较大的混凝剂投量（为正常投药量的 1.5～2 倍）。必要时可适当投加黏土以促进泥渣形成。当出水悬浮物降至 20mg/L 以下，同时悬浮泥渣层到达排渣筒进口下 0.3m 时，即表明悬浮层已经形成。这时可将水量逐渐增大，使上升流速逐渐提高到设计值，然后降低投药量至正常投加量。

（2）悬浮澄清池一般不宜间歇运转。长期停运后重新启动时，在开始几分钟宜高负荷运行，即以较大的上升流速（1.6～2.0m/s）冲动悬浮层泥渣（以消除压实的泥渣积聚在澄清池底部）。当悬浮层达到设计高度后暂停进水，待其下沉至距离进口 0.8m 左右时，即以正常流速投入运转，一般在 1h 左右可出清水。当澄清池在未充满水的情况下启动，水流开始上升时，出水非常混浊，这时应把最初的水排入下水道。

（3）悬浮澄清池启动后的初期或出水量急剧增加，应加大进入泥渣浓缩室的泥水量；当澄清池运行达到稳定后，要减少并调整进入泥渣浓缩室内的泥水量。

（4）在运转中改变水量不应过于频繁，一般在短时间（20～30min）内，出水量的变化不宜超过 10%～20%。

（5）处理低浊度水时，为加速悬浮层形成或保证悬浮层浓度，除适当增加混凝剂投加量外，还可用泥渣回流的方法，将底部泥渣回流至空气分离器中。

（6）当原水悬浮物含量在 500mg/L 以上时，可考虑开启底部排泥管，并进行连续排泥。

（7）穿孔排泥管排泥不净时，可在泥渣室加设压力水冲洗设备。冲洗水压力为 0.3～0.4MPa，冲洗管设有与垂直线呈 45° 角向下交错排列的孔眼，一般冲洗一次约 2min，这样可使泥渣获得较好的效果。

3.4　滤池的运行管理

原水经混凝沉淀或澄清后，大部分杂质颗粒和细菌病毒已被去除，但还不能满足生活饮用和某些工业用水的要求，必须用过滤的方法进一步除去水中残留的悬浮颗粒和细菌病毒，因此过滤是净化过程中的一个重要的环节。过滤的原理：① 机械隔滤作用：滤料颗粒间空隙越来越小，随后进入的较小杂质颗粒就相继被这种“筛子”截留下来，使水得到净化；② 吸附作用：当水中悬浮物与滤料表面或已附在滤料表面上的絮体接触时被吸附住。

目前给水工程中常用滤池有普通快滤池、无阀滤池、虹吸滤池、移动罩滤池、V 型滤池等几种形式。

3.4.1　普通快滤池

1. 试运行

（1）清除滤池内杂物，检查各部管道和闸阀是否正常，滤料层表面是否平整，高度是否足够，一般初次使用时滤料比设计要加厚 5cm 左右。

（2）滤池初用或冲洗后进水时，池中的水位不得低于排水槽，严禁暴露砂层。

（3）测定初滤时水头损失与滤速，复核滤速是否符合设计要求。根据水头损失值控制出水闸阀的开启度，一般先开到水头损失为 0.4～0.6m 并测定滤速，复核是否符合设计要求。如不符合，则再按水头损失大小调整出水闸阀，并再次测定滤速，直到符合设计要求为止。从中找出冲洗后的滤池水头损失和滤速之间的规律。每个滤池都必须进行测定。

（4）水头损失增长过快的处理措施。如进水浊度符合滤池要求，而出现水头损失增长很快，运行周期比设计要求短得多的现象，这种情况可能是由于滤料加工不妥或粒径过细所致。处理办法可将滤料表面 3～5cm 厚的细滤料层刮除。这样可延长运转周期，而后须再重新测定滤速与水头损失的关系，直至满足设计要求。

（5）运转周期的确定。根据设计要求的滤速运行，并记下开始运行时间，在运行中出水闸阀不得任意调整。水头损失随着运行时间的延长而增加，当水头损失增加到 2～2.5m 时，即可进行反冲洗。从开始运行至反冲洗的时间即为初步得出的运转周期。

2. 正常运行

经过一段时间试运行后，即转为正常运行，但必须有一套严格的操作规程和管理方法，否则很容易造成运行不正常，滤池工作周期缩短，过滤水水质变坏等问题。为此必须做到以下几点：

（1）严格控制滤池进水浊度，一般以 10NTU 左右为宜。进水浊度如过高，不仅会缩短滤池运行周期，增加反冲洗水量，而且对于滤后水质有影响。一般应 1～2h 测定 1 次进水浊度，并记入生产日报表。

（2）适当控制滤速。平均滤速宜控制在 10m/h 以下。采用双层滤料时，平均滤速宜控制在 12m/h 以下。滤速需保持稳定，不宜产生较大波动。刚冲洗过的滤池，滤速尽可能小一点，运行 1h 后再调整至规定滤速。如确因供水需要，也可适当提高滤速，但必须确保出水水质。

（3）运行中滤料面以上水位宜尽量保持高一点，不应低于三角配水槽，以免进水直冲滤料层，破坏滤层结构，使过滤水短路，造成污泥渗入下层，影响出水水质。

（4）每小时观察一次水头损失，将读数记入生产日报表。运行中一般不允许产生负水头，决不允许空气从放气阀、水头损失仪、出水闸阀等处进入滤层。当水头损失到达规定数值时即应进行反冲洗。

（5）按时测定滤后水浊度，一般 1～2h 测 1 次，并记入生产日报表中。当滤后水浊度不符合水质标准要求时，可适当减小滤池负荷，如水质仍不见好转，应停池检查，找出原因及时解决。

（6）当用水量减少，部分滤池需要停池时，应先把接近要冲洗的滤池冲洗清洁后再停用，或停用运行时间最短，水头损失最小的滤池。

（7）及时清除滤池水面上的漂浮杂质，经常保持滤池清洁，定期洗刷池壁、排水槽等，一般可在冲洗前或冲洗时进行。

（8）每隔 2～3 个月对每个滤池进行一次技术测定，分析滤池运行状况是否正常。对滤池的管配件和其他附件，要及时进行维修。

（9）滤池停役一周以上，应将滤池放空，恢复时必须进行反冲洗后才能重新启用。

（10）凡滤池翻修或添加滤料，都应用漂白溶液或液氯进行消毒处理。氯的耗用量根据滤料和承托层的体积确定，一般可按 0.05～0.1kg/m^3 计算，漂白粉的耗用量应按有效氯折算。

（11）应每年做一次 20% 总面积的滤池滤层抽样检查，含泥量不应大于 3%，并记录归档。采用双层滤料时，砂层含泥量不应大于 1%，煤层含泥量不应大于 3%。

3. 反冲洗

（1）滤池水头损失达 1.5～2.0m 或滤后水浊度大于设定目标值或运行时间超过 48h 时，应进行冲洗。

（2）冲洗滤池前，在水位降至距砂层 200mm 左右时，应关闭出水阀。开启冲洗阀（一般在 1/4）时，应待气泡全部释放完毕，方可将冲洗阀逐渐开至最大。

（3）滤池单水冲洗强度宜为 12～15L/（s・m^2）。采用双层滤料时，单水冲洗强度宜为 14～16L/（s・m^2）。

（4）有表层冲洗的滤池表层冲洗和反冲洗间隔一致。

（5）冲洗滤池时，排水槽、排水管道应畅通，不应有壅水现象。

（6）冲洗滤池时，冲洗水阀门应逐渐开大，高位水箱不得放空。

（7）滤池冲洗时的滤料膨胀率宜为 30%～50%。

（8）定期观察反冲洗时是否有气泡，全年滤料跑失率不应大于 10%。

（9）用泵直接冲洗滤池时水泵盘根不得漏气。

（10）冲洗结束时，排水的浊度不宜大于 10NTU。

（11）未经洗净的滤料层需连续反冲洗两次以上，将滤料冲洗清洁为止。

（12）反冲洗顺序如下：

1）关闭进水闸阀与水头损失仪测压管处闸阀，将滤池水位降到冲洗排水槽以下；

2）打开排水闸阀，使滤池水位下降到池料面以下 10～20cm；

3）关闭滤后水出水闸阀，打开放气闸阀；

4）打开表面冲洗闸阀，当表面冲洗 3min 时，即打开反冲洗闸阀，闸阀开启度由小至大逐渐达到要求的反冲洗强度，冲洗 2～3min 后，关闭表面冲洗闸阀，表面冲洗历时总共需 5～6min，表面冲洗结束后，再单独进行反冲洗 3～5min，关闭反冲洗闸阀和放气阀；

5）关闭排水闸阀冲洗完毕。

4. 维护

（1）日常保养。日常保养每日要检查阀门、冲洗设备、管道、电气设备、仪表等的运行状态，并相应加注润滑油和清扫等保养，保持环境卫生和设备清洁。

（2）定期维护。定期维护的要求：

1）每月对阀门、冲洗设备管道、仪表等维修一次，对阀门管道漏水要及时修理。对滤层表面进行平整。

2）每年对上述设备做一次解体修理，或部分更换；金属件涂刷油漆一次。发现泥球和有机物严重时，要清洗或更换滤层表面细滤料。

3.4.2　无阀滤池

无阀滤池是20世纪80年代以来在我国开始普遍使用的一种滤池，特别是中、小型水厂使用较为广泛。无阀滤池分重力式和压力式两种，形状有圆形和方形。目前采用较多的是重力式无阀滤池。这里主要介绍重力式无阀滤池的运行维护。

1. 运行

（1）重力式无阀滤池一般设计为自动冲洗，因此滤池的各部分水位相对高程要求较严格，工程验收时各部分高程的误差应在设计允许范围内。

（2）滤池反冲洗水来自滤池上部固定体积的水箱，冲洗强度与冲洗时间的乘积为常数。因此如若想改善冲洗条件，只能增加冲洗次数，缩短滤程。

（3）滤池除应保证自动冲洗的正确运行外，还应建立必要的压力水或真空泵系统，并保证操作方便、随时可用。

（4）滤池在试运行时应依据试验的方法逐步调节，使平均冲洗强度达到设计要求。

（5）重力式无阀滤池的滤层隐蔽在水箱下，因此滤层运行后的情况不可知晓，应谨慎运行，一切易使气体在滤层中出现的情况和操作都要避免，更应制定操作程序和操作规程，运行人员应严格执行。

（6）初始运行时，应先向冲洗水箱缓慢注水，使滤砂浸水，滤层内的水缓慢上升，形成冲洗并持续10～20min；再向冲洗水箱的进水加氯，含氯量大于0.3mg/L，冲洗5min后停止冲洗，以此含氯水浸泡滤层24h，再冲洗10～20min后，方可进沉淀池正常运行。

（7）重力式无阀滤池未经试验验证，不得超设计负荷运行。

（8）滤池出水浊度大于1NTU时，尚未自动冲洗时，应立即人工强制冲洗滤池。

（9）滤池停运一段时间，如池水位高于滤层以上，可启动继续运行：如滤层已接触空气，则应按初始运行程序进行，是否仍需加氯浸泡措施应视出水细菌指标决定。

2. 维护

（1）每日检查强制冲洗设备，高压水有足够的压力，并进行真空设备的保养、补水、阀门的检查保养。

（2）保持滤池工作环境整洁、设备清洁。

（3）每半年至少检查滤层情况一次，检查时放空滤池水，打开滤池顶上人孔，运行人员下到滤层上检查滤层是否平整，滤层表面积泥球情况，有无气喷扰动滤层情况发生。发现问题，及时处理。

（4）每1～2年清除上层滤层清洗滤料，去除泥球。

（5）运行3年左右要对滤料、承托层、滤板进行翻修，部分或全部更换，对各种管道、阀门及其他设备解体恢复性修理。

（6）每年对金属件涂刷油漆一次。

（7）如发现平均冲洗强度不够，应设法采取增加冲洗水箱容积的措施。

3.4.3　虹吸滤池

虹吸滤池是快滤池的一种形式，其工作原理与普通快滤池相同，但在工艺布置、各种进出水管系统的设置及运行控制方式上均不相同。虹吸滤池的进水排水均采用虹吸管，用真空系统进行控制，因此可以省去各种大型闸阀。

虹吸滤池运行应注意以下几点：

（1）在运行中，必须维护好真空系统，真空泵（或水射器）、真空管路及真空旋塞等都应保持完好，防止一切漏气现象，寒冷地区做好必需的防冻工作，做到随时可以工作。

（2）当要减少滤水量时，可破坏进水小虹吸，停用一格或数格滤池。

（3）当沉淀（澄清）水质较差时，应适当降低滤速，可以采取减少进水量的方法，在进水虹吸管出口外装置活动挡板，用挡板调整进水虹吸管出口处间距来控制水量。

（4）冲洗时要有足够的水量。如果有几格滤池停用，则应将停用滤池先投入运行后再进行冲洗。

3.4.4　移动罩滤池

移动罩滤池是由若干滤格组成，设有公用的进水出水系统的滤池。每滤格均在相同的变水头条件下，以降梯式进行降速过滤，而整个滤池又在恒定的进、出水位下，以恒定的流量进行工作。

移动罩滤池运行应注意以下几点：

（1）移动罩滤池反冲洗时来自邻近滤格的滤后水，通过砂层进行反冲洗，经移动冲洗罩从排水管流入排水槽（井）。

（2）移动罩滤池罩体定位必须正确，罩体材质要注意防腐，采用钢板外涂聚酯玻璃钢可以满足要求。

（3）滤池冲洗要求有较大的水量和较小的水头，因而水泵一般选用轴流泵或混流泵。

（4）移动罩滤池冲洗罩在运行时，必须使罩体下缘与分隔墙顶分离，而罩体定位后必须保持下缘与墙顶密封。

移动罩滤池的维护：

（1）每日检查进水池、虹吸管、辅助吸管的工作状况，保证虹吸管不漏气；检查强制冲洗设备，高压水有足够的压力，并进行真空设备的保养、补水、阀门的检查保养。

（2）保持滤池工作环境整洁、设备清洁。

（3）每半年至少检查滤层情况一次，检查时放空滤池水，打开滤池顶上人孔，运行人员下到滤层上检查滤层是否平整，滤层表面积泥球情况，有无气喷扰动滤层情况发生。发现问题，及时处理。

（4）每 1～2 年清出上层滤层清洗滤料，去除泥球。

（5）运行 3 年左右要对滤料、承托层、滤板进行翻修，部分或全部更换，对各种管道、阀门及其他设备解体恢复性修理。

（6）每年对金属件涂刷油漆一次。

（7）如发现平均冲洗强度不够，应设法采取增加冲洗水箱容积的措施。

3.4.5　V 型滤池

1. V 型滤池的运行应注意以下几点

（1）应采用低反冲洗强度的气、水同时反冲洗，保持滤床处于不膨胀的状态。先用气、水同时冲洗，使砂粒互相振动和摩擦，使砂粒表面污泥脱落，然后停止气冲，单独用水冲，使剥落下来的污泥随水流冲走。此外，冲洗滤池时并不停止进水，原水通过 V 形槽底部小孔进入滤池，对滤层表面进行扫洗。将杂质污泥扫向中间排水槽，从而消除了池面死角、使冲洗更为彻底。

（2）V 型滤池滤速宜为 12m/h 以下。V 型滤池是根据滤池水位变化自动调节出水量，保持滤池水位不变来实现等速过滤运行。

（3）当水头损失达到 2.0～2.5m 或滤后水浊度大于 1NTU 或运行时间超过 72h 时，滤池应进行反冲洗。

（4）反冲洗时需将水位降到排水槽顶后进行。滤池采用气—气水—水冲洗方式进行反冲洗，同时用滤前水进行表面扫洗。气冲强度宜为 13～17L/(s·m^2)，历时 2～4min；气水冲时气冲强度宜为 13～17L/(s·m^2)，水冲强度为 2～3L/(s·m^2)，历时 3～4min，最后水冲洗强度宜为 4～6L/(s·m^2)，历时 3～4min，滤前水表面扫洗，强度宜为 2～3L/(s·m^2)。

（5）运行时滤层上水深一般大于 1.2m。

（6）滤池进水浊度宜控制在 1～5NTU。滤后应设置质量控制点，滤后水浊度应小于设定目标值。设有初滤水排放设施的滤池，在滤池冲洗结束重新进入过滤过程后，清水阀不能先开启，应先进行初滤水排放，待滤池初滤水浊度符合企业标准时，才能结束初滤水排放和开启清水阀。

（7）滤池停役一周以上，恢复时必须进行有效的消毒、反冲洗后才能重新启用。

（8）滤池新装滤料后，应在含氯量 30mg/L 以上的溶液中浸泡 24h 消毒，经检验滤后水合格后，冲洗两次以上方能投入使用。

（9）滤池初用或冲洗后上水时，严禁暴露砂层。

（10）应每年做一次 20% 总面积的滤池滤层抽样检查，含泥量不应大于 3%，并记录归档。

（11）建立 V 型滤池运行维修档案。对于 V 型滤池的运行，离不开一些必要的图档资料，特别是运行过程中出现的问题和解决方案。具体包括以下几个方面：

1）V 型滤池的施工材料和竣工验收材料，主要包括施工的方案、时间安排、竣工验收时各方面参数的详细记录；

2）V 型滤池的设备性能测试和检测资料；

3）V 型滤池的操作方法和维修手册；

4）V 型滤池中每组滤池滤料的筛分曲线。

2. V 型滤池的养护

（1）V 型滤池的日常巡检主要包括两方面：

1）随时在线监测滤后水浊度、过滤时间、水头损失和滤池运行状态；

2）每隔 2h 对滤池过滤、控制柜的运行状况和反冲洗设备进行检查和记录。

（2）V 型滤池的定期维护保养主要包括以下几个方面：

1）每周检查压缩空气的清理过滤器；

2）每半年校核液压计、调节阀角度转换器和堵塞计的信号输出值；

3）定期对鼓风机和空压机的润滑油进行更新；

4）每年检测一次 V 型滤池的自控系统；

5）每年检测一次滤池的配水均匀性；

6）每年对滤池的滤速、反冲洗强度等进行一次技术测定；

7）每年定期检查 V 型滤池的混凝土构筑物。

（3）V 型滤池大修检查的内容主要包括滤头更换、滤料补充、滤料置换和机械设备的大修理检查。

3.4.6　滤池运行常见故障与对策

1. 气阻

在过滤末期，局部滤层的水头损失可能大于该处实际的水压力，即出现负水头。此时部分滤层水中溶解的气体将释放出来，积聚在孔隙中，阻碍水流通过，以致滤水量显著减少。反冲洗时气泡会冲出滤层表面。这种现象称为气阻，也称气闭。

解决办法：

① 保持滤层上足够的水深，消除负水头；

② 在配水系统末端设排气管，防止反冲洗水中带入气体积聚在承托层或滤层中；

③ 增大滤速，使滤层纳污均匀。

2. 结泥球

滤层表面的颗粒较细，截留的悬浮物较多。如果冲洗不干净，则互相粘结成球。造成布水不均和再结泥球的恶性循环。这种污泥的主要成分是有机物，结球严重时会腐化发臭。

解决方法：

① 翻池人工清洗，或彻底换滤料，同时检查垫层是否有移动，配水系统是否有堵塞。

② 滤池反冲洗后暂停使用，保持滤料上面水深 20～30cm，然后加氯浸泡 12h。

3. 跑砂和漏砂

如果冲洗强度过大或滤料级配不当，反冲洗会冲走大量细滤料。如果冲洗水分布不匀，垫料层可能发生平移，进一步促使布水不匀，最后局部垫料层被冲走淘空，过滤时，滤料通过这些部位的配水系统漏失到清水池中。

解决方法：

检查配水系统，调整冲洗强度。

4. 水生生物繁殖

在水温较高时，沉淀池出水中常含多种微生物，极易在滤池中繁殖。在快滤池中，生物繁殖是不利的，往往会使滤层堵塞。

解决方法：

可在滤前加氯解决。

5. 水头损失增加很快，运行周期缩短

1）原水水质变坏，藻类繁殖，胶体物增多，沉淀水出水浊度过高，滤池反冲洗不清洁，滤速过大等原因都会引起滤池水头损失迅速增加。

解决办法：

应根据故障产生原因采用滤前加氯，杀死藻类与破坏胶体物质；提高沉淀效率，降低沉淀后出水浊度；增加冲洗强度与冲洗时间；降低滤速等。

2）气阻存在也会增加滤池水头损失，缩短滤池运行周期。

解决办法：

可用反冲洗来排除空气。反冲洗时开始强度宜小些，大部分空气从管道逸出，一部分空气可慢慢从滤料表面逸出。当空气逸出量逐渐减少时，相应增大反冲洗弧度至额定值，这样既可排尽滤层中空气又能保证滤料按级配分布的完整性；加强管理，经常检查水头损失值，不使滤池出现负水头现象；反冲洗水塔贮存水量应比一次反冲洗水量大一些，防止水管端处产生漩涡带入空气。

3.5　消毒设施的运行管理

3.5.1　液氯消毒设施运行管理

液氯消毒在自来水净水厂采用比较多。氯在常温下是一种汽化的气体，为便于运输、贮存和投放，将氯气在常温下加压到0.8～1.0MPa可变成液态，即加氯消毒中采用的液氯。

液氯消毒利用的不是氯的本身，而是氯与水发生反应生成的次氯酸。次氯酸分子很小，是不带电中性分子，可以扩散到带负电荷的细菌细胞表面，并渗入细胞内利用氯原子的氧化作用破坏细胞的酶系统，使其生理活动停止，导致死亡。

加氯系统包括加氯机、接触池、混合设备及氯瓶等部分。加氯机有转子加氯机、真空加氯机、随动加氯机。

接触池的作用是使氯与水有较充足的接触时间，保证消毒作用的发挥，一般接触池停留时间为 0.5h。

1. 加氯间操作人员的基本要求

（1）掌握好原水水质的变化，加氯人员要认真做到勤检查，勤化验，掌握好影响加氯的各种因素，及时正确地调整加氯量。

（2）加氯人员要加强前后工序的联系，了解进出水量的变化和水的净化处理效果。一般在开泵前，加氯人员要事先检查好加氯设备，做好加氯前各项准备；接到开泵信号后，能及时加氯；停泵前提前 2～3min 关闭出氯总阀，停止加氯；当澄清过滤后的浊度、pH 发生变化时要及时调整加氯量。

（3）控制好余氯量。控制好余氯量是保证水质的关键，控制余氯的常用方法就是定时定点地检测余氯，及时调整加氯量，一般一次加氯时在清水池进口、出口 2 个点，二次加氯时在沉淀池出口、过滤后及清水池出口 3 个点每小时检测余氯 1 次，根据余氯量及时调整加氯量。

（4）严格遵守操作规程，保证加氯安全。

（5）搞好设备维护。加氯间的主要设备是加氯机、氯瓶、磅秤、起重工具以及保安用具，如氨水、防毒面具、通风设施等，对所有设备都要定期检查并加以维护，对各种管道阀门，平时也要有专人维护，一旦发现漏气，立即调换。务必按时做好操作记录，使各种设备处于完好状态。

2. 使用液氯的注意事项

（1）氯瓶的搬运和放置应注意以下几点：

1）为防氯瓶阀体撞断，氯瓶搬运时顶部必须罩上防护盖。用车装卸时，必须设起吊设备，也可以利用地形高差，当地坪标高与车厢底板相平时，可用滚动法装卸；小瓶可用人工搬运，所用杠棒、绳索、打结必须牢固；在平地上大瓶可用滚的办法搬运，或用撬棍慢慢撬动；也可用手推车进行搬运，既安全又省力。

2）氯瓶应放在通风干燥地方，大氯瓶应横放，小氯瓶应竖放。不能在太阳下暴晒或接近热源，防止汽化发生爆炸，液氯和干燥的氯气对金属没有腐蚀，但遇水或受潮腐蚀性能增强，所以氯瓶用后应保持 0.05～0.1MPa 的余压。

3）氯瓶进入氯库前，必须检查是否有漏氯现象。如有漏氯必须及时进行处理后才可入库。

4）不同日期到货的氯瓶，应放置不同地方，并记录入库日期，为防止时间长氯瓶总阀杆生锈而不易开启，应做到先入库的先使用。如贮存时间过长，每月应试开一次氯瓶总阀（移至室外进行），并在阀杆上加注少量机油。

（2）氯瓶的使用应注意以下几点：

1）开启氯瓶前，应检查氯瓶放置的位置是否正确，保证出口朝上，即放出的是氯气而不是液氯，开瓶时要缓慢开半圈，随后用 10% 氨水检查接口是否漏气，一切正常再逐渐打开，如果阀门难以开启，绝不能用锤子敲打，也不能用长扳手硬扳以防将阀杆拧断，如果不能开启应将氯瓶退回生产厂家。

2）氯瓶在使用前，必须先试开氯瓶总阀，先旋掉出氯口帽盖，清除出氯口处垃圾。操作人员应站在上风向使用专用扳手（小于 10 寸）试开氯瓶总阀。试开完毕后，如周围氯味较大，操作人员应暂离现场，然后用铝皮或塑料垫圈作衬垫与加氯机上的输氯管连接，旋紧压盖帽，开启氯瓶总阀一转即可。

3）氯瓶中液氯在汽化过程中要吸收热量，使用氯气的量越大，吸热量也越大。如不加保温处理，就会降低液氯汽化的速度，造成加氯量不够。使用中，如果出现氯瓶外壳结有霜和冰的情况，可用自来水冲淋氯瓶外壳进行保温，这样既经济、安全，又方便。也可以使用 15～25℃温水连续喷淋，但不能用明火、蒸气、热水对氯瓶进行加热。

4）当氯瓶总阀无法开启时，主要原因可能是阀杆腐蚀生锈与阀体粘结造成。处理办法是：旋开压盖箱，撬出压盖，撬掉已硬化的旧垫料（油棉线），添加新垫料，放入压盖，旋紧压帽。为了松动阀杆与阀体的粘结，用榔头轻轻敲击阀杆顶端，再用两只榔头相对敲打阀体，敲打时要同时落锤，用力均匀，然后即可松开。

如按上述方法处理总阀还不能开启时，可用热胀冷缩原理进行处理。在阀体四周用毛巾裹住，露出安全塞，用 70℃热水浇毛巾，同时用冷水浸湿的毛巾裹住安全塞，使安全塞温度低于 70℃，由于阀杆阀体温度不同，产生膨胀程度也不一样，可松动锈蚀处。进行总阀开启处理时，应事先准备防毒面具、排风扇、铁钎或竹竿等工具和材料，以备安全塞熔化或总阀拆断时应急使用。

5）要经常用 10% 的氨水检查加氯机、汇流排与氯瓶连接处是否漏气。如果发现加氯机，氯气管有堵塞现象，严禁用水冲洗，在切断气源后用钢丝疏通，再用压缩空气吹扫。

（3）更换氯瓶时的使用应注意以下几点：

1）安装新氯瓶时，应使氯瓶两个总阀连线与地面垂直，并且出口端要略高于底部。

2）注意氯瓶底部的安全阀不能受挤压，氯瓶不能靠近任何热源。

3. 加氯安全操作规程

（1）加氯前的检查准备工作。加氯前的检查准备工作主要包括以下几个方面：

1）准备好长管呼吸器，放置在操作间外，并把呼吸器的风扇放置在上风口，备好电源。

2）打开加氯间门窗进行通风，检查漏氯报警器及自动回收装置电源供电是否正常。

3）打开离心加压泵，使水射器正常工作，打开加氯机出氯阀，检查加氯机上压力表能否达到 20～80kPa。

（2）加氯操作步骤。加氯操作步骤如下：

1）用专用扳手（小于 10 寸）打开氯瓶总阀后用 10% 氨水检查接口是否泄漏（如有泄漏氨水瓶口会有白色烟雾）。如不泄漏依次打开角阀，汇流排阀并依次用氨水检验接口。如有氯气泄漏，需关闭氯瓶总阀对泄漏处重新更换铅垫，重新接好再用氨水检查。

2）查看汇流排上压力表是否正常，如正常，将自动切换开关打到手动挡（MANUL），选择将要加氯的汇流排 A 或 B，将此开关打到 OPEN 位置，打开加氯机的进气阀，将加氯机的控制面板上按钮控制到手动状态，根据计算好的加氯量调节流量计上部黑色手动旋钮，开始加氯，如加氯量达不到要求，可同时多开几个氯瓶。

3）运行中定时检查流量计浮子位置和汇流排上压力表，使氯瓶中保持一定的液氯量，如降到一定值时关闭总阀，如需要打开另一组汇流排。

（3）加氯结束时操作步骤。加氯结束时操作步骤如下：

1）停止加氯时，先关闭氯瓶总阀。

2）查看汇流排上的压力表并直至归零，确定加氯机流量计无氯气后，依次关阀氯瓶角阀，汇流排阀，将自动切换开关打到 CLOSE 位置。关闭加氯机进气阀，关闭加氯机手动旋钮，最后关闭水射器及离心加压泵。

4. 氯瓶的维护

氯瓶维护的好坏，关系氯瓶使用寿命长短和用氯的安全，必须引起重视。使用中，瓶内氯气不能用尽，要有一定的存量，不然氯气抽完瓶内形成负压，在更换氯瓶时潮气就会吸入，腐蚀氯瓶内壁。当加氯机玻璃罩内黄色变淡时，应及时关闭氯瓶总阀，调换氯瓶。使用过的氯瓶必须关紧总阀，并旋紧出氯口盖帽，以防漏氯和吸入潮气。当用自来水对氯瓶进行保温和降温时，切勿将水淋到总阀上，因为总阀的压盖和连接输氯管的连头处最易漏氯，遇水作用后，会腐蚀总阀阀体。当氯瓶外壳油漆剥落时，必须重新涂刷油漆，一般1～2 年应涂刷油漆 1 次。

5. 氯中毒的急救和漏氯事故的处理

（1）氯气中毒症状。氯气中毒症状见表 3-1。

氯气中毒症状　　　表 3-1

中毒类别	中毒状况
慢性中毒	眼黏膜刺激、流泪，结膜充血； 呼吸道刺激、咳嗽、咽有灼烧感，慢性支气管炎、肺气肿、肺硬化等； 神经系统可出现神经衰弱症候群； 消化系统表现为牙龈发黄无光泽，有时可引起齿龈炎、口腔炎、食欲不振、慢性胃肠炎等； 皮肤刺激有皮肤灼烧感，发痒，痤疮皮疹
急性中毒	（1）轻度。一次吸入一两口较高浓度的氯气，就有黏膜刺激症状；数小时后逐渐好转，3～7d 后症状消失。 连续几小时吸入超过卫生允许浓度的 2～3 倍或 5～6 倍的含氯空气时，眼便流泪，并有异物感，咽喉干燥、胸闷，部分人还有失明、胸痛、脉搏加快等现象。 （2）中度。连续吸入高浓度的氯气几分钟到十几分钟，可引起弥漫性支气管炎或支气管肺炎。 （3）重度。开始与中度中毒相同，以后出现中毒性肺气肿，甚至引起昏迷及休克，严重时可引起喉头和支气管痉挛及水肿，造成窒息等

（2）氯中毒的急救。发现有氯中毒的现象后，可以采取如下急救措施：

1）一般在处理漏氯时如遇到咳嗽等，就要马上关闭出氯阀后离开现场，用浓苯或糖开水解除咽喉刺激。

2）严重的中毒者要设法迅速将其移至空气新鲜处。

3）呼吸困难的禁止进行人工呼吸，应使其吸入氧气。

4）雾化吸入 5% 碳酸氢钠溶液。

5）用 2% 碳酸氢钠溶液或生理盐水洗眼、鼻和口。

6）静脉缓慢注射 10% 葡萄糖酸钙，如血压正常，可注射氯丙嗪或异丙嗪，预防肺水肿。

7）严重者注射强心剂，有心力衰竭者按心力衰竭处理，禁用吗啡。

8）如有喉头水肿等情况，应迅速将气管切开，插管给氧。

氯气对人体虽有严重危害，但操作人员只要了解氯的性质，并切实遵守操作规程，做好安全管理，搞好设备维护，操作时大胆心细，完全可以避免漏氯事故的发生。万一漏氯出现，切不可惊慌失措，只要沉着冷静，积极处理，也是完全可以解决的。

（3）漏氯事故的处理。加氯间不允许漏氯。如遇漏氯必须立即检查原因并及时采取措施加以制止。

1）如遇出氯总阀的压盖帽没有旋紧，出氯口与输氯管没有轧紧或者输氯系统、加氯机各个接头处因长期腐蚀发生微量漏氯时，应用氨水查出漏气地点，再关闭氯瓶出氯总阀，针对漏气部位进行修理。

2）如遇漏氯量较大，一时判断不出漏氯地点，应首先将出氯总阀关闭，打开排气设备，排除室内氧气后，再将出氯总阀少许开启，查出漏氯部位和原因，再关闭出氯总阀加以修理。

3）如遇氯瓶大量漏气的特殊情况，而又无法制止时（如出氯总阀阀颈断裂、安全塞熔化、砂眼喷氯等）首先要保持镇静，人居上风，并立即戴好防毒面具进行抢修。漏氯部位能用竹签塞住的尽快用竹签嵌塞，能用铅或铝等敲入堵漏的，可用青铅或铝皮敲入，也可用抱箍箍于砂眼和裂缝之处，用铅皮作垫料，将抱箍箍紧，直至不漏氯。经过暂时处理的氯瓶都要及时将剩余液氯转移到完好的空瓶中去。

4）如一般法不能制止漏氯，则可以将氯瓶移到附近水中，或用大量自来水喷向出氯口，使氯气溶于水中并将水排入污水管道；另外也可把氯瓶漏气部分接到碱性溶液中去中和，每 100kg 氯约用 125kg 烧碱（浓度 30%）或消石灰（浓度 10%）或 300kg 纯碱（浓度 25%）中和。

6. 防毒面具的使用

防毒面具是加氯间必须配备的安全用具。一般防毒面具由橡胶面罩、导气管、滤毒罐和背包 4 部分组成，适用于空气中氧含量大于 18%，有毒气体浓度小于 2% 的环境。使用防毒面具的注意事项如下：

（1）胶面罩按头型大小分为 0、1、2、3、4 五种，使用时应根据头型大小，选择合适的面罩，佩戴时其边缘与头部应吻合，并以不引起头痛为好。一般头型选 2 号，稍小的用 1 号，稍大的选 3 号、4 号。

（2）使用前应将面罩、导气管滤毒罐连接起来，并检查整套面具的气密性。检查方法是，戴上面罩后用手掌堵住滤毒罐底部的进气孔，进行深呼吸，若无空气吸入，则说明此套面具气密性良好。

（3）使用时必须先拔去滤毒罐底部进气孔的橡皮塞，否则会出现窒息事故，威胁人身安全。

（4）加氯间中含氯浓度如已超过 2% 时，则应禁止使用。

（5）使用后，面罩可用肥皂水洗涤晾干，再用 75% 酒精棉球揩擦消毒。滤毒罐则应将上盖和底部橡皮塞拧紧堵住，保持密封，防止内部药剂受潮失效。

（6）各种型号的滤毒罐只适用于相应的各种有毒气体，购置时必须弄清此种滤毒罐对氯气是否有效，务必对号使用，并控制使用时间，千万不可粗心大意。

（7）发现防毒面具的滤毒罐有腐蚀孔和沙沙声应停止使用。使用后失效的滤毒罐可进行再生，再生方法是用 110～140℃的无油热空气，以 30～50L/min 的流量，倒吹滤毒罐 2～8h，其防毒性能即有不同程度的恢复。

（8）防毒面具要放置在固定部位，定期检查，专人保管，固定使用人，并对每个面具要编定记录卡片，对使用日期、检查情况、失效、报废等都应记录。

7. 加氯间防护的措施

（1）经常接触氯气的工作人员对氯气的敏感程度会有所降低，即使在闻不到氯味的时候，已经受到伤害，值班室要与操作室严格分开，并在加氯间安装监测及报警装置，随时对氯的浓度跟踪监测。在设有漏氯自动回收装置的加氯间，加氯系统工作时，加氯间氯瓶内装有氯气，自动漏氯吸收装置都应处在备用状态，一旦漏氯量达到规定值时，漏氯装置自动投入运行。维护人员定期对漏氯吸收系统进行维护，对碱液定期进行化验。

（2）加氯间外侧要有检修工具、防毒面具、抢救器具，照明和风机的开关要设在室外，在进加氯间之前，先进行通风，加氯间的压力水要保证不间断，保持压力稳定。如果加氯间未设置漏氯自动回收装置，加氯间要设置碱液池，定期检验碱液，保证其随时有效。当发现氯瓶有严重泄漏时，运行人员戴好防毒面具，及时将氯瓶放入碱液池。

（3）加氯间建筑要防火、耐冻保温、通风良好，由于氯气的相对密度大于空气的相对密度，当氯气泄漏后，会将室内空气挤出，在室内下部积聚，并向上部扩散，加氯间要安装强制通风装置。设有自动漏氯回收装置的加氯间，当发生氯气泄漏时，轻微的漏氯可开启风机换气排风，漏氯量较大时自动漏氯回收装置启动，此时应关闭排风，以便于氯气的回收，同时防止大量氯气向大气扩散，污染环境。

（4）应有灭火器，放置在加氯间的外侧。

（5）加氯间长期停置不用时，应将装满液氯的氯瓶退回厂家。

8. 日常保养与大修

消毒设施的日常保养项目、内容应符合下列规定：

（1）每日检查氯瓶（氨瓶）针形阀是否泄漏，安全部件是否完好，并保持氯瓶、氨瓶清洁。

（2）每日检查称重设备是否准确，并保持干净。

（3）加氯机（加氨机）：随时检查、处理泄漏，并每日检查调整密封垫片，检查弹簧膜阀、压力水、水射器、压力表和转子流量计是否正常，并擦拭干净。

（4）每日检查蒸发器电源、水位、循环水泵、水温传感器、安全装置等是否正常，并保持清洁。

（5）输氯（氨）系统：每日检查管道、阀门是否漏氯（氨）并检修。

（6）起重行车：定期或在使用前检查钢丝绳、吊钩、传动装置是否正常，并保养。

消毒设施的定期保养项目、内容应符合下列规定：

（1）氯瓶、氨瓶可委托生产厂在充装前进行维护保养。

（2）加氯（氨）机：定期清洗转子流量计、平衡箱、中转玻璃罩、水射器，检修过滤管、控制阀、压力表等。

（3）蒸发器按设备供货商规定的要求进行检查检修。

（4）输氯（氨）系统管道阀门，应定时清通和检修一次。

（5）起重行车符合《起重机械安全规程》GB/T 6067.1—2020 与《起重机械安全规程》

GB/T 6067.1—2014 的规定。

消毒设施的大修理项目、内容应符合下列规定：

（1）称重设备每年彻底检修一次，并校验。

（2）氯瓶、氨瓶每年交由生产厂家进行彻底检修一次，并涂刷油漆。

（3）加氯（氨）机每年更换安全阀、弹簧膜阀、针形阀、压力表，并进行标定和涂刷油漆；进口自动加氯机根据产品说明书要求维护保养。

（4）每年对蒸发器内胆用热水清洁、烘干，检查是否锈蚀，并对损坏部件进行调换，检修电路系统；进口蒸发器根据产品说明书要求维护。

（5）输氯（氨）系统的管道阀门每年检修一次。

3. 5. 2　其他消毒设施运行管理

1. 臭氧消毒设施运行管理

（1）预臭氧投加控制一般通过设定臭氧投加率，根据水量变化进行比例投加控制；主臭氧投加控制一般根据水量变化与水中溶解余臭氧变化，进行双因子复合环投加控制（处理水量是前馈条件，余臭氧是后馈条件）。臭氧投加量应根据原水水质情况及处理效果及时进行调整；若周边环境及炭滤池出现较明显的臭氧气味，排除设备设施异常后，可适当降低臭氧投加量。

（2）因设备异常或工艺调整需要暂停预臭氧投加时，应启用原水预加氯设备，用预氯化取代预臭氧投加。

（3）臭氧单元及其配套的控制系统、阀门和管道等附属设备应定期开展日常巡检及清洁、保养工作，且对应的周期、项目及内容应符合实际安全生产要求（表 1-1）。

（4）运行人员应确保熟练掌握、并严格按照运行操作规程进行各项操作。

（5）应加强对关键仪表如臭氧浓度分析仪、水中溶解余臭氧分析仪等的运行状况的观察。

（6）应定期关注尾气破坏装置的运行状况，采用便携式臭氧检测仪，测量并收集装置前后进出气体的臭氧浓度信息。

（7）臭氧发生器因故停机一段时间，再次启用时为确保配套管路的干燥度和洁净度，应提前对管路进行洁净压缩空气 / 氧气吹扫，吹扫原则如下：停机一周以内，吹扫 30min；停机一个月以内，吹扫 1h；停机两个月以内，吹扫 2h；两个月及以上，吹扫 6～8h。如管道内的露点值仍不符合要求，应延长吹扫时间直至数值达标。

（8）停止臭氧投加时，应做好相关设施的维护，尤其要保护好尾气破坏装置的臭氧催化酶，及时关闭破坏装置前后的进出气阀门，防止因潮湿空气及其他带酸性的气体进入，造成催化媒的提前中毒失效。

（9）为确保主臭氧投加效率，应定期观察接触池内曝气盘是否曝气均匀。池体设有观察孔的，可直接定期观察；无观察孔的，需每年度打开人孔进行一次检查，并开展曝气盘曝气均匀性试验，即将水位控制在曝气盘上 20～30cm，用无油空压机将压缩空气或氧气吹入管道，以观察曝气的均匀性。

2. 二氧化氯消毒设施运行管理

（1）应设置经过培训的专职或兼职的二氧化氯消毒设施管理人员。

（2）二氧化氯消毒剂发生器的开机、使用、关机应按设备说明书要求进行。

（3）应建立进出水水质、处理规模、加药量、原料使用量、投加设施运行情况等在内的运行档案。

（4）二氧化氯设备及原料的包装、储运及使用应遵循有关安全的法律、法规，建立安全管理体系和安全生产责任制，确保使用安全。

（5）二氧化氯消毒设施管理人员应对二氧化氯消毒剂发生器的原料计量装置、控温元件等进行定期校验，原则上计量泵类每月不少于 1 次，温度传感器每年不少于 1 次；应对二氧化氯消毒剂发生器反应系统进行定期清洗，原则上每月不少于 1 次；同时应做好校验和清洗情况记录。校验和清洗频率也可按照设备说明书进行。

（6）二氧化氯投加量应根据实验和相似条件下水厂的运行经验，按照最大用量计算，主要与原水水质和投加用途有关。当二氧化氯仅作为饮用水消毒时，一般投加 0.1～0.5mg/L；当用于除铁、除锰、除藻的预处理时，一般投加 0.5～3.0mg/L；当兼作除嗅时，一般投加 0.5～1.5mg/L。投加量须保证管网末端能有 0.05mg/L 的剩余氯。

（7）二氧化氯用于给水厂预处理时，应在混凝前投加，反应时间宜大于 3min；用于消毒时，接触时间应不少于 30min。

（8）应定期评估二氧化氯消毒效果和消毒副产物的含量。二氧化氯、有效氯、余氯测定方法应按《生活饮用水标准检验方法 消毒剂指标》GB/T 5750.11—2006 执行，氯酸盐、亚氯酸盐的测定方法应按《生活饮用水标准检验方法 消毒副产物指标》GB/T 5750.10—2006 执行。

（9）定期检查二氧化氯发生器或活化器运行情况，并按时更换易损部件；设备维护每年不少于 1 次。同时应做好检查和设备维护记录。

（10）制备二氧化氯的原材料氯酸钠、亚氯酸钠和盐酸、氯气等严禁相互接触，必须分别贮存在分类的库房内，贮放槽需设置隔离墙。盐酸库房内应设置酸泄漏的收集槽。氯酸钠及亚氯酸钠库房室内应备有快速冲洗设施。

（11）二氧化氯制备、贮备、投加设备及管道、管配件必须有良好的密封性和耐腐蚀性；其操作台、操作梯及地面均应有耐腐蚀的表层处理。其设备间内应有每小时换气 8～12 次的通风设施，并应配备二氧化氯泄漏的检测仪和报警设施及稀释泄漏溶液的快速水冲洗设施。设备间应与贮存库房毗邻。

（12）二氧化氯储存量一般控制 5～7d 的用量。

（13）二氧化氯消毒系统应防毒、防火、防爆。

3. 紫外线消毒设施运行管理

（1）关闭紫外线消毒设施电源后，若要重新启动，应等待 1.5min 以上，才能合上电源。否则紫外线消毒设施镇流器箱内部的镇流器自动保护装置仍处于保护状态，部分线路有可能运行不良。

（2）因紫外线灯管长期与水接触，在灯管外部容易结垢，将降低紫外线的穿透能力，应进行定期进行清洗。清洗方式有人工清洗、在线机械清洗、在线机械加化学清洗等。在自来水中宜采用机械清洗。

（3）清洗频率为 1 次 /500h～1 次 /h。

（4）观察灯管是否已损坏，如破损、灯头发黑、受潮等现象，或紫外线灯管超过使用规定时间后，紫外线光剂量小于 16000μWs/cm^2 时，为防止紫外线消毒能力下降，应及时更换。

（5）使紫外线消毒设施的供电电压稳定在 220V±10% 的范围内，以确保消毒能力的稳定。

（6）控制紫外线消毒设施低压汞灯的波长在 253.7nm。并记录紫外线消毒设施的运行时间。

（7）紫外灯应贮存在相对湿度不大于 85% 的通风的室内，空气中不应有腐蚀性气体。

（8）紫外线消毒设备主要零配部件应贮存在清洁干燥的仓库内，防止受潮变质。

（9）当石英套管使用时间超过 3 年或通过人工化学清洗后透光率低于 80% 时，应对石英套管进行更换。

（10）为了确保设备消毒效果，必须定期根据现场实际情况间隔一个星期时间对排架的玻璃套管进行人工清洗。具体步骤如下：

1）拔下排架重载插头并用干净的袋子包好，将排架用吊车吊起放置在维修车上。

2）将挂在排架上面的杂物清理干净。

3）用清洗剂（弱酸或市售玻璃清洗液等）喷洒在玻璃套管表面上。

4）清洗人员戴上橡胶手套用抹布擦洗玻璃套管表面。

5）将玻璃套管表面的污垢清洗掉后再清水冲洗玻璃套管表面。

6）清洗完毕后用吊车将排架装人安装框架，并接好重载接插件。

（11）每天必须检查镇流器箱的空调运行情况，保证空调制冷效果。定期清除电控柜表面的灰尘。每天检查镇流器运行情况，确保每个镇流器正常工作。

（12）每天检查记录中央控制柜人机界面各个检测数据，包含电流、电压、灯管工作状态、柜内温度、紫外光强、自动清洗状态等是否正常，定期检查柜内各个连接线是否出现老化或脱落情况等。

（13）在日常操作维护保养过程中必须注意的安全事项如下：

1）严禁用肉眼直视裸露的紫外灯光线，以防眼睛受紫外光伤害。

2）设备灯源模块和控制柜必须严格接地，严防触电事故。

3）通电前一定要通水并盖好工程盖板，严禁带电打开。

4）所有操作维护都必须先戴上防紫外光眼镜才能进行。

5）非授权电工不得擅自打开系统控制柜。

6）严禁改变设备灯管配置，以免影响消毒效果。

7）严禁未接灯管通电，以免损坏电控系统。

8）玻璃管洗涤液有腐蚀性，操作时应戴橡胶手套，不能溅到皮肤与眼睛。

4. 次氯酸钠消毒设施运行管理

采用次氯酸钠时应符合以下规定：

（1）次氯酸钠的运输应由危险品运输资质的单位承担。

（2）次氯酸钠宜储存在地下的设施中并加盖。当采用地面以上的设施储存时，必须有良好的遮阳设施，高温季节需采取有效的降温措施。

（3）储存设施应配置可靠的液位显示装置。

（4）次氯酸钠储存量一般控制 5～7d 的用量。

（5）投加次氯酸钠的所有设备、管道必须采用耐次氯酸钠腐蚀的材料。

（6）采用高位罐加转子流量计时，高位罐的药液进入转子流量计前，应配装恒压装置。定期对转子流量计计量管清洗。

（7）采用压力投加时，应定期清洗加药泵或计量泵。

（8）次氯酸钠加注时应配置计量器具，计量器具应定期进行检定。

（9）应每天测定次氯酸钠的含氯浓度，作为调节加注量的依据。

3.6　微污染水预处理和深度处理的运行管理

3.6.1　预处理的运行管理

1. 预沉淀与沉砂池

自然预沉运行应符合下列规定：

（1）正常水位控制应保证经济运行。

（2）高寒地区在冰冻期间应根据本地区的具体情况制订水位控制标准和防冰凌措施。

（3）应根据原水水质、预沉池的容积及沉淀情况确定适宜的挖泥频率。

沉砂池应设挖泥、排砂设施。根据地区和季节的不同，可调整排砂、挖泥的频率，运行中的排砂宜按 8～24h 进行一次，挖泥宜每年进行 1～2 次。

2. 生物预处理的运行管理

生物预处理应符合下列规定：

（1）生物预处理池（颗粒填料）进水浊度不宜高于 40NTU。

（2）生物预处理池出水溶解氧应在 2.0mg/L 以上。曝气量根据原水水质（主要根据可生物降解有机物和氨氮的含量）和进水溶解氧的含量而定，气水比为（0.5～1.5）：1。

（3）生物预处理池初期挂膜时水力负荷减半。以氨氮去除率大于 50%、COD_{Mn} 去除率大于 5% 为挂膜成功的标志。

（4）生物预处理池需观察水体中填料的状态。填料流化正常，填料堆积没有加剧；水流稳定，出水均匀，没有短流及水流阻塞等情况发生。

（5）运行时应对原水水质及出水水质进行检测。有条件的，应设置自动检测装置，以确保安全稳定运行。测试项目应包括水温、DO、NH_4^+-N、NO_2^--N 等。测试方法必须按照现行国家标准《生活饮用水标准检验方法》GB/T 5750。应对进出水水质进行水质全分析、并对填料生物相进行观察分析。

（6）生物预处理池（颗粒填料）反冲洗时需观察水体中填料的状态。没有短流及水流阻塞等情况发生，布水均匀。反冲洗周期不宜过短，冲洗前的水头损失控制在 1～1.5m，过滤周期为 5～10d。

（7）反冲洗强度根据所选填料确定，一般为 10～20L/（s・m^2）。反冲洗时间参照普通快滤池的反冲洗规定，如果是颗粒填料，膨胀率控制在 10%～20%。

生物预处理设施日常保养项目、内容应符合下列规定：

（1）每日检查生物预处理池、进出水阀门、排泥阀门及排泥设施运行情况，检查易松动易损部件，减少阀门的滴、漏情况。

（2）每日检查生物滤池的曝气设施、反冲洗设施、电器仪表及附属设施的运行状况，做好设备、环境的清洁工作和传动部件的润滑保养工作。

生物预处理设施定期维护项目、内容应符合下列规定：

（1）应每月对阀门、曝气设施、冲洗设备、池体建筑及附属设施、电气仪表及附属设备等检修一次，并及时排除各类故障。

（2）应定期对生物滤池性能进行检测：测定生物预处理池的填料的生物量。

（3）应每年对阀门、冲洗设备、曝气设施、电气仪表及附属设备等解体检修一次或部分更换；暴露铁件涂刷油漆一次。

生物预处理设施大修理项目、内容，应符合下列规定：

（1）每 5 年对滤池、土建构筑物、机械等检修一次。

（2）生物预处理池大修理项目应符合下列规定：

1）对滤池曝气设施进行全面检修，检查曝气设施的曝气性能，防止曝气不均匀性，并对损坏设施进行检修或更换；

2）检查填料生物承载能力、填料物理性能，并适当补充或更换填料；

3）检修或更换集水和配水设施；

4）检修或更换控制阀门、管道及附属设施。

（3）生物预处理池大修理质量应符合下列规定：

1）生物填料性能、填充率及填料的承载设施符合工艺设计要求；

2）配水系统应配水均匀，配水阻力损失符合设计要求；

3）曝气设备完好，布气设施连接完好，接触部位连接紧密，曝气气泡符合设计要求；鼓风机应按照设备有关修理规定进行；

4）生物预处理排泥设施符合相关设计规范和要求。

3. 臭氧氧化预处理的运行管理

臭氧发生器气源系统运行管理应注意以下几点：

（1）空气气源系统的操作运行应按臭氧发生器操作手册所规定的程序进行。操作人员应定期观察供气的压力和露点是否正常；同时还应定期清洗过滤器、更换失效的干燥剂以及检查冷凝干燥器是否正常工作。

（2）租赁的氧气气源系统（包括液氧和现场制氧）的操作运行应由氧气供应商远程监

控。供水厂生产人员不得擅自进入该设备区域进行操作。

（3）供水厂自行采购并管理运行的氧气气源系统，必须取得使用许可证，由经专门培训并取得上岗证书的生产人员负责操作。操作程序必须按照设备供货商提供的操作手册进行。

（4）供水厂自行管理的液氧气源系统在运行过程中，生产人员应定期观察压力容器的工作压力、液位刻度、各阀门状态、压力容器以及管道外观情况等，并做好运行记录。

（5）供水厂自行管理的现场制氧气源系统在运行过程中，生产人员应定期观察风机和泵组的进气压力和温度、出气压力和温度、油位以及振动值、压力容器的工作压力、氧气的压力、流量和浓度、各阀门状态等，并做好运行记录。

臭氧发生系统的运行应符合下列规定：

（1）臭氧发生系统的操作运行必须由经过严格专业培训的人员进行。

（2）臭氧发生系统的操作运行必须严格按照设备供货商提供的操作手册中规定的步骤进行。

（3）臭氧发生器启动前必须保证与其配套的供气设备、冷却设备、尾气破坏装置、监控设备等状态完好和正常，必须保持臭氧气体输送管道及接触池内的布气系统畅通。

（4）操作人员应定期观察臭氧发生器运行过程中的电流、电压、功率和频率，臭氧供气压力、温度、浓度，冷却水压力、温度、流量，并做好记录。同时还应定期观察室内环境氧气和臭氧浓度值，以及尾气破坏装置运行是否正常。

（5）设备运行过程中，臭氧发生器间和尾气设备间内应保持一定数量的通风设备处于工作状态；当室内环境温度大于 40℃时，应通过加强通风措施或开启空调设备来降温。

（6）当设备发生重大安全故障时，应及时关闭整个设备系统。

臭氧发生器的定期维护项目、内容，应符合下列规定：

（1）按设备制造商提供的维护手册的要求定期对臭氧发生器及其冷却设备和尾气破坏设备进行检修，对长期开或关的阀门操作一次。

（2）定期维护工作宜委托制造商进行。

臭氧发生器的大修理项目、内容，应符合下列规定：

（1）臭氧发生设备和尾气破坏设备大修理周期、项目、内容及质量符合设备制造商提供的维护手册上的规定。

（2）臭氧发生器和尾气破坏设备大修理工作宜委托制造商进行。

臭氧接触池应每日检查进气管路、尾气管路，以及水样采集管路上各种阀门及仪表的运行状况，并进行必要的清洁和保养工作。同时日常管理应该符合以下规定：

（1）接触池应定期排空清洗，并严格按照设备供货商操作手册规定的步骤进行。一般每 1～3 年放空清洗一次。清洗用水应排至下水道。

（2）检查池内布气管路是否移位松动，布气盘或扩散管出气孔是否堵塞，并重新固定布气管路和清通布气盘或扩散管堵塞的出气孔。

（3）接触池人孔盖开启后重新关闭时，应及时检查法兰密封圈是否破损或老化，如发现破损或老化应及时更换。

（4）接触池排空之前必须确保进气和尾气排放管路已切断。切断进气和尾气管路之前必须先用压缩空气将布气系统及池内剩余臭氧气体吹扫干净。

（5）应按设备制造商维护手册的要求定期对与臭氧气接触的阀门、布气盘、扩散管检修一次，以及对长期开或关的阀门操作一次。

（6）臭氧投加一般剂量为 0.5～4mg/L，实际投加量根据实验确定。

（7）接触池出水端应设置余臭氧监测仪，臭氧工艺需保持水中剩余臭氧浓度在 0.1～0.5mg/L。

（8）其他阀门每月检修一次，长期开或关的其他阀门操作一次。

（9）应按设备制造商维护手册的要求，定期对各类仪表进行校验和检修。

（10）每 1～3 年对水池内壁、池底、池顶、伸缩缝、压力人孔等检修一次，并应解体检修除臭氧系统外的阀门，涂刷油漆铁件一次。

臭氧尾气处置应符合下列规定：

（1）臭氧尾气消除装置应包括尾气输送管、尾气中臭氧浓度监测仪、尾气除湿器、抽气风机、剩余臭氧消除器，以及排放气体臭氧浓度监测仪及报警设备等。

（2）臭氧尾气消除装置的处理气量应与臭氧发生装置的处理气量一致。抽气风机宜设有抽气量调节装置，并可根据臭氧发生装置的实际供气量适时调节抽气量。

（3）定时观察气体臭氧浓度监测仪，要求尾气最终排放臭氧浓度不高于 0.1mg/L。

4. 高锰酸盐预处理的运行管理

高锰酸盐预处理池的相关规定：

（1）高锰酸钾宜投加在混凝剂投加点前，接触时间不低于 3min。

（2）高锰酸钾投加量一般控制在 0.5～2.5mg/L。实际投加量通过标准烧杯搅拌实验及锰含量确定。

（3）高锰酸钾配制浓度为 1%～5%，采用计量投加与待处理水混合。配制好的高锰酸钾溶液不宜长期保存。

高锰酸盐氧化处理设施日常保养项目、内容，应符合下列规定：

（1）每日检查高锰酸盐配制池、储存池及附属的搅拌设施运行状况，并进行相应的维护保养。

（2）检查高锰酸盐混合处理设施运行状况，并进行相应的维护保养。

（3）每日检查投加管路上各种阀门及仪表的运行状况，并相应进行必要的清洁和保养工作。

高锰酸盐氧化处理设施定期维护项目、内容，应符合下列规定：

（1）每 1～2 年对高锰酸盐溶解稀释设施放空清洗一次，并进行相应的检修。

（2）每月对稀释搅拌设施、静态混合设施进行检修一次。

（3）每月按照相应的规范和设备维护手册要求对投加管路及法兰连接、阀门、仪器仪表进行检查或校验一次。

（4）每月对相应的电气、仪表设施、场地进行清灰一次。

3.6.2　深度处理的运行管理

1. 活性炭吸附的运行管理

（1）冲洗活性炭滤池前，在水位降至距滤料表层 200mm 左右时，应关闭出水阀。有气冲过程的活性炭滤池还应确保冲洗总管（渠）上的放气阀处于关闭状态。

（2）有气冲过程的活性炭滤池必须先进行气冲洗，待气冲停止后才能进行水冲。气冲洗强度宜为 15～17L/（s・m^2）。

（3）没有气冲过程的活性炭滤池水冲洗强度宜为 12～17L/（s・m^2），有气冲过程的活性炭滤池水冲洗强度宜为 6～12L/（s・m^2）。

（4）具有生物作用的活性炭滤池冲洗水一般宜采用活性炭滤池的滤后水作为冲洗水源。

（5）冲洗活性炭滤池时，排水阀门应处于全开状态，且排水槽、排水管道应畅通，不应有壅水现象。

（6）用高位水箱供冲洗水时，高位水箱不得放空。

（7）活性炭滤池冲洗时的滤料膨胀率应控制在设计确定的范围内。

（8）用泵直接冲洗活性炭滤池时水泵盘根不得漏气。

（9）活性炭滤池运行中，滤床上部的淹没水深不得小于设计确定的设定值。

（10）活性炭滤池空床停留时间宜控制在 10min 以上。

（11）活性炭滤池滤后水浊度必须符合企业标准。设有初滤水排放设施的滤池，在活性炭滤池冲洗结束重新进入过滤过程后，清水阀不能先开启，应先进行初滤水排放，待活性炭滤池初滤水浊度符合企业标准时，才能结束初滤水排放和开启清水阀。

（12）活性炭滤池水损失达到 1～1.5m 或滤后水浊度大于企业标准时，或冲洗周期大于 5～7d 时，即应进行冲洗。

（13）活性炭滤池初用或冲洗后进水时，池中的水位不得低于排水槽，严禁滤料暴露在空气中。

（14）活性炭滤池新装滤料宜选用净化水用煤质颗粒活性炭。活性炭的技术性能应满足现行的国家标准和设计规定的要求。新装滤料应冲洗后才能投入运行。

（15）应每年做一次 20% 总面积的滤池滤层抽样检查。吸附活性炭滤池活性炭碘值不应小于 600mg/g 或亚甲蓝值不应小于 85mg/g，并应记录归档。

（16）全年的滤料损失率不应大于 10%。

（17）当吸附活性炭滤池活性炭碘值小于 600mg/g 或亚甲蓝值小于 85mg/g，或者滤池出水水质达不到预定目标污染物并影响出厂水合格率时，应进行滤料补充、再生或更换。

（18）每日检查滤池、阀门、冲洗设备（水冲、气水冲洗、表面冲洗）、电气仪表及附属设备（空压机系统等）的运行状况，并做好设备、环境的清洁工作和传动部件的润滑保养工作。

（19）应每月对阀门、冲洗设备、电气仪表及附属设备等检修一次，并及时排除各类故障；应每年对阀门、冲洗设备、电气仪表及附属设备等解体检修一次或部分更换；铁件涂刷油漆一次。

2. 臭氧氧化的运行管理

臭氧氧化处理的运行管理与臭氧预氧化的要求基本一致。

第2篇 城镇污水处理厂的运行管理

第4章　城镇污水处理厂典型处理工艺及主要处理构筑物

4.1　污（废）水排放标准

为保护水体免受污染，当污水需要排入水体时，应处理到允许排入水体的程度。我国根据生态、社会、经济三方面的情况综合平衡，全面规划，制定了污水的各种排放标准，具体可分为国家标准、行业标准和地方标准。

《城镇污水处理厂污染物排放标准》GB 18918—2002对城镇污水处理厂污染物的排放进行了规定，在该标准中，将城镇污水污染物控制项目分为两类：

第一类为基本控制项目，主要是对环境产生较短期影响的污染物，也是城镇污水处理厂常规处理工艺能去除的主要污染物，包括BOD、COD、SS、动植物油、石油类、LAS、总氮、氨氮、总磷、色度、pH和粪大肠菌群数共12项，一类重金属汞、烷基汞、镉、铬、六价铬、砷、铅共7项。

第二类为选择控制项目，主要是对环境有较长期影响或毒性较大的污染物，或是影响生物处理、在城市污水处理厂又不易去除的有毒有害化学物质和微量有机污染物，如酚、氰、硫化物、甲醛、苯胺类、硝基苯类、三氯乙烯、四氯化碳等43项。

该标准制定的技术依据主要是处理工艺和排放去向，根据不同工艺对污水处理程度和受纳水体功能，对常规污染物排放标准分为三级：一级标准、二级标准、三级标准。一级标准分为A标准和B标准。一级标准是为了实现城镇污水资源化利用和重点保护饮用水源的目的，适用于补充河湖景观用水和再生利用，应采用深度处理或二级强化处理工艺。二级标准主要是以常规或改进的二级处理为主的处理工艺为基础制定的。三级标准是为了在一些经济欠发达的特定地区，根据当地的水环境功能要求和技术经济条件，可先进行一级强化处理。一类重金属污染物和选择控制项目不分级。

一级A标准是城镇污水处理厂出水作为回用水的基本要求。当污水处理厂出水引入稀释能力较小的河湖作为城镇景观用水和一般回用水等用途时，执行一级A标准。

城镇污水处理厂出水排入《地表水环境质量标准》GB 3838—2002中地表水Ⅲ类功能水域（划定的饮用水水源保护区和游泳区除外）、《海水水质标准》GB 3097—1997中海水二类功能水域和湖、库等封闭或半封闭水域时，执行一级B标准。

城镇污水处理厂出水排入《地表水环境质量标准》GB 3838—2002中地表水Ⅳ、Ⅴ类功能水域或《海水水质标准》GB 3097—1997中海水三、四类功能海域，执行二级标准。

非重点控制流域和非水源保护区的建制镇的污水处理厂，根据当地经济条件和水污染控制要求，采用一级强化处理工艺时，执行三级标准。但必须预留二级处理设施的位置，分期达到二级标准。

城镇污水处理厂水污染物排放基本控制项目，执行表 4-1 和表 4-2 的规定。选择控制项目按表 4-3 的规定执行。

基本控制项目最高允许排放浓度（日均值，mg/L）　　表 4-1

序号	基本控制项目		一级标准		二级标准	三级标准
			A 标准	B 标准		
1	化学需氧量（COD）		50	60	100	120①
2	生化需氧量（BOD_5）		10	20	30	60①
3	悬浮物（SS）		10	20	30	50
4	动植物油		1	3	5	20
5	石油类		1	3	5	15
6	阴离子表面活性剂		0.5	1	2	
7	总氮（以 N 计）		15	20		
8	氨氮（以 N 计）②		5（8）	8（15）	25（30）	
9	总磷（以 P 计）	2005 年 12 月 31 日前建设的	1	1.5	3	5
		2006 年 1 月 1 日起建设的	0.5	1	3	5
10	色度（稀释倍数）		30	30	40	50
11	pH		6，9			
12	粪大肠菌群数（个 /L）		103	104	104	

① 下列情况下按去除率指标执行：当进水 COD 大于 350mg/L 时，去除率应大于 60%；BOD 大于 160mg/L 时，去除率应大于 50%。

② 括号外数值为水温大于 12% 时的控制指标，括号内数值为水温小于或等于 12℃时的控制指标。

部分一类污染物最高允许排放浓度（日均值，mg/L）　　表 4-2

序号	项目	标准值
1	总汞	0.001
2	烷基汞	不得检出
3	总镉	0.01
4	总铬	0.1
5	六价铬	0.05
6	总砷	0.1
7	总铅	0.1

选择控制项目最高允许排放浓度（日均值，mg/L）　　表4-3

序号	选择控制项目	标准值	序号	选择控制项目	标准值
1	总镍	0.05	23	三氯乙烯	0.3
2	总铍	0.002	24	四氯乙烯	0.1
3	总银	0.1	25	苯	0.1
4	总铜	0.5	26	甲苯	0.1
5	总锌	1.0	27	邻－二甲苯	0.4
6	总锰	2.0	28	对－二甲苯	0.4
7	总硒	0.1	29	间－二甲苯	0.4
8	苯并（a）芘	0.00003	30	乙苯	0.4
9	挥发酚	0.5	31	氯苯	0.3
10	总氰化物	0.5	32	1，4－二氯苯	0.4
11	硫化物	1.0	33	1，2二氯苯	1.0
12	甲醛	1.0	34	对硝基氯苯	0.5
13	苯胺类	0.5	35	2，4－二硝基氯苯	0.5
14	总硝基化合物	2.0	36	苯酚	0.3
15	有机磷农药（以P计）	0.5	37	间－甲酚	0.1
16	马拉硫磷	1.0	38	2，4－二氯酚	0.6
17	乐果	0.5	39	2，4，6－三氯酚	0.6
18	对硫磷	0.05	40	邻苯二甲酸二丁酯	0.1
19	甲基对硫磷	0.2	41	邻苯二甲酸二辛酯	0.1
20	五氯酚	0.5	42	丙烯腈	2.0
21	三氯甲烷	0.3	43	可吸附有机卤化物（AOX以Cl计）	1.0
22	四氯化碳	0.03			

4.2　城镇污水处理基本工艺与处理构筑物

微课　城镇污水处理基本工艺

4.2.1　城镇污水处理基本工艺

城镇污水处理技术，按处理程度划分，可分为一级、二级和三级处理。

1. 城镇污水一级处理

一级处理主要去除污水中呈悬浮状态的固体污染物质，物理处理法大部分只能完成一级处理的要求。城镇污水一级处理的主要构筑物有格栅、沉砂池和初沉池。一级处理的工艺流程如图4-1所示。格栅的作用是去除污水中的大块漂浮物，沉砂池的作用是去除相对密度较大的无机颗粒，沉淀池的作用主要是去除无机颗粒和部分有机物质。经过一级处理后的污水，SS 一般可去除 40%～55%，BOD 一般可去除 30% 左右，达不到排放标准。一级处理属于二级处理的预处理。

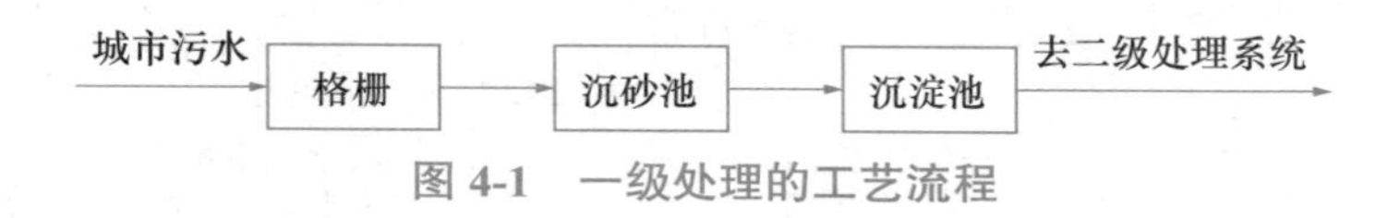

图 4-1　一级处理的工艺流程

2. 城镇污水二级处理

城镇污水二级处理是在一级处理的基础上增加生化处理方法，其目的主要是去除污水中呈胶体和溶解状态的有机污染物质（即 BOD，COD 物质）。二级处理采用的生化方法主要有活性污泥法和生物膜法，其中采用较多的是活性污泥法。经过二级处理，城镇污水有机物的去除率可达 90% 以上，出水中的 BOD、SS 等指标能够达到排放标准。二级处理是城镇污水处理的主要工艺，应用非常广泛。图 4-2 为城镇污水二级处理典型的工艺流程。

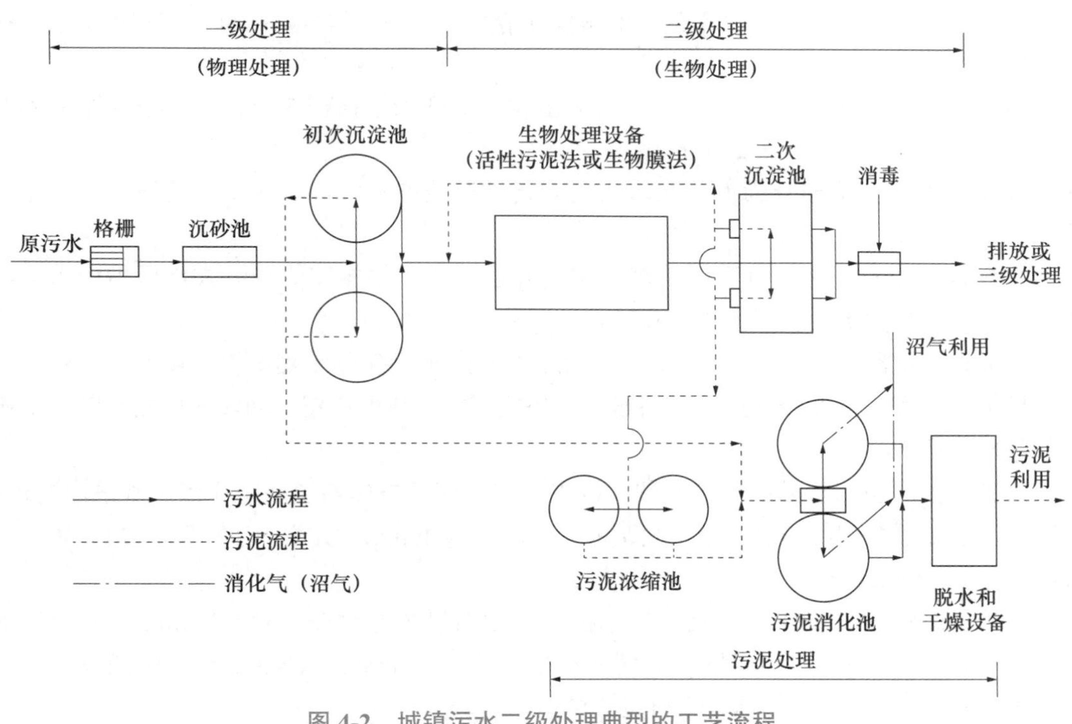

图 4-2　城镇污水二级处理典型的工艺流程

3. 城镇污水三级处理

城镇污水三级处理是在一级、二级处理后，增加深度处理工艺，进一步处理难降解的有机物、磷和氮等能够导致水体富营养化的可溶性无机物等，基本工艺流程如图 4-3 所示。

三级（深度）处理方法的选择与处理后出水水质的要求有关，三级（深度）处理的主要方法有化学除磷、混凝沉淀、过滤、活性炭吸附、离子交换以及高级氧化等。

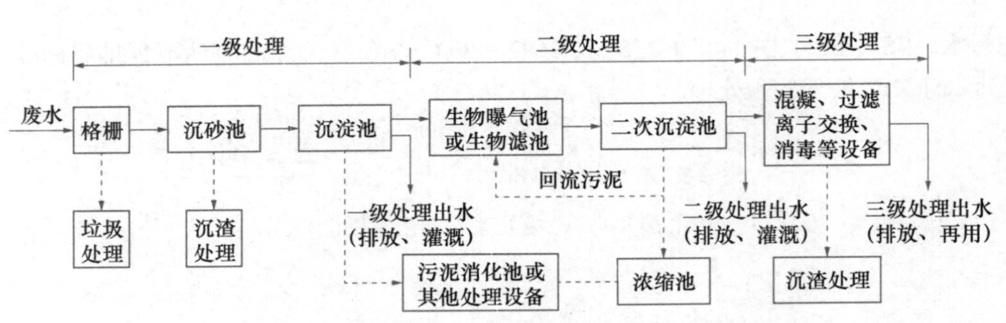

图 4-3　城镇污水三级处理典型的工艺流程

4.2.2　一级处理工艺单元的主要构筑物

1. 格栅

格栅一般安装在污水处理厂、污水泵站之前，用以拦截大块的悬浮物或漂浮物，以保证后续构筑物或设备的正常工作。

格栅一般由相互平行的格栅条、格栅框和清渣耙 3 部分组成。格栅按不同的方法可分为不同的类型。

按格栅条间距的大小，格栅分为粗格栅、中格栅和细格栅 3 类，其栅条间距分别为 4～10mm、15～25mm 和大于 40mm。

按清渣方式，格栅分为人工清渣格栅和机械清渣格栅两种。人工清渣格栅主要是粗格栅。

按栅耙的位置，格栅分为前清渣式格栅和后清渣式格栅。前清渣式格栅须顺水流清渣，后清渣式格栅须逆水流清渣。

按形状，格栅分为平面格栅和曲面格栅。平面格栅在实际工程中使用较多。

按构造特点，格栅分为抓扒式格栅、循环式格栅、弧形格栅、回转式格栅、转鼓式格栅和阶梯式格栅。

格栅栅条间距与格栅的用途有关。设置在水泵前的格栅栅条间距应满足水泵的要求；设置在污水处理系统前的格栅栅条间距最大不能超过 40mm，其中人工清除为 25～40mm，机械清除为 16～25mm。

污水处理厂也可设置两道格栅，总提升泵站前设置粗格栅（50～100mm）或中格栅（10～40mm）。处理系统前设置中格栅或细格栅（3～10mm）。若泵站前格栅栅条间距不大于 25mm，污水处理系统前可不再设置格栅。

栅渣清除方式与格栅拦截的栅渣量有关，当格栅拦截的栅渣量大于 $0.2m^3/d$ 时，一般采用机械清渣方式；栅渣量小于 $0.2m^3/d$ 时，可采用人工清渣方式，也可采用机械清渣方式。机械清渣不仅可改善劳动条件，而且利于提高自动化水平。

2. 沉砂池

沉砂池的作用是去除相对密度较大的无机颗粒。一般设在初沉池前，或泵站、倒虹管前。常用的沉砂池有平流式沉砂池、旋流沉砂池、多尔沉砂池、曝气沉砂池等。

（1）平流式沉砂池。平流式沉砂池实际上是一个比入流渠道和出流渠道宽而深的渠道，平面为长方形，横断面多为矩形。当污水流过时，由于过水断面增大，水流速度下降，污水中夹带的无机颗粒在重力的作用下下沉，从而达到分离水中无机颗粒的目的。

平流式沉砂池由入流渠、出流渠、闸板、水流部分及沉砂斗组成。图 4-4 为多斗式平流式沉砂池工艺图。

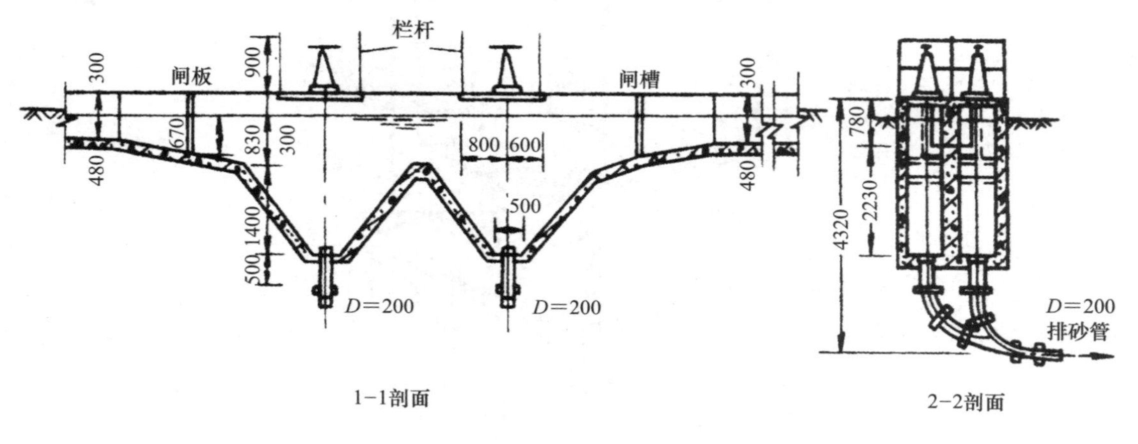

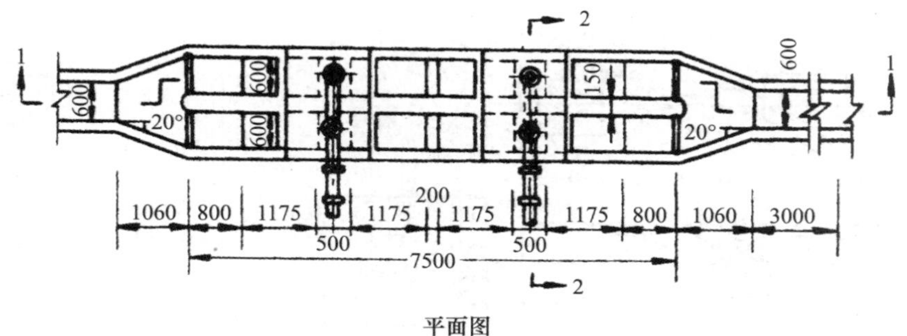

图 4-4　多斗式平流式沉砂池工艺图（单位：mm）

沉渣的排除方式有机械排砂和重力排砂两类。图 4-4 为砂斗加底闸，进行重力排砂，排砂管直径为 200mm。

（2）旋流沉砂池。旋流是利用水力涡流原理除砂。沉砂的排除方式有 3 种，第一种是采用砂泵抽升，第二种是用空气提升器，第三种是在传动轴中插入砂泵，泵和电动机设在沉砂池的顶部。圆形旋流沉砂池与传统的平流式沉砂池、曝气沉砂池相比，具有占地面积小，土建费用低的优点，对中、小型污水处理厂具有一定的适用性。

圆形旋流沉砂池有多种池型，目前应用较多的有英国 Jones & Attwod 公司的钟式（Jeta）沉砂池（图 4-5）和美国 Smith & Loveless 公司的比氏（Pista）沉砂池（图 4-6）。

（3）多尔沉砂池。多尔沉砂池结构上部为方形，下部为圆形，装有复耙提升坡道式筛分机。图 4-7 为多尔沉砂池工艺图。多尔沉砂池属线性沉砂池，颗粒的沉淀是通过减小池内水流速度来完成的。为了保证分离出的砂粒纯净，利用复耙提升坡道式筛分机分离沉砂中的有机颗粒，分离出来的污泥和有机物再通过回流装置回流至沉砂池中。为确保进水均匀，多尔沉砂池一般采用穿孔墙进水，固定堰出水。多尔沉砂池分离出的砂粒比较纯净，有机物含量仅 10% 左右，含水率也比较低。

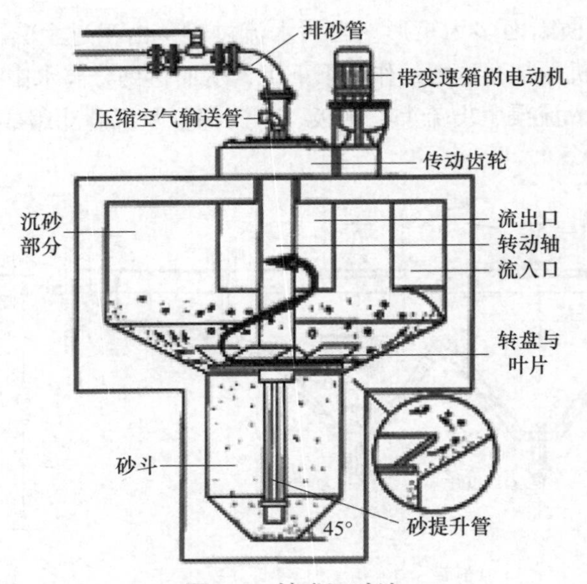

图 4-5　钟式沉砂池

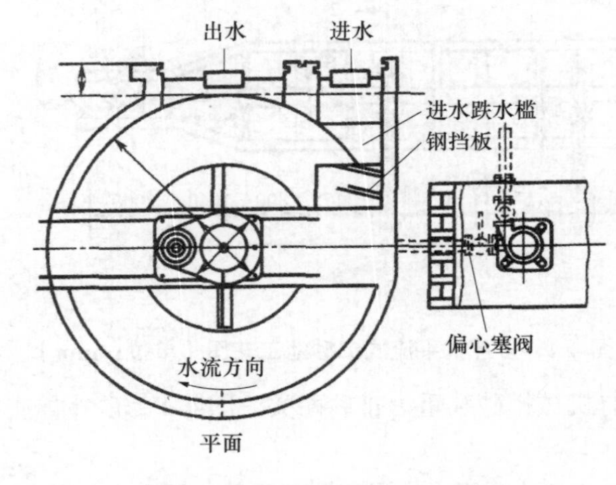

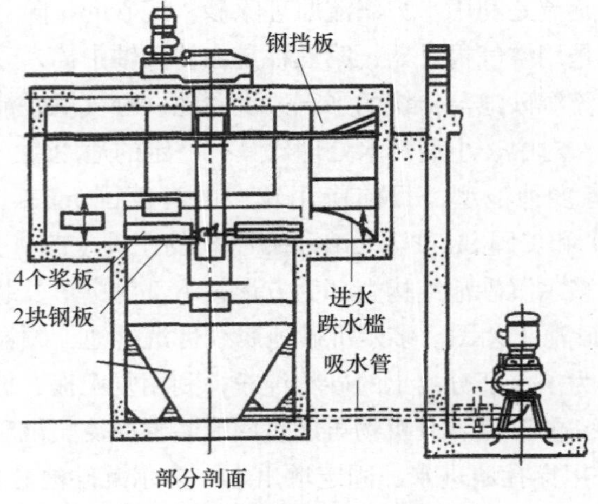

图 4-6　比氏沉砂池

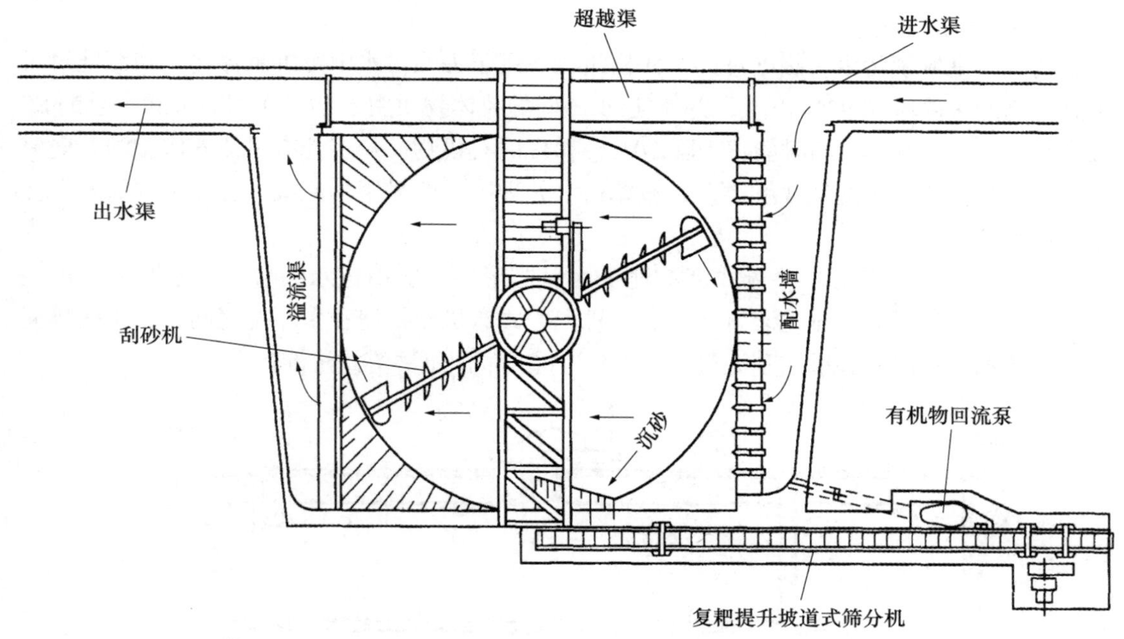

图 4-7　多尔沉砂池工艺图

（4）曝气沉砂池。普通沉砂池的最大缺点是在其截留的沉砂中夹杂有一些有机物，这些有机物的存在，使沉砂易于腐败发臭，夏季气温较高时尤甚，因此对沉砂的后处理和周围环境会产生不利影响。普通沉沙池的另一缺点是对有机物包裹的砂粒截留效果较差。

曝气沉砂池的平面形状为长方形，横断面多为梯形或矩形，池底设有沉砂斗或沉砂槽，一侧设有曝气管。在沉砂池进行曝气的作用是使颗粒之间产生摩擦，将包裹在颗粒表面的有机物摩擦去除掉，产生洁净的沉砂，同时提高颗粒的去除效率。图 4-8 为曝气沉砂池工艺图。曝气沉砂池沉砂的排除一般采用提砂设备或抓砂设备。

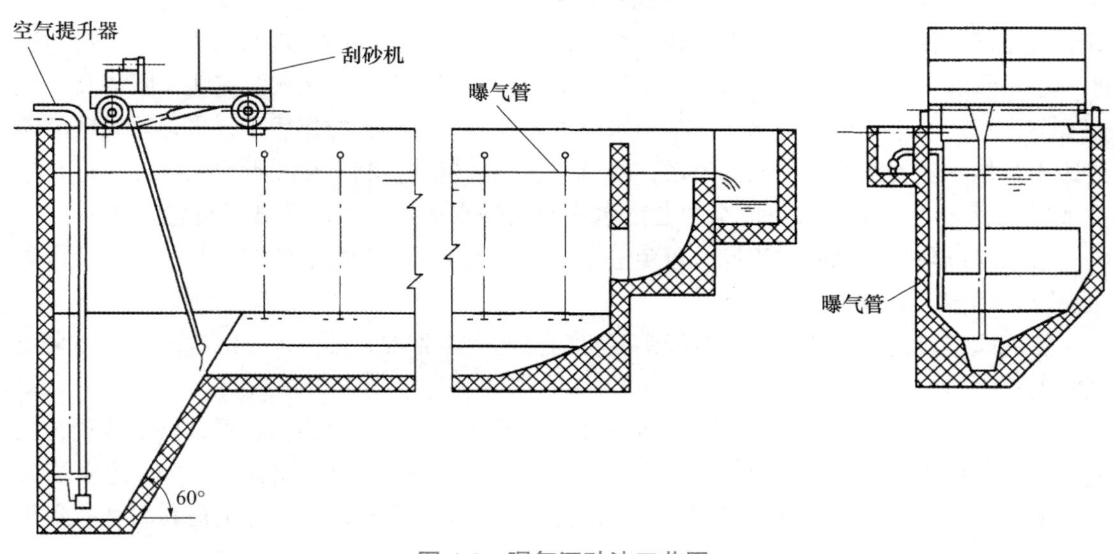

图 4-8　曝气沉砂池工艺图

3. 初沉池

初沉池是城镇污水一级处理的主体构筑物，用于去除污水中可沉悬浮物。初沉池对可沉悬浮物的去除率在 90% 以上，并能使约 10% 的胶体物质由于粘附作用而去除，总的 SS 去除率为 50%～60%，同时能够去除 20%～30% 的有机物。初沉池有平流式沉淀池、竖流式沉淀池和辐流式沉淀池 3 种类型，城镇污水处理厂一般采用平流式沉淀池和辐流式沉淀池两种类型。

（1）平流式沉淀池。平流式沉淀池平面呈矩形，一般由进水装置、出水装置、沉淀区、缓冲区、污泥区及排泥装置等构成。排泥方式有机械排泥和多斗排泥两种，机械排泥多采用链带式刮泥机和桥式刮泥机。图 4-9 为桥式刮泥机平流式沉淀池。

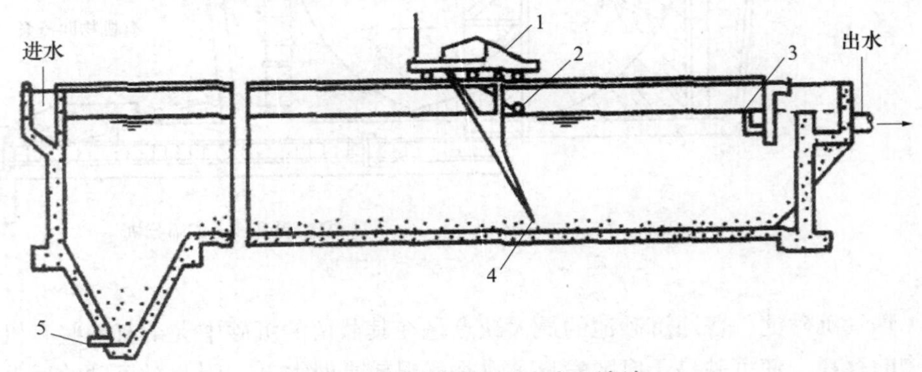

图 4-9　桥式刮泥机平流式沉淀池

1—驱动装置；2—刮渣板；3—浮渣槽；4—刮泥板；5—排泥管

平流式沉淀池沉淀效果好，对冲击负荷和温度变化适应性强，而且平面布置紧凑，施工方便。但配水不易均匀，采用机械排泥时设备易腐蚀。若采用多斗排泥时，排泥不易均匀，操作工作量大。

（2）辐流式沉淀池。辐流式沉淀池一般为圆形，也有正方形的，主要由进水管、出水管、沉淀区、污泥区及排泥装置组成。按进出水的形式可分为中心进水周边出水、周边进水中心出水和周边进水周边出水 3 种类型。中心进水周边出水辐流式沉淀池（图 4-10）应用最为广泛。污水经中心进水头部的出水口流入池内，在挡板的作用下，平稳均匀地流向周边出水堰。随着水流沿径向的流动，水流速度越来越小，利于悬浮颗粒的沉淀。近几年在实际工程中也有采用周边进水中心出水或周边进水周边出水辐流式沉淀池（图 4-11）。周边进水可以降低进水时的流速，避免进水冲击池底沉泥，提高池的容积利用系数。这类沉淀池多用于二沉池。

辐流式沉淀池沉淀的污泥一般经刮泥机刮至池中心靠重力排出，二沉池的污泥多采用刮吸泥机排出。

（3）竖流式沉淀池。竖流式沉淀池一般为圆形或方形，由中心进水管、出水装置、沉淀区、污泥区及排泥装置组成。沉淀区呈柱状，污泥斗呈截头倒锥体。图 4-12 为竖流式沉淀池构造简图。由于竖流式沉淀池池体深度较大，施工困难，对冲击负荷和温度的变化适应性差，造价也相对较高。因此，城镇污水处理厂的初沉池很少采用。

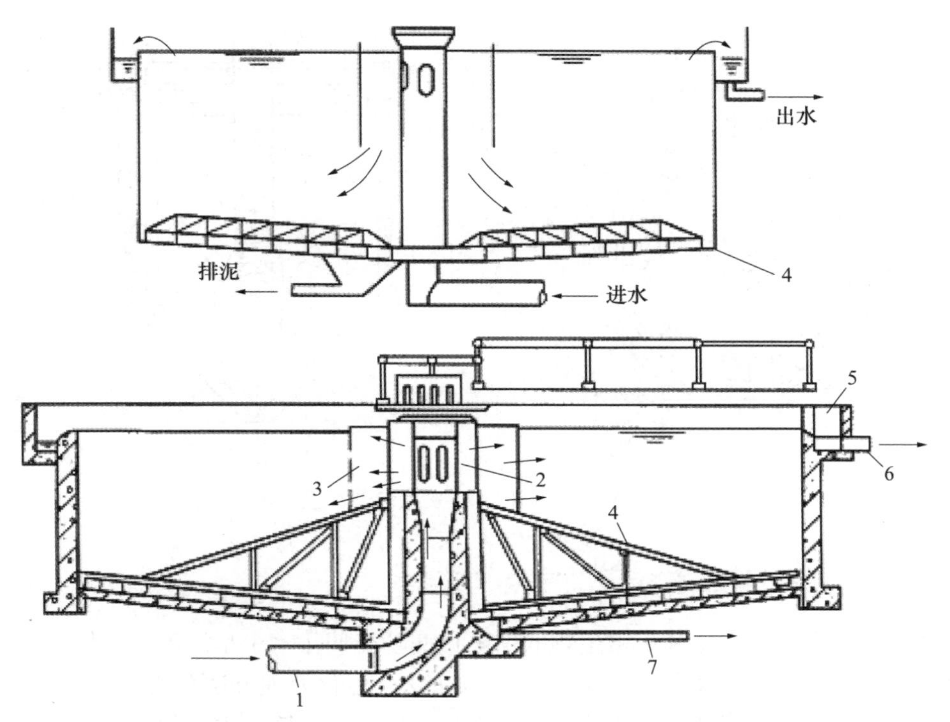

图 4-10　中心进水周边出水辐流式沉淀池

1—进水管；2—中心管；3—穿孔挡板；4—刮泥机；5—出水槽；6—出水管；7—排泥管

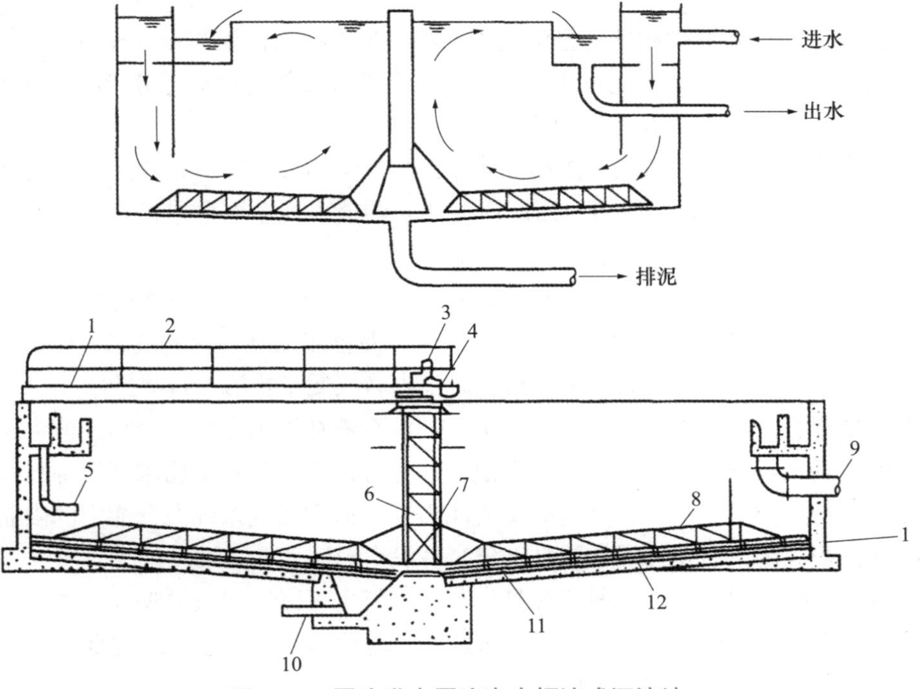

图 4-11　周边进水周边出水辐流式沉淀池

1—过桥；2—栏杆；3—传动装置；4—转盘；5—进水下降管；6—中心支架；7—传动器罩；8—桁架式耙架；9—出水管；10—排泥管；11—刮泥板；12—可调节的橡皮刮板

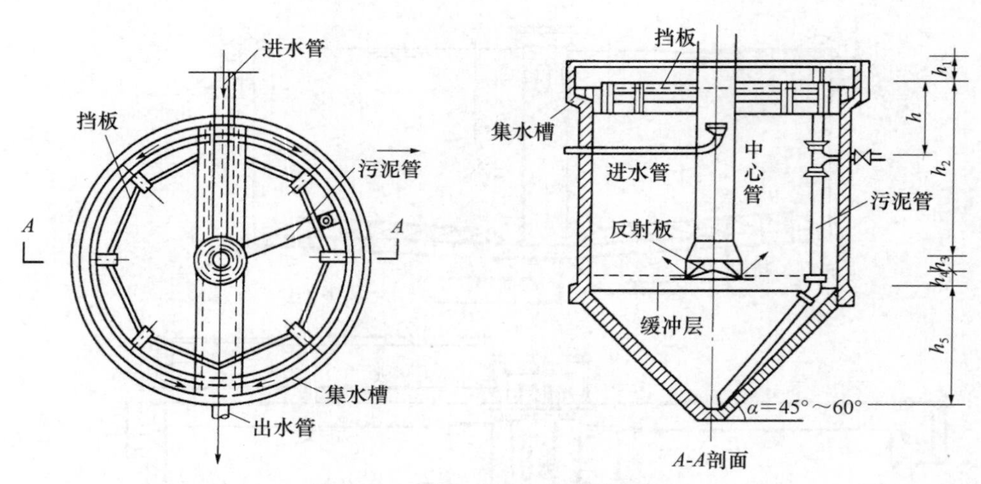

图 4-12　竖流式沉淀池构造简图

4.2.3　二级生物处理工艺单元的主要构筑物

污水生化处理方法就是利用微生物的新陈代谢功能使污水中呈溶解和胶体状态的有机污染物被降解并转化为无害物质，使污水得以净化。生化处理方法分为好氧法和厌氧法。好氧法主要有活性污泥法、生物膜法和自然生物处理法。城镇污水生化处理多采用活性污泥法，小规模也可以采用生物膜法。

1. 曝气池

活性污泥法的核心处理构筑物是曝气池。曝气池是活性污泥与污水充分混合接触，将污水中有机物吸收并分解的生化场所。从曝气池中混合液的流动形态分，曝气池可以分为推流式、完全混合式和循环混合式 3 种方式。

（1）推流式曝气池。一般采用矩形池体，经导流隔墙形成廊道布置，廊道长度以 50～70m 为宜，也有长达 100m。污水与回流污泥从一端流入，水平推进，经另一端流出。其特点是：进入曝气池的污水及回流污泥按时间先后互不相干，污水在池内的停留时间相同，不会发生短流，出水水质较好。推流式曝气池多采用鼓风曝气系统，但也可以考虑采用表面机械曝气装置。采用表面机械曝气装置时，混合液在曝气内的流态，就每台曝气装置的服务面积来讲属于完全混合，但就整体廊道而言又属于推流。

（2）完全混合式曝气池。完全混合式曝气池混合液在池内充分混合循环流动，因而污水与回流污泥进入曝气池立即与池中所有混合液充分混合，使有机物浓度因稀释而迅速降至最低值。其特点是对入流水质水量的适应能力强，但受曝气系统混合能力的限制，池型和池容都须符合规定，当搅拌混合效果不佳时易发生短流。

完全混合式曝气池多采用表面机械曝气装置，但也可以采用鼓风曝气系统。在完全混合曝气池中应当首推合建式完全混合曝气沉淀池，简称曝气沉淀池。其主要特点是曝气反应与沉淀固液分离在同一处理构筑物内完成。

曝气沉淀池有多种结构形式，如图 4-13 所示的圆形曝气沉淀池为我国从 20 世纪 70 年代广泛使用的一种形式。曝气沉淀池在表面上多呈圆形，偶见方形或多边形。

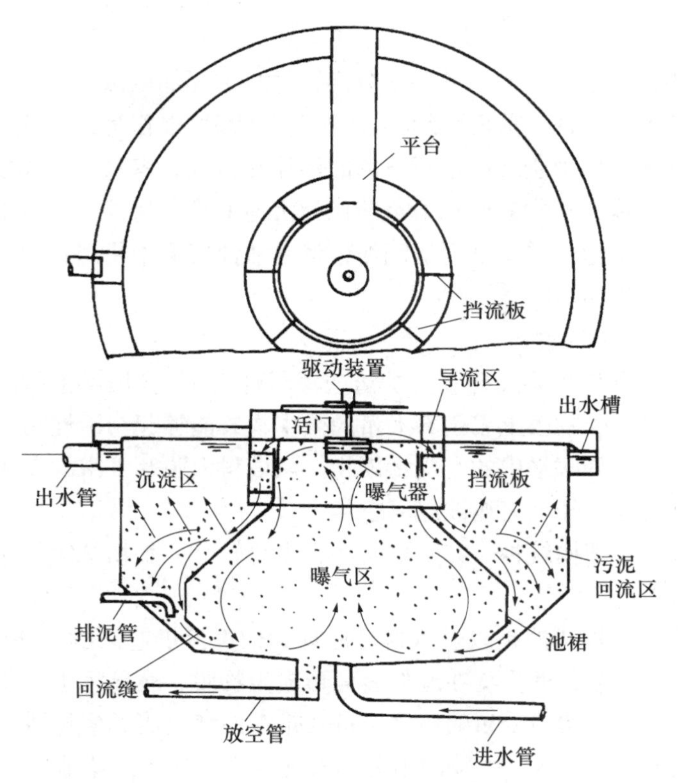

图 4-13　圆形曝气沉淀池剖面图

由于城镇污水水质水量比较均匀，可生化性好，不会对曝气池造成很大冲击，故基本上采用推流式。相比而言，完全混合式适合于处理工业废水。

（3）循环混合式曝气池。循环混合式曝气池主要指氧化沟。氧化沟是平面呈椭圆环形或环形“跑道”的封闭沟渠，混合液在闭合的环形沟道内循环流动，混合曝气。入流污水和回流污泥进入氧化沟中参与环流并得到稀释和净化，与入流污水及回流污泥总量相同的混合液从氧化沟出口流入二沉池。处理水从二沉池出水口排放，底部污泥回流至氧化沟。氧化沟不仅有外部污泥回流，而且还有极大的内回流。因此，氧化沟是一种介于推流式和完全混合式之间的曝气池形式，综合了推流式与完全混合式优点。氧化沟不仅能够用于处理生活污水和城镇污水，也可用于处理机械工业废水。处理深度也在加深，不仅用于生物处理，也用于二级强化生物处理。氧化沟的类型很多，在城镇污水处理中，采用较多的有卡罗塞氧化沟、T 型氧化沟和 DE 型氧化沟。图 4-14 为普通氧化沟。

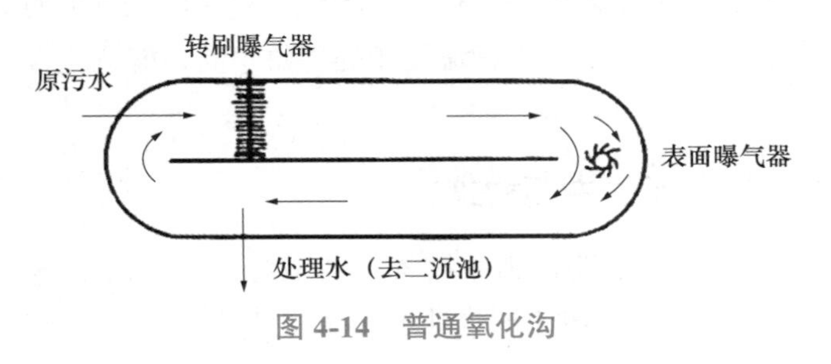

图 4-14　普通氧化沟

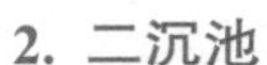

2. 二沉池

二沉池的作用是将活性污泥与处理水分离，并将沉泥加以浓缩。二沉池的基本功能与初沉池是基本一致的，因此，前面介绍的几种沉淀池都可以作为二沉池，另外，斜板沉淀池也可以作为二沉池。但由于二沉池所分离的污泥质量轻，容易产生异重流，因此，二沉池的沉淀时间比初沉池的长，表面水力负荷比初沉池的小。另外，二沉池的排泥方式与初沉池也有所不同。初沉池常采用刮泥机刮泥，然后从池底集中排出；而二沉池通常采用刮吸泥机从池底大范围排泥。

3. 生物膜法处理构筑物

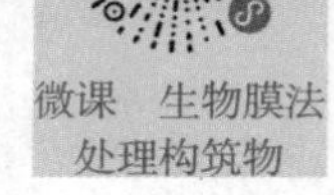

微课 生物膜法处理构筑物

使污水连续流经固体填料（碎石、炉渣或塑料蜂窝），在填料上就能够形成污泥状的生物膜，生物膜上繁殖着大量的微生物，能够起与活性污泥同样的净化作用，吸附和降解水中的有机污染物。从填料上脱落下来的衰死生物膜随污水流入沉淀池，经沉淀池被澄清净化。

生物膜法有多种处理构筑物，如生物滤池、生物转盘、生物接触氧化池以及生物流化床等。

（1）生物滤池。生物滤池是以土壤自净原理为依据发展起来的，滤池内设固定填料，污水流过时与滤料相接触，微生物在滤料表面形成生物膜，净化污水。装置由提供微生物生长栖息的滤床、使污水均匀分布的布水设备及排水系统组成。生物滤池操作简单，费用低，适用于小城镇和边远地区。生物滤池分为普通生物滤池（滴滤池）、高负荷生物滤池、塔式生物滤池及活性生物滤池等。

（2）生物转盘。通过传动装置驱动生物转盘以一定的速度在接触反应塔内转动，交替地与空气和污水接触，每一周期完成吸附—吸氧—氧化分解的过程，通过不断转动，使污水中的污染物不断分解氧化。生物转盘流程中除了生物转盘外，还有初沉池和二沉池。生物转盘的适应范围广泛，除了应用在生活污水的处理外，还用于各种行业生产污水的处理。生物转盘的动力消耗低，抗冲击负荷能力强，管理维护简单。

（3）生物接触氧化池。在池内设置填料，使已经充氧的污水浸没全部填料，并以一定的速度流经填料。填料上长满生物膜，污水与生物膜相接触，水中的有机物被微生物吸附、氧化分解和转化成新的生物膜。从填料上脱落的生物膜随水流到二沉池后被去除，污水得到净化。生物接触氧化池对冲击负荷有较强的适应力，污泥生产量小，可保证出水水质。

（4）生物流化床。采用相对密度大于1的细小惰性颗粒如砂、焦炭、活性炭、陶粒等作为载体，微生物在载体表面附着生长，形成生物膜。充氧污水自下而上流动使载体处于流化状态，生物膜与污水充分接触。生物流化床处理效率高，能适应较大冲击负荷，占地面积小。

4.2.4 深度处理工艺单元的主要构筑物

城镇污水处理厂的出水一般要达到一级A的排放标准，采用上述二级处理工艺很难达到一级A的排放标准，因此要增加三级处理（深度处理）工艺。满足一级A出水标准的深度处理工艺一般采用混凝—沉淀—过滤—消毒。这套工艺与第 3 章介绍的给水处理工艺是一致的，构筑物也基本一致，相关内容请参照第 3 章的介绍。近几年针对这套深度处理工艺进行改进，使其工艺简化、处理效率提高。应用比较多的有高密度沉淀池、滤布滤池等。高密度沉淀池将混凝和沉淀两个处理单元结合在一起，不仅减少占地面积，泥水分离效果得到提高；滤布滤池的使用不仅出水水质好、占地面积小，而且运行管理简单。

另外，由于水环境质量要求越来越高，对一些城镇污水处理厂的出水要求也越来越高，因此，一些城镇污水处理厂的出水要高于一级 A 的排放标准。为了获得更好的出水水质，深度处理工艺中就要增加一些处理单元，如活性炭吸附、高级氧化等。在这里主要介绍前面没有介绍的深度处理的工艺单元。

1. 高密度沉淀池

高密度沉淀池主要的技术是载体絮凝技术，是一种快速沉淀技术，其特点是在混凝阶段除了投加混凝剂外，还投加高密度的不溶介质颗粒，如细砂、浓缩后的污泥等，利用介质的重力沉降及载体的吸附作用加快絮体的“生长”及沉淀。其工作原理是首先向水中投加混凝剂（如聚合氯化铝），使水中的悬浮物及胶体颗粒脱稳，然后投加高分子助凝剂和密度较大的载体颗粒，使脱稳后的杂质颗粒以载体为絮核，通过高分子链的架桥吸附作用以及微砂颗粒的沉积网捕作用，快速生成密度较大的絮体，从而大幅缩短沉降时间，提高澄清池的处理能力，并有效应对高冲击负荷。

高密度沉淀池有多种形式，图 4-15 为法国得利满公司发明的一种高密度沉淀池（DENSADE）。该高密度沉淀池是将浓缩后的具有活性的污泥循环回流作为载体介质，借助高浓度优质絮体群的作用，大幅改善和提高絮凝和沉淀效果。这种高密度沉淀池是“混合凝聚、絮凝反应、沉淀分离”3 个单元的综合体，即把混合区、絮凝区、沉淀区在平面上呈一字形紧密串接成为一个有机的整体而成。该工艺是在传统的斜管式混凝沉淀池的基础上，充分利用加速混合原理、接触絮凝原理和浅池沉淀原理，将机械混合絮凝、机械强化絮凝、斜管沉淀分离 3 个过程进行优化组合，从而获得优良的处理性能。

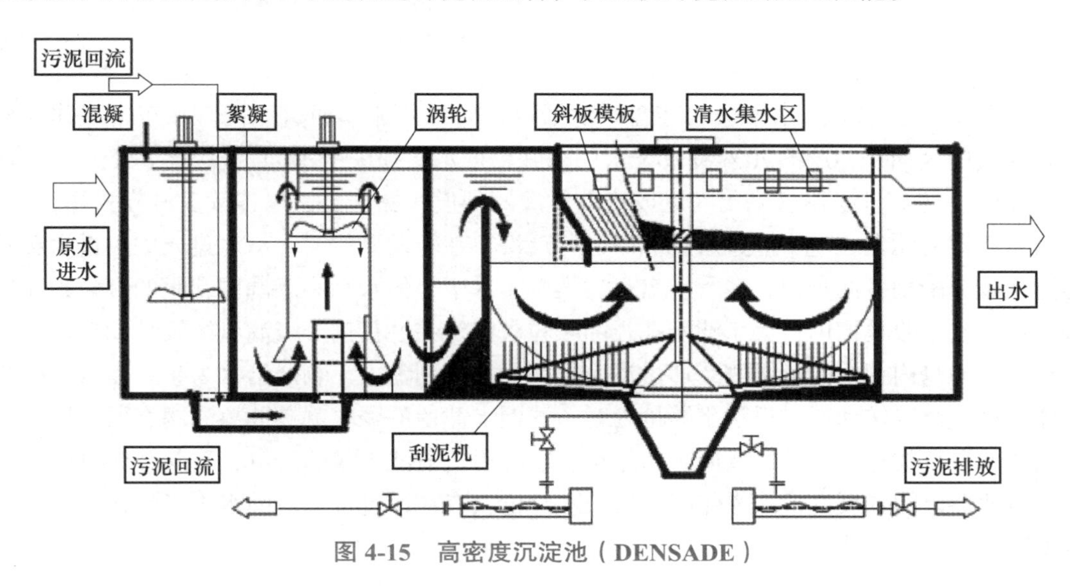

图 4-15　高密度沉淀池（DENSADE）

与传统絮凝沉淀工艺相比，高密度沉淀池有如下优点：

（1）启动快速，运行简便，抗冲击负荷能力较强，对进水的流量和水质波动不敏感。

（2）沉淀效果好（沉速可达 20m/h），出水水质稳定（一般小于 10NTU）。

（3）污水深度处理中污泥浓度可达 10～40g/L，产生的污泥可直接脱水，无须配备污泥浓缩系统。

（4）运行成本低，相比传统斜管沉淀池等，可节约 10%～30% 的药剂。

（5）占地面积小，可不另设污泥浓缩池。

2. 转盘过滤器

转盘过滤器是由用于支撑滤网的两块垂直安装于中央给水管上的平行圆盘形成的一个个滤盘串联起来组成的废水过滤设备。用于过滤的二维滤网既可为聚酯材料，亦可为 316 型不锈钢。转盘过滤器工作原理示意图如图 4-16 所示。

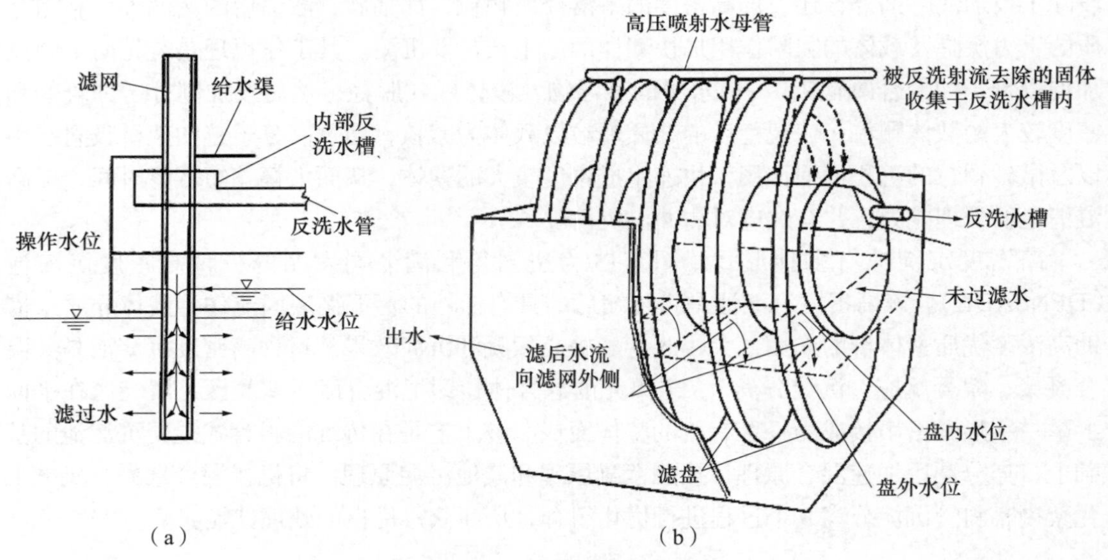

图 4-16　转盘过滤器工作示意图

滤前水通过中央给水渠进入转盘过滤器内，向外侧流动通过滤网。在正常操作条件下，滤布的表面积 60%～70% 浸没于水中，并根据水头损失的不同，以 1～8.5r/min 转速不断旋转。转盘过滤器可采用间歇或连续反洗两种模式操作。当以连续反洗模式操作时，转盘过滤器的滤盘在生产滤过水的同时进行反洗。在转动开始时，给水进入中央进水管并通过此管分配到各滤盘内，尽管转盘过滤器浸于水中，但水和小于滤网孔眼的颗粒则通过滤网进入出水收集槽内，大于滤网孔径的颗粒被截留在滤盘内。当滤盘继续转动超过出水水位时，滤盘内剩余的给水继续通过滤网过滤，一直到盘内无剩余给水为止，而载有截留固体的滤盘继续转动通过反洗水喷枪处时，滤网上截留的颗粒就被冲离滤网表面，反洗水与固体的混合物存入反洗水槽内，通过反洗喷嘴后，清洗干净的滤盘又重新开始过滤。当转盘过滤器以间歇反洗模式操作时，反洗水喷枪只有在通过过滤后的水头损失达到预先设定值时才执行清洗动作。

转盘过滤器的优点是：

（1）出水水质好，耐冲击负荷，截留效果好，在进水 SS 不大于 20mg/L 的情况下，出水 SS 可小于 5mg/L。进水堰设计独特，可消能、防止扰动。过滤与反冲洗同时进行，瞬时只有池内单盘的 1% 面积在进行反冲洗，过滤是连续的，抗冲击负荷能力强。

（2）占地面积小。转盘过滤器将过滤面竖直起来，水流从左至右流动，因此很多过滤面可以并排布置，可以在保证过滤面积足够大的前提下大幅减少占地面积。另外，设备简单紧凑，附属设备少，根据布置情况，附属设备只需占用少量地方。

（3）设备闲置率低，总装机功率低。一般情况下，反冲洗间隔时间为 60min，每个滤盘的冲洗时间为 1min。所有滤盘几乎总处于过滤状态，设备闲置率低。

（4）运行自动化。整个过程由计算机控制，可根据液位或时间来控制反冲洗过程及排泥过程的间隔时间及过程历时。

（5）维护简单、方便。转盘过滤器机械设备较少，泵及电动机均间隙运行，过滤时滤盘是静止的，只有反冲洗或排泥时，泵或电动机才运转。滤布磨损较小，滤盘易于更换，更换一个盘仅需 10min。

3. 高效纤维束滤池

高效纤维束滤池由池体、滤料、滤板、布水系统、布气系统、滤料密度调节装置、管道、阀门、反洗水泵、反洗风机、电气控制系统等组成，如图 4-17 所示。高效纤维束滤池的滤料是一种新型的纤维束软填料，其直径可达几十微米甚至几微米，属微米级过滤技术，具有比表面积和表面自由能大、过滤阻力小等特点，增加了水中杂质颗粒与滤料的接触机会和滤料的吸附能力，大幅提高了过滤效率和截污容量。滤池内设有纤维束密度调节装置，针对实际运行的水质和过滤要求对纤维束滤料的密度进行调节。高效纤维束滤池运行时，纤维密度调节装置控制一定的滤层压缩量，使滤层孔隙度沿水流方向逐渐缩小，密度逐渐增大，相应滤层孔隙直径逐渐减小，实现了理想的深层过滤。当滤层达到截污容量需清洗再生时，纤维束滤料在气水脉动作用下即可方便地进行清洗，达到有效恢复纤维束滤料过滤性能的目的。滤层的加压及放松过程无须额外动力，均可通过水力自动实现。

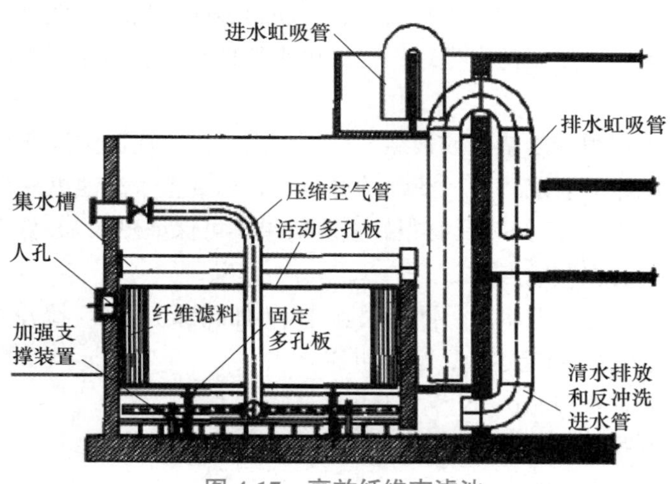

图 4-17　高效纤维束滤池

滤料的清洗采用水洗—气水合洗（水为脉动）—水洗的工艺，具有清洗效率高、无须药剂浸泡、自耗水量低等优点。滤层在反冲洗水的作用下被充分放松，纤维束滤料恢复到松弛的舒展状态，在气水混合擦洗的作用下，将过滤截留下的污染物从滤层中洗脱并排出，使滤料恢复过滤性能。

4. 反硝化深床滤池

反硝化深床滤池是集生物脱氮及过滤功能合二为一的处理单元。反硝化深床滤池的结构形式与一般生物滤池基本相同，如图 4-18 所示。但滤床深度要大一些，通常为 1.8m。反硝化滤池采用特殊规格及形状的石英砂作为反硝化生物的挂膜介质（滤料），石英砂规格为 2～3mm。深床不仅利于硝酸氮（NO_3–N）的脱除和悬浮物的截留，而且 1.8m 深介质的滤床足以避免窜流或穿透现象，即使前段处理工艺发生污泥膨胀或异常情况也不会使滤床发生水力穿透。反硝化滤池需要定期反冲洗，将截留和生成的固体排出。反冲洗流程通常需要 3 个阶段：① 气洗；② 气水联合反洗；③ 水洗或漂洗。

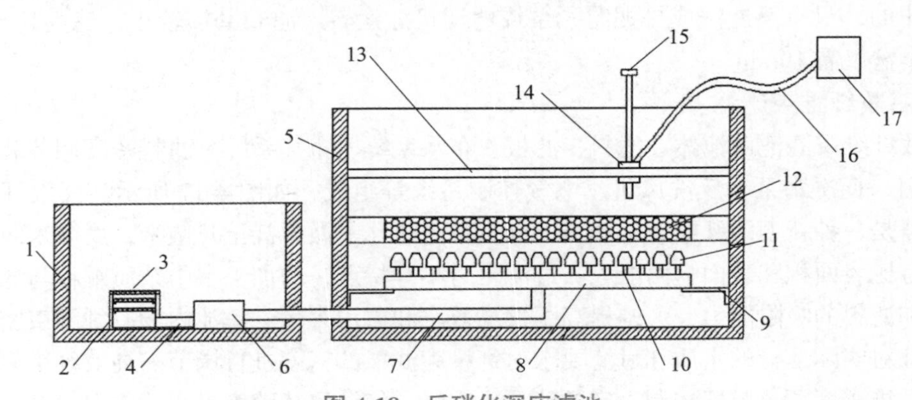

图 4-18　反硝化深床滤池

1—清水池；2—过滤箱；3—过滤网；4—抽水管；5—滤池；6—水泵；
7—输水管；8—反冲水箱；9—支撑架；10—连接管；11—喷头；
12—滤料；13—横杆；14—滑块；15—手架；16—输气软管；17—气泵

反硝化深床滤池的滤料长期处于缺氧状态，滤料表面生长着在低有机物浓度下能够生长的反硝化细菌，因此，用于污水处理厂二级出水处理时，能够在碳源不足的情况实现反硝化脱氮。

绝大多数滤池表层很容易堵塞或板结，很快失去水头，而深床滤池独特的均质石英砂允许固体杂质透过滤床的表层，渗入滤池的滤料中，达到整个滤池纵深截留固体物的优异效果。因此反硝化深床滤池对 SS 具有很好去除效果，可保证出水 SS 低于 5mg/L。

反硝化深床滤池的主要优点是：

（1）反硝化深床滤池一池多用，同步去除 TN（加碳源）、SS（降流式重力过滤）、TP（共絮凝）3 个水质指标，稳定达标，运行可靠。

（2）良好的生物脱氮功能：TN ＜ 0.3mg/L。

（3）良好的除磷效果：TP ＜ 0.3mg/L。

（4）对悬浮物具有良好的去除能力：SS ＜ 0.5mg/L，浊度＜ 2NTU。

（5）无须启动碳源投加系统，适应季节性变化，节约运行成本，有良好的经济性。

（6）过滤为下向流，冲洗为上向流，与砂滤类似，冲洗效果好。

（7）滤池寿命长，终身免维护，运行自控化程度高。

4.2.5　污水消毒

城镇污水经二级处理后，水质已经改善，细菌含量也大幅度减少，但细菌的绝对值仍较高，并存在有病原菌的可能。因此，在排放水体前或在农田灌溉时，应进行消毒处理。城镇污水再生回用时应进行消毒。污水消毒应连续运行，特别是在城镇水源地的上游，旅游区，夏季或流行病流行季节，应严格连续消毒。非上述地区或季节，在经过卫生防疫部门的同意后，也可考虑采用间歇消毒或酌减消毒剂的投加量。

污水消毒的主要方法是向污水投加消毒剂。目前用于污水消毒的消毒剂有液氯、臭氧、氯酸钠、二氧化氯、紫外线等。基本原理与第 1 章生活饮用水消毒是一致的。但城镇污水水质比生活饮用水水质复杂，污染物含量相对要高一些，因此投加量、照射时间等参数有所不同。上述各种消毒方法的优缺点与适用条件参见表 4-4。

消毒方法优缺点及适用条件　　表 4-4

名称	优点	缺点	适用条件
液氯	效果可靠，投配设备简单，投量准确，价格便宜	氯化形成的余氯及某些含氯化合物低浓度时对水生物有毒害；当污水含工业废水比例大时，氯化可能生成致癌物质	适用于大、中型污水处理厂
臭氧	消毒效率高并能有效地降解污水中残留有机物、色、味等，污水 pH 与温度对消毒效果影响很小，不产生难处理的或生物积累性残余物	投资大、成本高，设备管理较复杂	适用于出水水质较好，排入水体的卫生条件要求高的污水处理厂
次氯酸钠	用海水或浓盐水作为原料，产生次氯酸钠，可以在污水处理厂现场产生并直接投配，使用方便，投量容易控制	需要有次氯酸钠发生器与投配设备	适用于中、小型污水处理厂
紫外线	是紫外线照射与氯化共同作用的物理化学方法，消毒效率高	紫外线照射灯具货源不足，电耗能量较多	适用于小型污水处理厂
二氧化氯	消毒效果优于液氯消毒，受 pH 影响较小，消毒副产物少	二氧化氯输送和存储困难，一般采用二氧化氯发生器现场制备	适用于出水水质较好，排入水体的卫生条件要求高的污水处理厂

4.3　城镇污水处理厂常用的生物处理工艺方法

在 20 世纪 80 年代，我国城镇污水处理厂的生物处理单元多采用传统活性污泥法。传统活性污泥法对有机物有较高的去除率，但对 TN 和 TP 的去除能力较差。随着我国城镇污水处理厂出水水质指标标准的不断提高，以去除有机物为主要目标的传统活性污泥法已难以满足城镇污水处理厂的出水水质要求。目前城镇污水处理厂生物处理单元多采用如下工艺方法。

4.3.1　缺氧—好氧活性污泥法（A/O 法）

微课　缺氧—好氧活性污泥法

缺氧—好氧工艺具有同时去除有机物和脱氮的功能。具体做法是在常规的好氧活性污泥法处理系统前，增加一段缺氧生物处理过程，经过预处理的污水先进入缺氧段，然后再进入好氧段。好氧段的一部分硝化液通过内循环管道回流到缺氧段。缺氧段和好氧段可以分建，也可以合建。图 4-19 为分建式缺氧—好氧活性污泥处理系统。

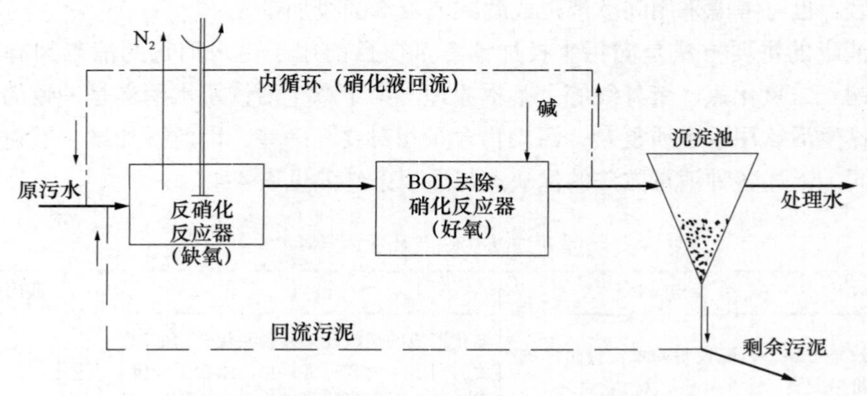

图 4-19　分建式缺氧—好氧活性污泥处理系统

A/O 法的 A 段在缺氧条件下运行，溶解氧应控制在 0.5mg/L 以下。缺氧段的作用是脱氮。在这里反硝化细菌以原水中的有机物作为碳源，以好氧段回流液中硝酸盐作为受电体，进行反硝化反应，将硝态氮还原为气态氮（N_2），使污水中的氮去除。

好氧段的作用有两个，一是利用好氧微生物氧化分解污水中的有机物，二是利用硝化细菌进行硝化反应，将氨氮转化为硝态氮。由于硝化反应过程中要消耗一定碱度，因此，在好氧段一般需要投碱，补偿硝化反应消耗的碱度。但在反硝化反应过程中也能产生一部分碱度，因此，对于含氮浓度不高的城镇污水，可不必另行投碱以调节 pH。

A/O 法是生物脱氮工艺中流程比较简单的一种工艺，而且装置少，不必外加碳源，基建费用和运行费用都比较低。但该工艺的出水来自反硝化曝气池，因此，出水中含有一定浓度的硝酸盐，如果沉淀池运行不当，在沉淀池内也会发生反硝化反应，使污泥上浮，使出水水质恶化。

另外，该工艺的脱氮效率取决于内循环量的大小，从理论上讲，内循环量越大，脱氮效果越好，但内循环量越大，运行费用就越高，而且缺氧段的缺氧条件也不好控制。因此，该工艺的脱氮效率很难达到 90%。

A/O 工艺也可以建成合建式的，即反硝化、硝化与有机物的去除均在一个曝气池中完成。现有推流式曝气池改造为合建式 A/O 工艺最为方便。图 4-20 为合建式缺氧—好氧活性污泥处理系统。

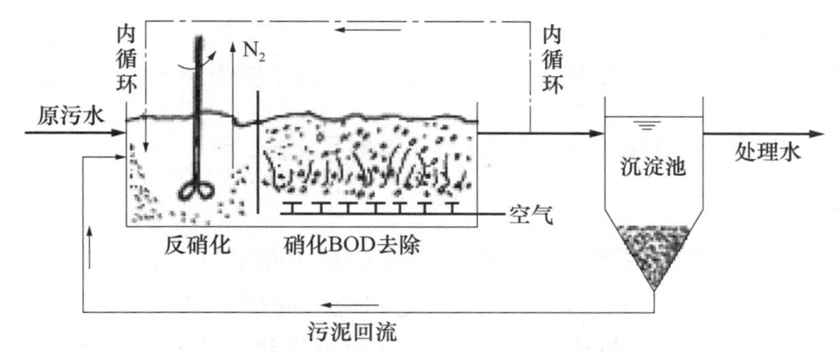

图 4-20　合建式缺氧—好氧活性污泥处理系统

4.3.2　厌氧—缺氧—好氧活性污泥法（A^2/O 法）

微课　厌氧—缺氧—好氧活性污泥法

厌氧—缺氧—好氧工艺不仅能够去除有机物，同时还具有脱氮和除磷的功能。具体做法是在 A/O 前增加一段厌氧生物处理过程，经过预处理的污水与回流污泥（含磷污泥）一起进入厌氧段，再进入缺氧段，最后再进入好氧段。图 4-21 为厌氧—缺氧—好氧活性污泥系统。

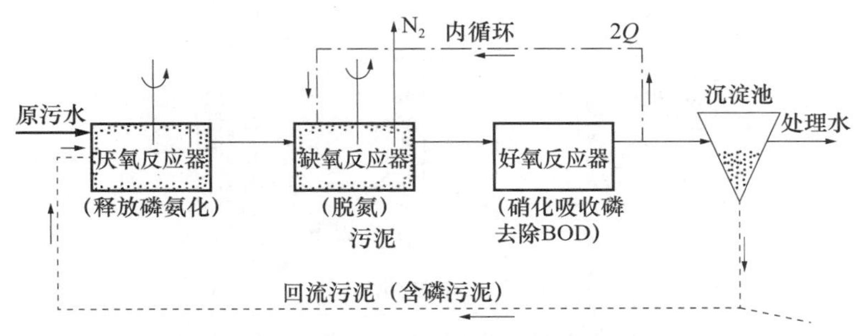

图 4-21　厌氧—缺氧—好氧活性污泥系统

厌氧段的首要功能是释放磷，同时部分有机物进行氨化。

缺氧段的首要功能是脱氮，硝态氮是通过内循环由好氧反应器送来的，循环的混合液量较大，一般为 $2Q$（Q——原污水流量）。

好氧段是多功能的，去除有机物，硝化和吸收磷等反应都在该段进行。这 3 项反应都是重要的，混合液中含有 NO_3−N，污泥中含有过剩的磷，而污水中的 BOD（或 COD）则得到去除。流量为 $2Q$ 的混合液从这里回流缺氧反应器。

该工艺具有以下各项特点：

（1）运行中无须投药，两个 A 段只用轻缓搅拌，以不增加溶解氧为度，运行费用低。

（2）在厌氧、缺氧、好氧交替运行条件下，丝状菌不能大量增殖，避免了污泥膨胀的问题，SVL 值一般均小于 100。

（3）工艺简单，总停留时间短，建设投资少。

该工艺也存在如下各项待解决问题：

（1）除磷效果难于再行提高，污泥增长有一定的限度，不易提高，特别是当 P/BOD

高时更是如此。

（2）脱氮效果也难以进一步提高，内循环量一般以 $2Q$ 为限，不宜太高。

4.3.3　厌氧—缺氧—好氧活性污泥法的其他改进工艺

1. 改良的 A^2/O 法

对于 A^2/O 工艺，由于生物脱氮效率不可能达到100%，一般情况下不超过85%，出水中总会有相当数量的硝态氮，这些硝态氮随回流污泥进入厌氧区，将优先夺取污水中易生物降解有机物，使聚磷菌缺少碳源，失去竞争优势，降低除磷效果。在进水碳源（BOD）不足情况下，这种现象尤为明显。针对此情况研究人员又开发了改良 A^2/O 工艺。其改良之处为：在普通 A^2/O 工艺前增加一前置反硝化段，全部回流污泥和10%～30%（根据实际情况进行调节）的水量进入前置反硝化段中，剩下90%～70%的水量进入厌氧段。主要目的是利用少量进水中的可快速分解的有机物作碳源去除回流污泥中的硝酸盐氮，从而为后序厌氧段聚磷菌的磷释放创造良好的环境，提高生物除磷效果。

改良 A^2/O 工艺流程如图4-22所示。

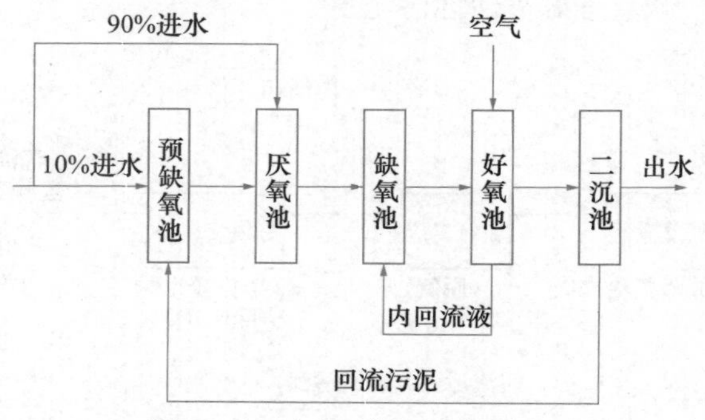

图4-22　改良 A^2/O 工艺流程

2. 倒置 A^2/O 工艺

倒置 A^2/O 工艺主要是针对缺氧反硝化碳源不足而改进设计的，其工艺流程如图4-23所示。倒置就是将缺氧池置于厌氧池前面，来自二沉池的回流污泥和全部进水或部分进水，50%～150%的混合液回流均进入缺氧段，将碳源优先用于脱氮。缺氧池内碳源充足，回流污泥和混合液在缺氧池内进行反硝化，去除硝态氧，再进入厌氧段，保证了厌氧池的厌氧状态，强化除磷效果。由于污泥回流至缺氧段，缺氧段污泥浓度较好氧段高出50%，单位池容的反硝化速率明显提高，反硝化作用能够得到有效保证。

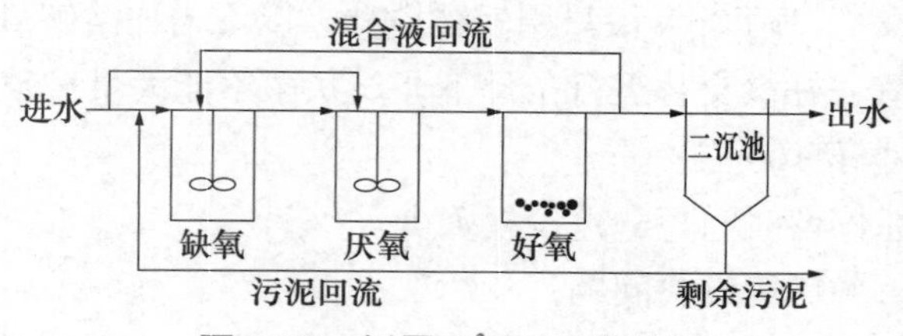

图4-23　倒置 A^2/O 工艺流程

3. UCT 工艺

UCT 工艺主要是为了避免硝酸盐干扰释磷问题而提出的，其工艺流程如图 4-24 所示。回流污泥首先进入缺氧池脱氮，缺氧段部分出流混合液再回至厌氧段。通过这样的修正，可以避免因回流污泥中的 NO_x-N 回流至厌氧段，干扰释磷而降低磷的去除率。

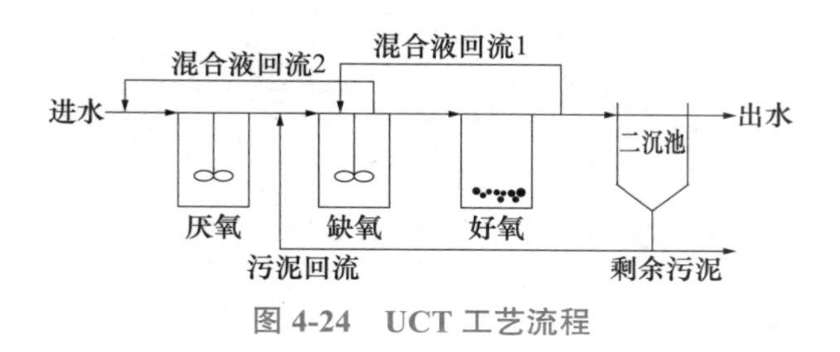

图 4-24　UCT 工艺流程

4.3.4　SBR 相关工艺

经典 SBR 工艺只有一个反应池，间歇进水后，再依次经历反应、沉淀、滗水、闲置 4 个阶段完成对污水的处理过程，因此在处理连续来水时，一个 SBR 系统就无法应对，工程上采用多池系统，使进水在各个池之间循环切换，每个池在进水后按上述程序对污水进行处理，因此使得 SBR 系统的管理操作难度和占地面积都会加大。

为克服 SBR 法固有的一些不足（比如不能连续进水等），人们在使用过程中不断改进，发展出了许多新型和改良的 SBR 工艺，比如 ICEAS 系统、CASS 系统、DAT—IAT 系统、UNITANK 系统、MSBR 系统等。这些新型 SBR 工艺仍然拥有经典 SBR 的部分主要特点，同时还具有自己独特的优势，但因为经过了改良，经典 SBR 法所拥有的部分显著特点又会不可避免地被舍弃掉。

1. 间歇式循环延时曝气活性污泥法（ICEAS 工艺）

间歇式循环延时曝气活性污泥法是 20 世纪 80 年代初在澳大利亚发展起来的，1976 年建成世界上第一座 ICEAS 污水处理厂，随后在日本、美国、加拿大、澳大利亚等地得到推广应用。1986 年美国国家环保局正式批准 ICEAS 工艺为革新代用技术（I/A）。

ICEAS 反应器由预反应区（生物选择器）和主反应区两部分组成，预反应区容积约占整个池的 10%。预反应区一般处于厌氧或缺氧状态，设置预反应区的主要目的是使系统选择出适应废水中有机物降解，絮凝能力更强的微生物。预反应区的设置，可以使污水在高负荷运行，保证菌胶团细菌的生长，抑制丝状菌生长，控制污泥膨胀。运行方式采用连续进水、间歇曝气、周期排水的形式。预反应区和主反应区可以合建，也可以分建，图 4-25 为合建式 ICEAS 反应器。

ICEAS 最大的特点是在 SBR 反应器前部增加了一个预反应区（生物选择器），实现了连续进水（沉淀期、排水期间仍保持进水），间歇排水。但由于连续进水，沉淀期也进水，在主反应池（区）底部会造成搅动而影响泥水分离，因此，进水量受到一定的限制。另外，该工艺强调延时曝气，污泥负荷很低。

ICEAS 工艺在处理城镇污水和工业废水方面比传统的 SBR 法费用更省、管理更方便。

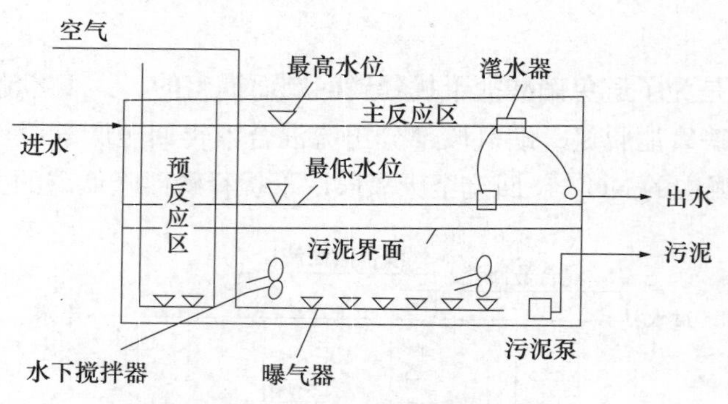

图 4-25　合建式 ICEAS 反应器（剖面图）

2. 循环式活性污泥法（CAST 工艺）

CAST 工艺是在 ICEAS 工艺的基础上发展而来的。但 CAST 工艺沉淀阶段不进水，并增加了污泥回流，而且预反应区容积所占的比例比 ICEAS 工艺小。通常 CAST 反应池一般分为 3 个反应区：生物选择器、缺氧区和好氧区，这 3 个部分的容积比通常为 1 : 5 : 30。CAST 反应池的每个工作周期可分为充水 – 曝气期、沉淀期、滗水期和充水 – 闲置期，运行工序如图 4-26 所示。

CAST 工艺的最大特点是将主反应区中的部分剩余污泥回流到选择器中，沉淀阶段不进水，使排水的稳定性得到保证。缺氧区的设置使 CAST 工艺具有较好的脱氮除磷效果。

CAST 工艺周期工作时间一般为 4h，其中充水 – 曝气 2h，沉淀 1h，滗水 1h。反应池最少设 2 座，使系统连续进水，一池充水 – 曝气，另一池沉淀和滗水。

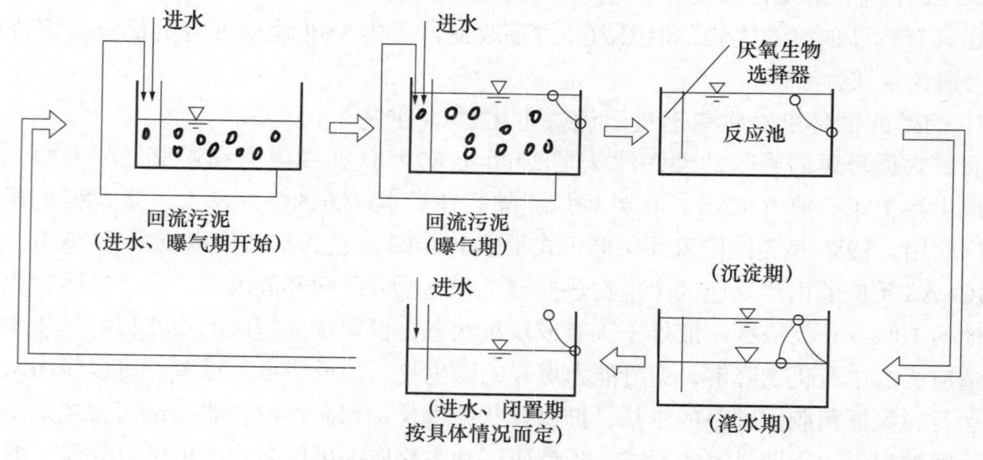

图 4-26　CAST 工艺运行工序

3. 周期循环活性污泥法（CASS 工艺）

CASS 法与 CAST 法相同之处是系统都由选择器和反应池组成，不同之处是 CASS 为连续进水而 CAST 为间歇进水，而且污泥不回流，无污泥回流系统。CASS 反应器内微生物处于好氧—缺氧—厌氧周期变化之中，因此，CASS 工艺与 CAST 工艺一样，具有较好的除磷脱氮效果。CASS 法处理工艺流程除无污泥回流系统外，与 CAST 法相同。

CASS 反应池的每工作周期可分为曝气期、沉淀期、滗水期和闲置期，运行工序如图 4-27 所示。

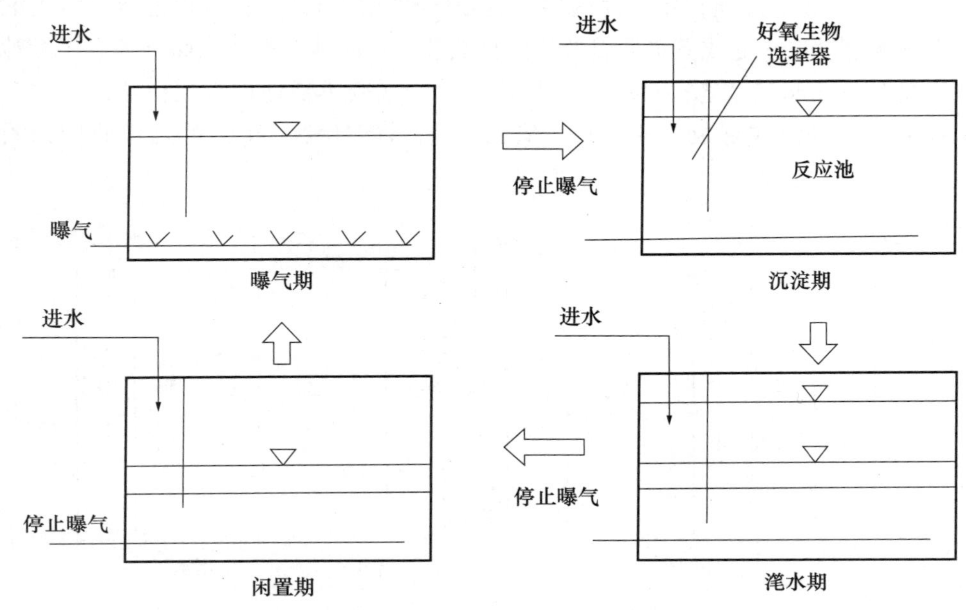

图 4-27　CASS 反应池的运行工序

4. 连续进水、连续—间歇曝气法（DAT—IAT 工艺）

DAT—IAT 是 SBR 法的一种变型工艺。DAT—IAT 由 DAT 反应池和 IAT 反应池串联组成。DAT 反应池连续进水，连续曝气（也可间歇曝气），IAT 反应池也是连续进水，但间歇曝气。处理水和剩余污泥均由 IAT 反应池排出。DAT—IAT 的工艺流程如图 4-28 所示。

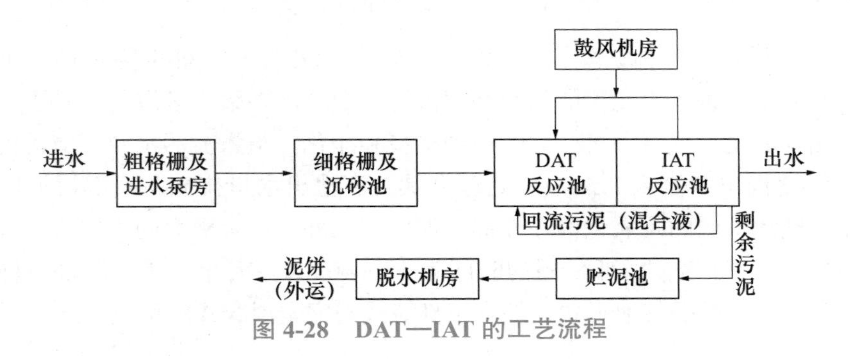

图 4-28　DAT—IAT 的工艺流程

DAT 池连续曝气，也可进行间歇曝气。IAT 反应池按传统 SBR 反应器运行方式进行周期运转，每个工作周期按曝气期、沉淀期、滗水期和闲置期 4 个工序运行。IAT 反应池向 DAT 反应池回流比控制在 100%～450% 之间。DAT 反应池与 IAT 反应池需氧量之比为 65：35。

DAT—IAT 工艺既有传统活性污泥法的连续性和高效，又有 SBR 法的灵活性，适用于水质水量变化大的中小城镇污水和工业废水的处理。

5. UNITANK 工艺

UNITANK 工艺是比利时开发的专利。典型的 UNITANK 工艺系统，其主体构筑物为 3 格条形池结构，3 池连通，每个池内均设有曝气和搅拌系统，污水可进入 3 池中的任意一个。外侧两池设出水堰或滗水器以及污泥排放装置。两池交替作为曝气池和沉淀池，而中间池则总是处于曝气状态。在一个周期内，原水连续不断地进入反应器，通过时间和空间的控制，分别形成好氧、缺氧和厌氧的状态。UNITANK 工艺的工作原理如图 4-29 所示。

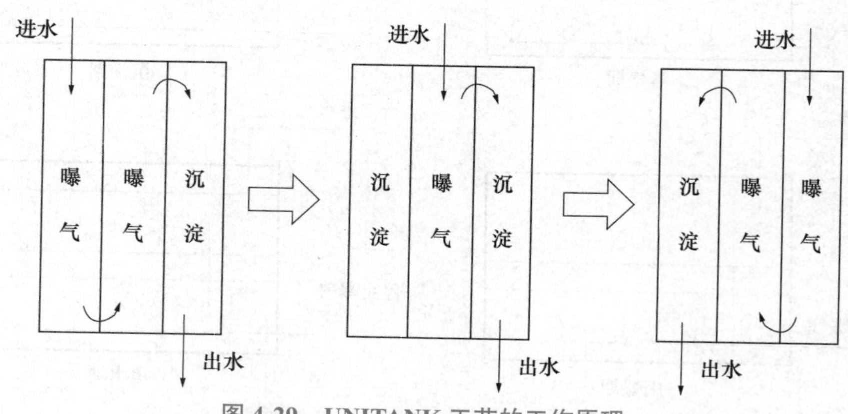

图 4-29　UNITANK 工艺的工作原理

UNITANK 工艺除了保持传统 SBR 的特征以外，还具有滗水简单、池结构简化、出水稳定、不须回流等特点，通过改变进水点的位置可以起到回流的作用和达到脱氮除磷的目的。

4.3.5　氧化沟

氧化沟又称循环曝气池，是荷兰 20 世纪 50 年代开发的一种生物处理技术。图 4-30 为氧化沟处理系统。进入氧化沟的污水和回流污泥混合液在曝气装置的推动下，在闭合的环形沟道内循环流动，混合曝气，同时得到稀释和净化。与入流污水及回流污泥总量相同的混合液从氧化沟出口流入二沉池。处理水从二沉池出水口排放，底部污泥回流至氧化沟。与普通曝气池不同的是氧化沟除外部污泥回流之外，还有极大的内回流，环流量为设计进水流量的 30～60 倍，循环一周的时间为 15～40min。因此，氧化沟是一种介于推流式和完全混合式之间的曝气池形式，综合了推流式与完全混合式的优点。

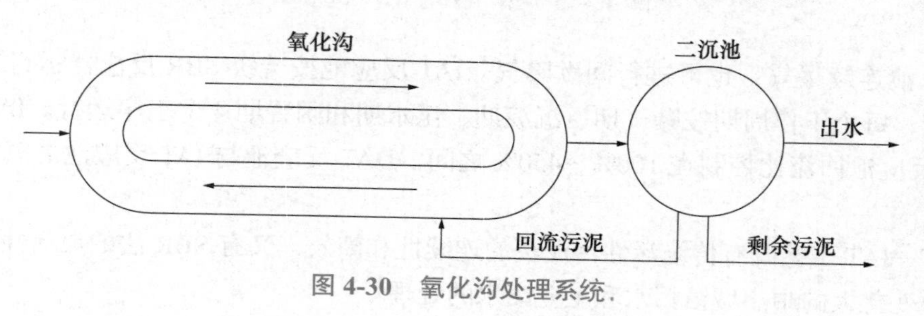

图 4-30　氧化沟处理系统

氧化沟的曝气装置有横轴曝气装置和纵轴曝气装置。横轴曝气装置有横轴曝气转刷和曝气转盘；纵轴曝气装置就是表面机械曝气器。氧化沟按其构造和运行特征可分为多种类型。在城镇污水处理使用较多的有卡罗塞尔氧化沟、奥贝尔氧化沟、交替工作型氧化沟及 DE 型氧化沟。

1. 卡鲁塞尔氧化沟

典型的卡鲁塞尔氧化沟是一多沟串联系统，一般采用垂直轴表面曝气机曝气。每组沟渠安装一个曝气机，均安设在一端。氧化沟需另设二沉池和污泥回流装置。其处理系统如图 4-31 所示。

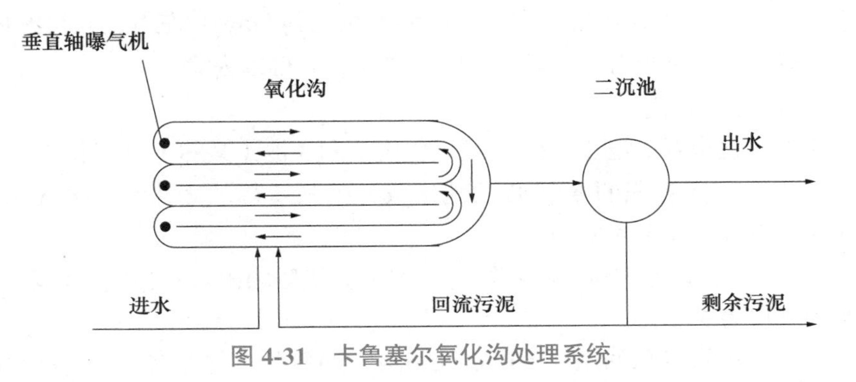

图 4-31　卡鲁塞尔氧化沟处理系统

沟内循环流动的混合液在靠近曝气机的下游为富氧区，而曝气机上游为低氧区，外环为缺氧区，有利于生物脱氮。表面曝气机多采用倒伞形叶轮，曝气机一方面充氧，一方面提供推力使沟内的环流速度在 0.3m/s 以上，以维持必要的混合条件。由于表面叶轮曝气机有较大的提升作用，使氧化沟的水深一般可达 4.5m。

2. 奥贝尔氧化沟

奥贝尔氧化沟是多级氧化沟，一般由若干个圆形或椭圆形同心沟道组成。其工艺流程如图 4-32 所示。

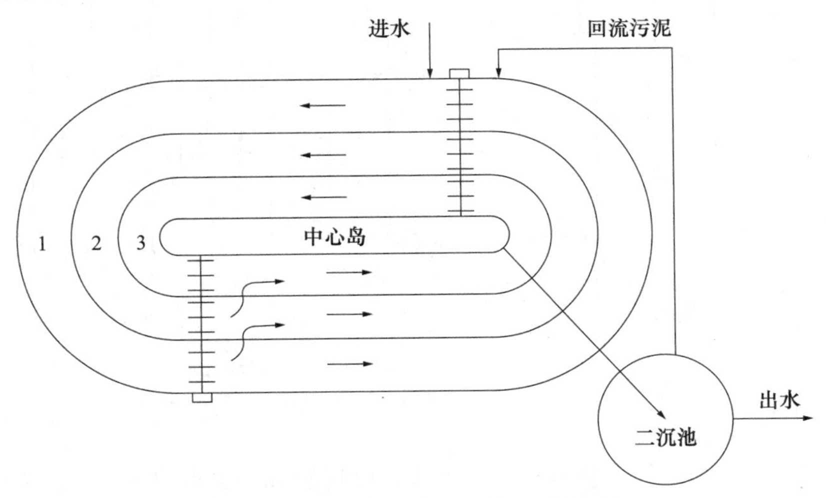

图 4-32　奥贝尔氧化沟系统工艺流程

废水从最外面或最里面的沟渠进入氧化沟、在其中不断循环流动的同时，通过淹没式从一条沟渠流入相邻的下一条沟渠，最后从中心的或最外面的沟渠流入二沉池进行固液分离。沉淀污泥部分回流到氧化沟，部分以剩余污泥排入污泥处理设备进行处理。氧化沟的每一沟渠都是一个完全混合的反应池，整个氧化沟相当于若干个完全混合反应池串联到一起。

奥贝尔氧化沟在时间和空间上呈现出阶段性，各沟渠内溶解氧呈现出厌氧—缺氧—好氧分布，对高效硝化和反硝化十分有利。第一沟内溶解氧低，进水碳源充足，微生物容易利用碳源，自然会发生反硝化作用即硝酸盐转化成氮类气体，同时微生物释放磷。而在后边的沟道溶解氧增高，尤其在最后的沟道内溶解氧达到 2mg/L 左右，有机物氧化的比较彻底，同时在好氧状态下也有利于磷的吸收，磷类物质得以去除。

3. 交替工作型氧化沟

交替工作型氧化沟有 2 池（又称 D 型氧化沟）和 3 池（又称 T 型氧化沟）两种。

D 型氧化沟由相同容积的 A 和 B 两池组成，串联运行，交替作为曝气池和沉淀池，无须设污泥回流系统，如图 4-33 所示。

一般以 8h 为一个运行周期。此系统可得到十分优质的出水和稳定的污泥。缺点是曝气转刷的利用率仅为 37.5%。

T 型氧化沟由相同容积的 A、B 和 C 池组成。两侧的 A 池和 C 池交替作为曝气池和沉淀池，中间的 B 池一直为曝气池。原水交替进入 A 池或 C 池，处理水则相应地从作为沉淀池的 C 池或 A 池流出，如图 4-34 所示。T 型氧化沟曝气转刷的利用率比 D 型氧化沟高，可达 58% 左右。这种系统不需要污泥回流系统。通过适当运行，在去除 BOD 的同时，能进行硝化和反硝化过程，可取得良好的脱氮效果。

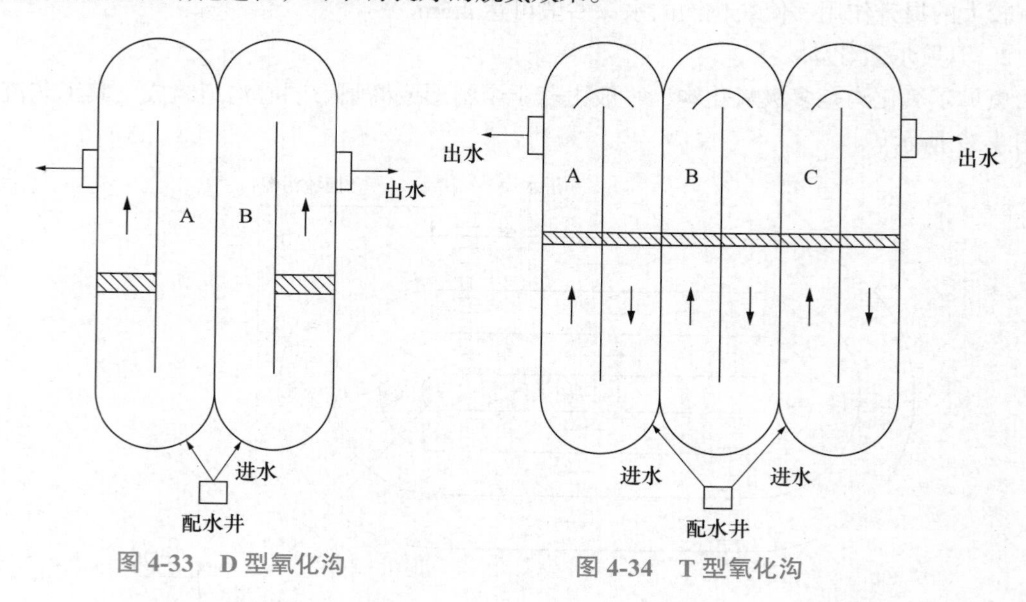

图 4-33　D 型氧化沟　　　图 4-34　T 型氧化沟

交替工作型氧化沟必须安装自动控制系统，以控制进、出水的方向，溢流堰的启闭以及曝气转刷的开启和停止。

4. DE 型氧化沟

DE 型氧化沟的特点是在氧化沟前设置厌氧生物选择器（池）和双沟交替工作。设置生物选择池的目的：一是抑制丝状菌的增殖，防止污泥膨胀，改善污泥的沉降性能；二是聚磷菌在厌氧池进行磷的释放。厌氧生物选择池内配有搅拌器，以防止污泥沉积。DE 型氧化沟没有 T 型氧化沟的沉淀功能，大幅提高了设备利用率，但必须像卡罗塞尔氧化沟一样，设置二沉池及污泥回流设施。DE 型氧化沟的工艺流程如图 4-35 所示。

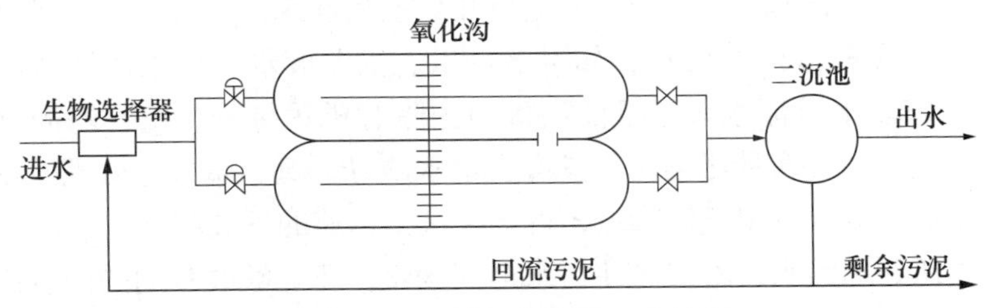

图 4-35　DE 型氧化沟的工艺流程

4.3.6　曝气生物滤池（BAF）

曝气生物滤池主要用于生物处理出水的进一步硝化，以提高出水水质，去除生物处理中的剩余氨氮。近几年又开发出多种形式，使此工艺适用于对原污水进行硝化与反硝化处理。它通过内设生物填料使微生物附着其上，污水从填料之间通过，达到去除有机物、氨氮和 SS 的目的。而除磷则主要靠投加化学药剂的方式加以解决。

曝气生物滤池充分借鉴了污水处理接触氧化法和给水快滤池的设计思路，集曝气、高滤速、截留悬浮物、定期反冲洗等特点于一体。其主要特征包括：采用粒状填料作为生物载体，如陶粒、焦炭、石英砂、活性炭等；区别于一般生物滤池及生物滤塔，在去除 BOD、氨氮时需要曝气；具有高水力负荷、高容积负荷及高的生物膜活性；具有生物氧化降解和截流 SS 的双重功能，生物处理单元之后不需再设二沉池；需要定期进行反冲洗，清除滤池中截流的 SS，同时更新生物膜。

4.3.7　人工湿地

人工湿地是人工建造的、可控制的和工程化的湿地系统，其设计和建造是通过对湿地自然生态系统中的物理、化学和生物作用的优化组合来进行废水处理的。为保证污水在其中有良好的水力流态和较大体积的利用率，人工湿地的设计应采用适宜的形状和尺寸，适宜的进水、出水和布水系统，以及在其中种植抗污染和去污染能力强的沼生植物。

根据污水在湿地中水面位置的不同，人工湿地可以分为表流人工湿地和潜流人工湿地。

表流人工湿地是用人工筑成水池或沟槽状，然后种植一些水生植物，如芦苇、香蒲等。在表流人工湿地系统中，污水在湿地的表面流动水位较浅，多为 0.1～0.6m。这种湿地系统中水的流动更接近于天然状态。污染物的去除也主要是依靠生长在植物水下部分的茎、杆上的生物膜完成的，处理能力较低。同时，该系统处理效果受气候影响较大，在寒冷地区冬天还会发生表面结冰问题。因此，表流人工湿地单独使用较少，大多和潜流人工湿地或其他处理工艺组合在一起。但这种系统投资少。

潜流人工湿地的水面位于基质层以下。基质层由上下两层组成，上层为土壤，下层是由易于使水流通的介质组成的根系层，如粒径较大的砾石、炉渣或砂层等，在上层土壤层中种植芦苇等耐水植物。床底铺设防渗层或防渗膜，以防止废水流出该处理系统，并具有一定的坡度。潜流人工湿地比表流人工湿地具有更高的负荷，同时占地面积小，效果可靠，耐冲击负荷，也不易滋生蚊蝇。但其构造相对复杂。

人工湿地污水处理技术是20世纪70～80年代发展起来的一种污水生态处理技术。由于它能有效地处理多种多样的废水，如生活污水、工业废水、垃圾渗滤液、地面径流雨水、合流制下水道暴雨溢流水等，且能高效地去除有机污染物，氮、磷等营养物，重金属，盐类和病原微生物等多种污染物，具有出水水质好，氮、磷去除处理效率高，运行维护管理方便，投资及运行费用低等特点，近年来获得迅速的发展和推广应用。

采用人工湿地处理污水，不仅能使污水得到净化，还能够改善周围的生态环境和景观效果。小城镇周围的坑塘、废弃地等较多，有利于建设人工湿地处理系统。

北方地区人工湿地通过增加保温措施能够解决过冬问题，只是投资要高一些，湿地结构要复杂一些。

4.4　城镇污水处理厂污泥处理工艺及处理构筑物

4.4.1　污泥浓缩

微课　污泥浓缩

污泥浓缩的目的是去除污泥中的水分，减少污泥的体积，进而降低运输费用和后续处理费用。剩余污泥含水率一般为99.2%～99.8%，浓缩后含水率可降为95%～97%，体积可以减少为原来的1/4。

污泥浓缩常用的方法有重力浓缩法、气浮浓缩法和离心浓缩法3种。

1. 重力浓缩法

重力浓缩本质上是一种沉淀工艺，属于压缩沉淀。重力浓缩池按其运转方式可以分为连续式和间歇式两种。连续式主要用于大、中型污水处理厂，间歇式主要用于小型污水处理厂或工业企业的污水处理厂。重力浓缩池一般采用水密性钢筋混凝土建造，设有进泥管、排泥管和排上清液管，平面形式有圆形和矩形两种，一般多采用圆形。

间歇式重力浓缩池的进泥与出水都是间歇的，因此，在浓缩池不同高度上应设多个上清液排出管。间歇式操作管理麻烦，且单位处理污泥所需的池容积比连续式的大。图4-36为间歇式重力浓缩池。

连续式重力浓缩池的进泥与出水都是连续的，排泥可以是连续的，也可以是间歇的。当池体较大时采用辐流式浓缩池；当池体较小时采用竖流式浓缩池。竖流式浓缩池采用重力排泥，辐流式浓缩池多采用刮泥机机械排泥，有时也可以采用重力排泥，但池底应做成多斗。图4-37为有刮泥机与搅拌装置的连续式重力浓缩池。对于土地紧缺的地区，可以考虑采用多层辐射式浓缩池，如图4-38所示。

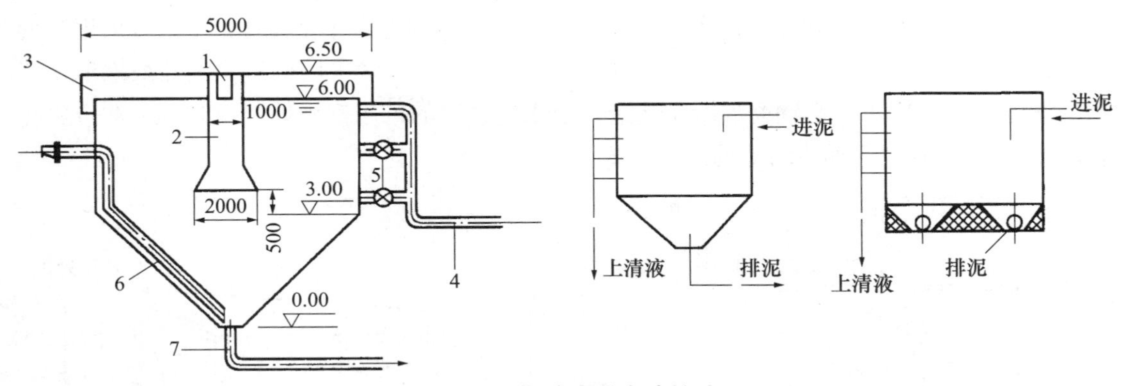

图 4-36　间歇式重力浓缩池

1—污泥入流槽；2—中心管；3—出水堰；4—上清液排出管；5—闸门；6—吸泥管；7—排泥管

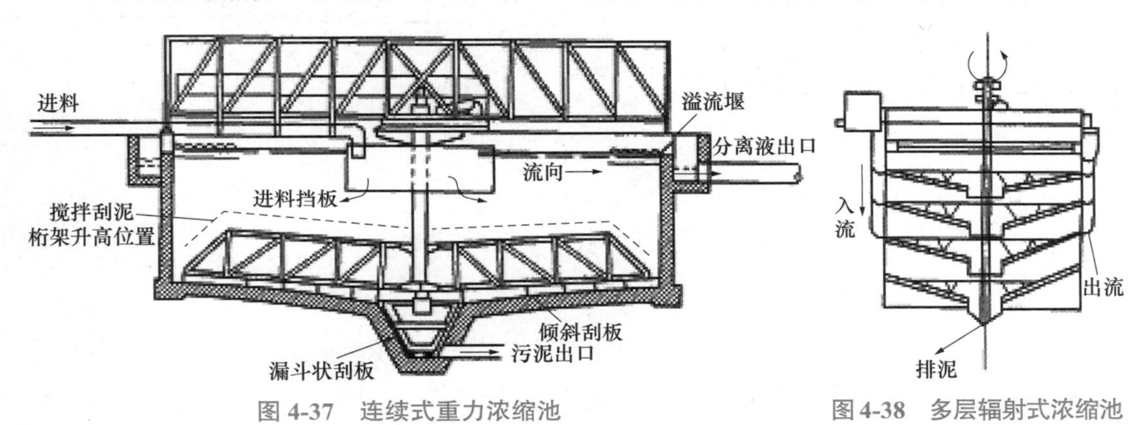

图 4-37　连续式重力浓缩池

图 4-38　多层辐射式浓缩池

2. 气浮浓缩法

气浮浓缩法多用于浓缩污泥颗粒较轻（密度接近于 1）的污泥，如剩余活性污泥、生物滤池污泥等，近几年在混合污泥（初沉污泥+剩余污泥）浓缩方面也得到了推广应用。

气浮浓缩有部分回流气浮浓缩系统和无回流气浮浓缩系统两种，其中部分回流气浮浓缩系统应用较多。图 4-39 为部分回流气浮浓缩系统。

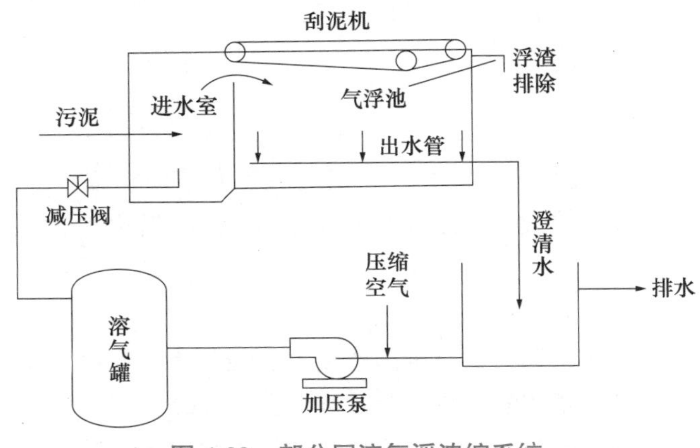

图 4-39　部分回流气浮浓缩系统

气浮浓缩池有圆形和矩形两种，小型气浮装置（处理能力小于 $100m^3/h$）多采用矩形气浮浓缩池，大、中型气浮装置（处理能力大于 $100m^3/h$）多采用辐流式气浮浓缩池。气浮浓缩池一般采用水密性钢筋混凝土建造，小水量也有的采用钢板焊制或者其他非金属材料制作。图 4-40 为气浮浓缩池的两种形式。

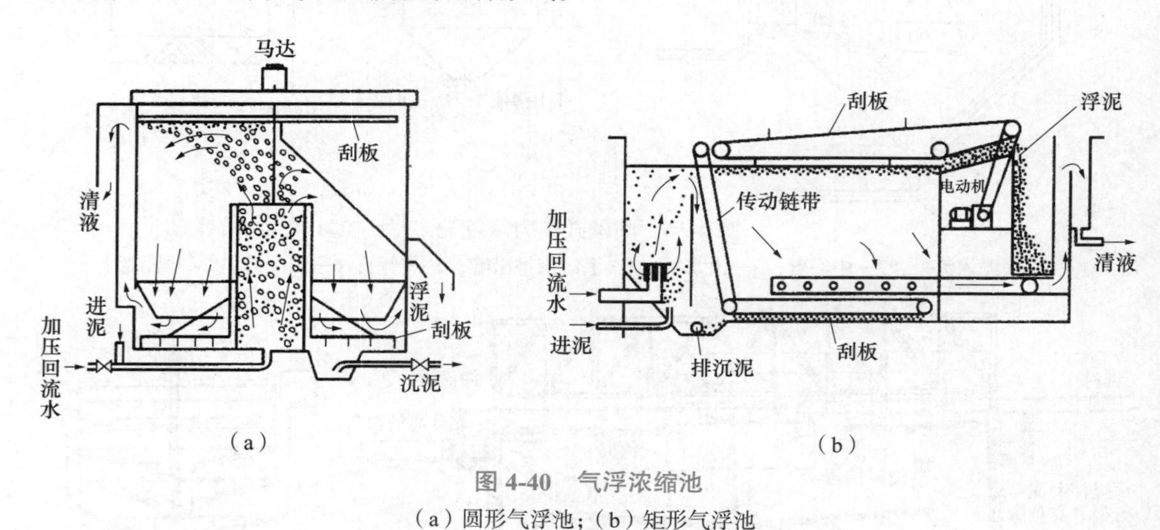

图 4-40　气浮浓缩池

（a）圆形气浮池；（b）矩形气浮池

3. 离心浓缩法

离心浓缩工艺是利用离心力使污泥得到浓缩，主要用于浓缩剩余活性污泥等难脱水污泥或场地狭小的场合。由于离心力是重力的 500～3000 倍，因而在很大的重力浓缩池内要经十几小时才能达到的浓缩效果，在很小的离心机内就可以完成，且只需几分钟。含水率为 99.5% 的活性污泥，经离心浓缩后，含水率可降低到 94%。对于富磷污泥，用离心浓缩可避免磷的二次释放，提高污水处理系统总的除磷率。

出泥含固率和固体回收率是衡量离心浓缩效果的主要指标，固体回收率是浓缩后污泥中的固体总量与入流污泥中的固体总量之比，因此固体回收率越高，分离液中的 SS 越低，即泥水分离效果和浓缩效果越好。在浓缩剩余活性污泥时，为取得较高的出泥含固率（＞ 4%）和固体回收率（＞ 90%），一般需要投加聚合硫酸铁 PFS 或聚丙烯酰胺 PAM 等助凝剂。

4.4.2　污泥厌氧消化

污泥厌氧消化是指在无氧的条件下，由兼性菌和专性厌氧细菌，降解污泥中的有机物，最终产物是二氧化碳和甲烷气（或称污泥气、生物气、消化气），使污泥得到稳定。

1. 厌氧消化机理

厌氧消化可以分为 3 个阶段：

（1）水解酸化阶段。在水解与发酵细菌作用下，使碳水化合物、蛋白质与脂肪水解与发酵转化成单糖、氨基酸、脂肪酸、甘油及二氧化碳、氢等。

参与反应的微生物包括细菌、真菌和原生动物，统称为水解与发酵细菌。

这些细菌大多数为专性厌氧菌，也有不少兼性厌氧菌。

（2）产氢产乙酸阶段。在产氢产乙酸菌的作用下，把第一阶段的产物转化成氢、二氧化碳和乙酸。

参与反应的微生物是产氢产乙酸菌以及同型乙酸菌，其中有专性厌氧菌和兼性厌氧菌。它们能够在厌氧条件下，将丙酸及其他脂肪酸转化为乙酸、CO_2，并放出 H_2。

（3）产甲烷阶段。通过两组生理上不同的产甲烷菌的作用产生甲烷，一组把氢和二氧化碳转化成甲烷，另一组对乙酸脱羟产生甲烷。

参与反应菌种是甲烷菌或称为产甲烷菌。常见的甲烷菌有 4 类：① 甲烷杆菌；② 甲烷球菌；③ 甲烷八叠球菌；④ 甲烷螺旋菌。

甲烷菌是绝对厌氧细菌，主要代谢产物是甲烷。

2. 影响厌氧消化的因素

（1）温度。污泥厌氧消化有两个最优温度区段：中温消化（33～35℃）、高温消化（50～55℃）。高温消化的反应速率快，产气率高，杀灭病原微生物的效果好，但能耗高。污泥厌氧消化常用的是中温消化。

（2）负荷。有机负荷大小影响消化池的容积和消化时间。中温消化池的消化时间宜采用 20～30d。

（3）搅拌和混合。搅拌和混合的作用是促进有机物分解，增加产气率。搅拌的方法有泵加水射器搅拌法，消化气循环搅拌法、机械搅拌和混合搅拌法。

（4）酸碱度、pH 和消化液的缓冲能力。甲烷菌对 pH 非常敏感，pH 微小的变化都会使其受抑制，甚至生长。pH 应控制为 7.0～7.3。

为了保证厌氧消化的稳定运行，提高系统的缓冲能力和 pH 的稳定性，要求消化液的碱度保持在 2000mg/L 以上（以 $CaCO_3$ 计）。

（5）有毒物质。低于毒阈浓度下限，对甲烷细菌生长有促进作用；在毒阈浓度范围内，有中等抑制作用，如果浓度是逐渐增加，甲烷细菌可被驯化，超过毒阈浓度上限，对甲烷细菌有强烈的抑制作用。

3. 污泥厌氧消化工艺

（1）一级消化工艺。污泥消化为单级消化过程，污泥在单级（单个）消化池内进行搅拌和加热，完成消化过程。

（2）二级消化工艺。二级消化池串联运行，生污泥首先进入一级消化池，然后再进入二级消化池。一级消化池中设置搅拌和加热以及集气设备，但不排除上清液；二级消化池不设搅拌和加热，而是利用一级消化池排出污泥的余热继续消化，二级消化池应设置集气和排出上清液的管道。污泥中的有机物分解主要在一级消化池中完成。

二级消化工艺的优点：二级消化工艺比一级消化工艺的总耗热量少，并减少了搅拌能耗、熟污泥的含水率、上清液固体含量。

一级消化池与二级消化池的体积比：一般为 2∶1，也有 1∶1、3∶2。

（3）两相厌氧消化工艺。厌氧消化的第一、第二阶段与第三阶段分别在两个消化池中进行，使各自都有最佳菌种群生长繁殖的环境条件。由于菌种群生长繁殖的环境速度快（消化速度快），因此消化池容积、加热与搅拌能耗小。另外，运行管理方便、消化更彻底。

4. 厌氧消化池

厌氧消化池有固定盖式和活动盖式两种，常用的是固定盖式。按几何形状分为圆柱形和蛋形两种，如图 4-41 所示。

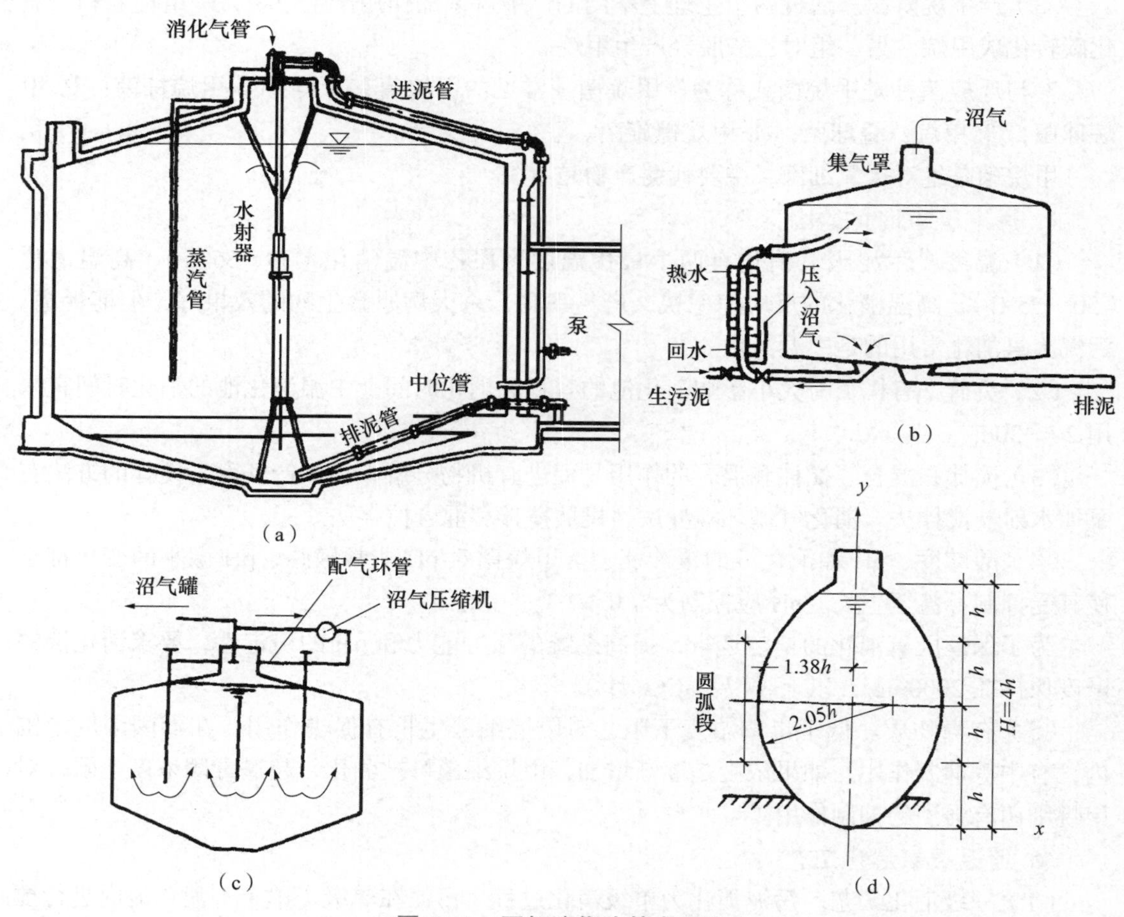

图 4-41 厌氧消化池基本形式

（a）、（b）、（c）圆柱形；（d）蛋形

圆柱形消化池径一般为 6～35m，池总高与池径之比为 0.8～1.0，池底、池盖倾角般取 15°～20°，池顶集气罩直径取 2～5m，高 1～3m。

蛋形消化池长轴直径与短轴直径比为 1.4～2.0。优点为：（1）搅拌均匀，无死角；（2）池内污泥表面不易生成浮渣；（3）在池容相等的条件下，池总表面积比圆柱形的小，散热面积小，易于保温；（4）蛋形的结构与受力条件最好，节省建筑材料；（5）防渗水性能好，聚沼气效果好。

5. 投配、排泥与溢流系统

（1）投配与排泥系统。生污泥一般先排入污泥投配池，再由污泥泵提升送入消化池内。消化池的进泥与排泥形式有多种，包括上部进泥下部直排、上部进泥下部溢流排泥、下部进泥上部溢流排泥等形式，分别如图 4-42 所示。

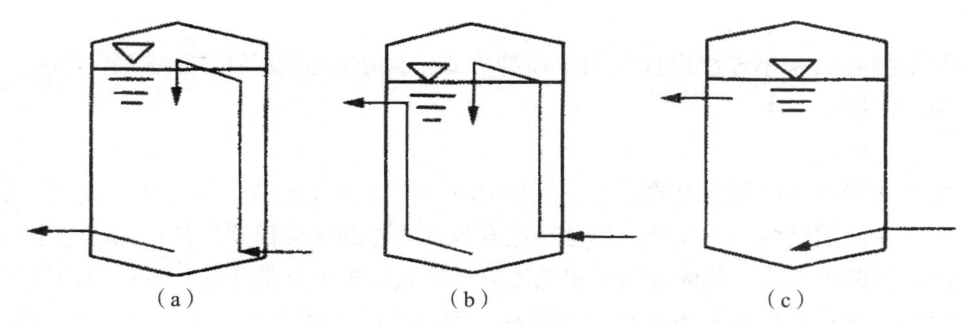

图 4-42　消化池的进泥与排泥形式

(a) 上部进泥下部直排；(b) 上部进泥下部溢流排泥；(c) 下部进泥上部溢流排泥

污泥投配泵可选用离心式污水泵或螺杆泵。进泥和排泥可以连续，也可以间歇进行，进泥和排泥管的直径不应小于 200mm。

(2) 溢流系统。消化池必须设置溢流装置，及时溢流，以保持沼气室压力恒定。溢流装置必须绝对避免集气罩与大气相通。溢流管出口不得放在室内，并必须有水封。

6. 沼气的收集与贮存

消化池产生的沼气通过安装在集气罩上的沼气管道束输送到贮气柜。贮气柜的形式有低压浮盖式与高压球形罐两种。低压浮盖式贮气柜的柜内气压一般为 1177～1961Pa，浮盖直径与高度比一般为 1.5∶1。高压球形罐适用于长距离输送沼气。

7. 搅拌系统

搅拌的目的是使池内污泥温度与浓度均匀，防止污泥分层或形成浮渣层，缓冲池内碱度，从而提高污泥分解速度。当消化池内各处污泥浓度相差不超过 10% 时，被认为混合均匀。

常用的搅拌方式有机械搅拌、水力循环搅拌、水泵循环消化液搅拌和沼气搅拌 4 种。

机械搅拌是在消化池内装设搅拌桨或搅拌涡轮，通过池外电动机驱动而转动从而对消化混合液进行搅拌。机械搅拌强度一般为 10～20W/m^3 池容。每个搅拌器的最佳搅拌半径为 3～6m，如果消化池直径较大，可以设置多个搅拌器，呈等边三角形等均匀方式布置，适用于大型消化池。机械搅拌的优点是对消化污泥的泥水分离影响较小，缺点是传动部分容易磨损，通过消化池顶的轴承密封的气密性问题不好解决。

水力循环搅拌是在消化池内设导流筒，在筒内安装螺旋推进器使污泥在池内实现循环。

水泵循环消化液搅拌通常是在池内安装射流器，由池外水泵压送的循环消化液经射流器喷射，从喉管真空处吸进一部分池中的消化液或熟污泥，污泥和消化液一起进入消化池的中部形成较强烈的搅拌，所需能耗约为 0.005kW/m^3。用污泥泵抽取消化污泥进行搅拌可以结合污泥的加热一起进行。水泵循环消化液搅拌设备简单，维修方便。采用水泵循环消化液搅拌时，由于经过水泵叶轮的剧烈搅动和水射器喷嘴的高速射流，会将污泥打得粉碎，对消化污泥的泥水分离非常不利，有时会引起上清液 SS 过大。因此，这种搅拌方式比较适用于小型消化池。

沼气搅拌是将消化池气相的部分沼气抽出，经压缩后再通回池内对污泥进行搅拌。沼气搅拌的优点是搅拌比较充分，可促进厌氧分解，缩短消化时间。一般宜优先采用沼气循环搅拌。

消化池搅拌可采用连续搅拌或间歇搅拌方式。间歇搅拌设备的能力应至少在 5～10h 内将全池污泥搅拌一次。

8. 加热设备

要使消化液保持在所要求的温度，就必须对消化池进行加热。消化池的加热方法分为池外加热和池内加热两种，池外加热是通过安装在池外的热交换器加热污泥，有生污泥预热和循环加热两种方法。池内加热是将低压热蒸汽直接投加到消化池，或在池内设置盘管加热。池内直接通低压热蒸汽加热效率较高，但过高的温度会杀死喷口处的厌氧微生物，且能使污泥的含水率升高，增大污泥量。在池内设置盘管加热效率较低，循环管外层易结泥壳，使热传递效率进一步降低。

4.4.3　污泥的脱水与干化

微课　污泥的脱水与干化

浓缩消化后的污泥仍具有较高的含水率（一般在 94% 以上），体积仍较大。因此，应进一步采取措施脱除污泥中的水分，降低污泥的含水率。污泥脱水后不仅体积减小，而且呈泥饼状，便于运输和后续处理。污泥脱水去除的主要是污泥中的吸附水和毛细水，一般可使污泥含水率从 96% 左右降低至 60%～85%，污泥体积减小至原来的 1/5～1/10，大幅降低后续污泥处置的难度。污泥脱水的方法主要有自然干化和机械脱水。

1. 机械脱水前的预处理

预处理的目的是改善污泥脱水性能，提高机械脱水效果与机械脱水设备的生产能力。

污泥比阻是衡量污泥脱水难易程度的指标。比阻大、脱水性能差。一般认为进行机械脱水的污泥，比阻值为 0.1×10^9～$0.4\times10^9 s^2/g$ 为宜，但一般各种污泥的比阻值均极大地超过该范围，因此，污泥在进行机械脱水前应进行预处理。

污泥预处理的方法有化学调理法、加热调理法和冷冻调理法、淘洗法。

（1）化学调理法。向污泥中投加混凝剂、助凝剂等化学药剂，以改变污泥脱水性能。化学调理法功效可靠、设备简单、操作方便，被广泛采用。

（2）加热调理法。通过加热污泥使有机物分解，破坏胶体颗粒的稳定性，改善污泥的脱水性能。加热调理法分高温加热（170～200℃）和低温加热（小于 150℃）两种。

（3）冷冻调理法。通过冷冻—融解使污泥的结构被彻底破坏，大幅改善脱水性能。

（4）淘洗法。以污水处理厂的出水或自来水、河水把消化污泥中的碱度洗掉，节省混凝剂的用量。淘洗法只适用于消化污泥的预处理。

2. 机械脱水

机械脱水方法有真空过滤脱水、压滤脱水和离心脱水等。基本原理都是以过滤介质两侧的压力差作为推动力，使污泥中的水分被强制通过过滤介质，形成滤液排出，而固体颗粒被截留在过滤介质上成为脱水后的滤饼（有时称泥饼），从而实现污泥脱水的目的。

（1）压滤脱水。压滤脱水是将污泥置于过滤介质上，在污泥一侧对污泥施加压力，强行使水分通过介质，使之与污泥分离，从而实现脱水，常用的设备有各种形式的带式压滤机（图 4-43）和板框压滤机（图 4-44）。

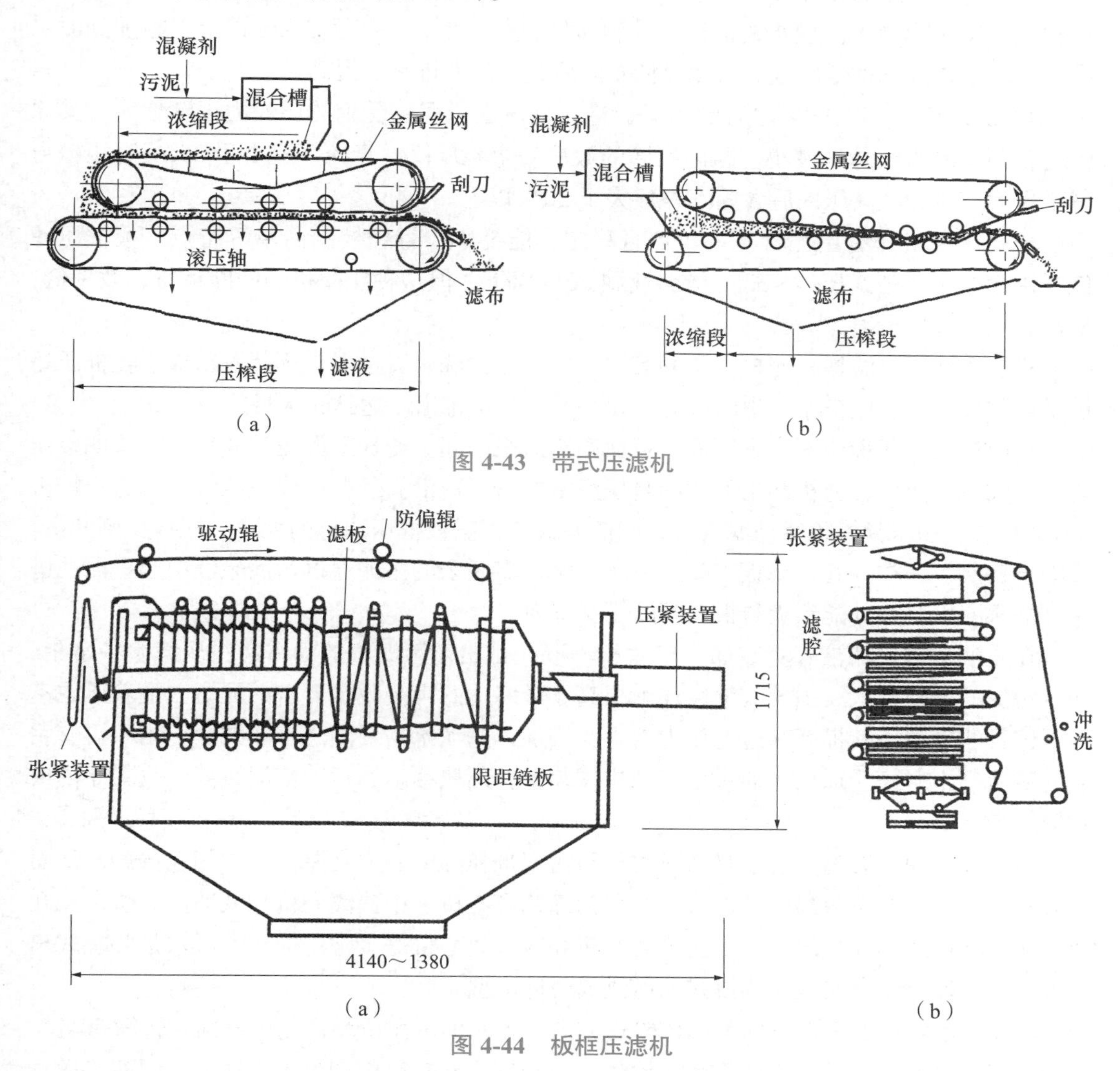

图 4-43　带式压滤机

图 4-44　板框压滤机

带式压滤机是由上下两条张紧的滤带夹带着淤泥层，从一连串规律排列的辊压筒中呈 S 形弯曲经过，靠滤带本身的张力形成对污泥层的压榨和剪切力，把污泥层的毛细水挤压出来，获得含固率较大的泥饼，从而实现污泥脱水，带式压滤机有很多种形式，但一般分成 4 个工作区：

1）重力脱水区。在该区，滤带水平行走。污泥经调质后，部分毛细水转化成游离水，这部分水在该区借自身重力穿过滤带，从污泥中分离出来。

2）楔形脱水区。该区是一个三角形的空间，上下两层滤带在该区逐渐向两头靠拢，污泥在两条滤带之间逐渐开始受到挤压。在该区，污泥的含固率进一步提高，并由半固态向固态转变，为进一步进入压力脱水区做准备。

3）低压脱水区。污泥经楔形区后，被夹在两条滤带之间的污泥绕辊压筒作S形上下移动。施加到泥层的压榨力取决于滤带的张力和辊压筒的直径，张力一定时，辊压筒的直径越大，压榨力越小。脱水机前边三个辊压筒直径较大，一般在50cm以上，施加到泥层的压力较小，因此称低压区。污泥经低压区后，含固率进一步提高。

4）高压区。经低压区之后的污泥，进入高压区，泥层受到的压榨力逐渐增大。其原因是辊压筒的直径越来越小。至高压区的最后一个辊压筒，直径一般小于25cm时压榨力增至最大。污泥经高压区后含固率一般大于20%以上。

带式压滤机具有出泥含水率较低且稳定、能耗小，管理控制简单等特点。板框压滤机泥饼含水率比带式压滤机低，能够达到60%以下，但这种压滤机为间断运行，效率低，操作麻烦，维护量很大。

板框压滤机由滤板、滤框、压紧装置、机架、冲洗、安全保护等装置组成。板框压滤机是通过板、框、板挤压产生的压力，使污泥内的水排出，达到脱水目的。

目前使用的滤板两面都是凹面，每面四周边缘凸起。滤板上覆盖有滤布，两块滤板压紧后构成一压滤室，滤板凸出的边沿是压滤室的密封边沿。经机械或液压装置，将止推板（固定滤板）和压紧板（活动滤板）之间的滤板（根据板框压滤机的大小，滤板少则几块，多则上百块）压在一起，滤板之间形成压滤室。需脱水的污泥通过污泥泵经中心进泥孔进入板框压滤机，并分配到板与板之间的压滤室内。

在压滤室内，滤液穿过滤布，经滤板排液孔排出，污泥中的固体物在压滤室中富集。随着污泥的不断进入，固体物浓度逐渐提高，最终达到满足脱水要求的泥饼。随着压滤室内固体物浓度的不断提高和过滤压力的不断增加，进泥量需要随之不断减少。当不再有明显的滤液排出时停止加压。通过手工和机械装置，逐块移动滤板，使泥饼落入收集斗内或者输送带上。

（2）离心脱水。离心脱水是通过水分与污泥颗粒的离心力之差，使之相互分离，从而实现脱水。离心机按分离因数的大小可分为高速离心机、中速离心机和低速离心机；按几何形状不同可分为筒式离心机、盘式离心机和板式离心机等。常用的离心脱水是卧螺式离心脱水机，按进泥方向分为顺流式和逆流式两种机型。

顺流式卧螺机的进泥方向与固体输送方向一致，即进泥口和排泥口分别在转筒两端。

逆流式卧螺机的进泥方向与固体输送方向相反，对转筒内产生水力搅动，因而输送方向相反，即进泥口和排泥口同在转筒一端。

逆流式污泥泥饼含固率稍低于顺流式。顺流式离心机转筒和螺旋通过介质全程存在磨损，而逆流式在部分长度上存在磨损。

图4-45为顺流式卧螺离心脱水机。其原理及工作过程为：污泥由同心转轴送入转筒后，先在螺旋输送器内加速，然后经螺旋筒体上的进料孔，进入分离区，在离心加速度作用下，污泥颗粒被甩布在转鼓内壁上，形成环状固体层，并被螺旋输送器推向转鼓锥端，而排出水则在内层，由转鼓大端端盖的溢流孔排出。

离心脱水机能自动、连续长期封闭运转，结构紧凑，噪声低，处理量大，占地面积小，尤其是有机高分子絮凝剂的普遍使用，使污泥脱水效率大幅提高。

（3）真空过滤脱水。真空过滤脱水是将污泥置于多孔性过滤介质上，在介质另一侧造成真空，将污泥中的水分强行吸入，使之与污泥分离，从而实现脱水。常用的设备有各种形式的真空转鼓过滤脱水机。由于真空过滤脱水产生的噪声大，泥饼含水率较高、操作麻烦，占地面积大，所以很少采用。

（4）叠螺浓缩脱水。叠螺浓缩脱水一体机是由固定环和游动环相互层叠，螺旋轴贯穿其中形成的过滤装置，如图 4-46 所示。叠螺浓缩脱水一体机具有浓缩和脱水的功能，前段为浓缩段，后段为脱水段。螺旋轴的螺距从浓缩段到脱水段逐渐变小，形成泥饼的含水率也越来越低。叠螺浓缩脱水一体机能直接处理曝气池内污泥或二沉池污泥，不须设置污泥浓缩池和贮存池，节省占地面积；污泥在好氧条件下脱水，避免在缺氧或厌氧条件下的污泥磷释放，提升系统的脱磷功能；另外无滤布、滤孔等易堵塞元件，运行安全简单。

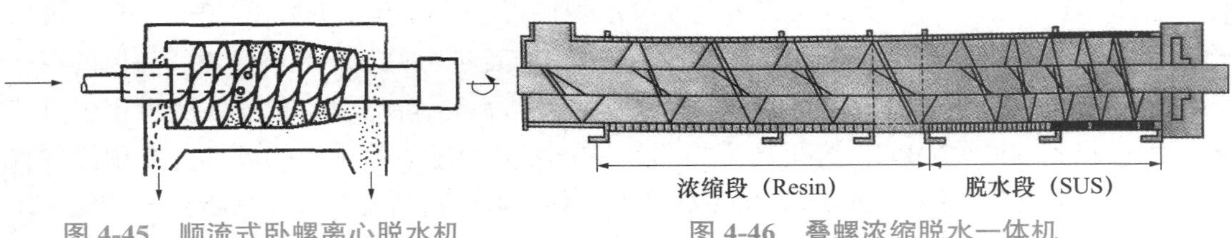

图 4-45 顺流式卧螺离心脱水机

图 4-46 叠螺浓缩脱水一体机

3. 污泥的干化

污泥的自然干化是一种简便经济的脱水方法，但容易形成二次污染。它适合于有条件的中、小规模污水处理厂。污泥自然干化的主要构筑物是干化场。干化场可分为自然滤层干化场与人工滤层干化场两种。前者适用于自然土质渗透性能好，地下水位低的地区。人工滤层干化场的滤层是人工铺设的，又可分为敞开式干化场和有盖式干化场两种。图 4-47 为人工滤层干化场。

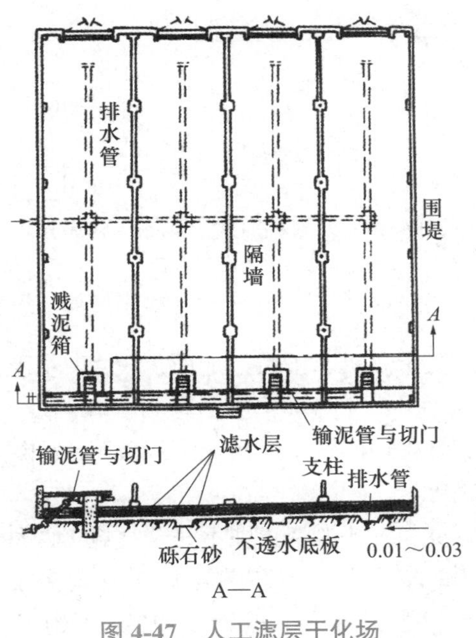

图 4-47 人工滤层干化场

干化场脱水主要依靠渗透、蒸发与撇除。

影响干化场脱水的因素有：

（1）气候条件。如当地的降雨量、蒸发量、相对湿度、风速和年冰冻期。

（2）污泥性质。如消化污泥中产生的沼气泡、污泥比阻等。

4. 污泥的干燥与焚烧

（1）污泥干燥。污泥干燥去除污泥中绝大多数毛细管水、吸附水和颗粒内部水。污泥干燥后含水率可从 60%～80% 降至约 10%～30%。污泥在焚烧前应有效地脱水干燥。干燥器的类型有回转圆筒式干燥器、急骤干燥器和带式干燥器。图 4-48 为回转圆筒式干燥器的工艺流程。滚筒内部的搅拌装置使被干化的污泥随着滚筒转动而上下翻动，反复与热风接触并向前运动。为了增加蒸发面积，在投入浓缩污泥或脱水泥饼之前，将已经干化的污泥（含水率约 10%～15%）与浓缩污泥或脱水泥饼混合，使含水率降低 50% 左右，可以提高热效率。滚筒的转动可以通过变速装置和减速装置进行调节。在滚筒内，热风的温度大约从 700℃降低到 120℃，然后由排气风机排出。为了去除恶臭，根据情况可用脱臭装置一次加热到 600～700℃。为了提高加热效果，可以利用滚筒排出的废气，在预热装置中先加热到 350℃，再与 1200～1300℃的加热气体一起送进脱臭装置，两者混合后的气体温度大约为 700℃。一部分混合气体送入干燥滚筒，剩下来的送入预热装置。在预热装置冷却后，从烟囱排入大气的气体温度为 250～300℃，从干燥器排出的废气含有大量粉尘，经旋风分离器捕集后再行排出。

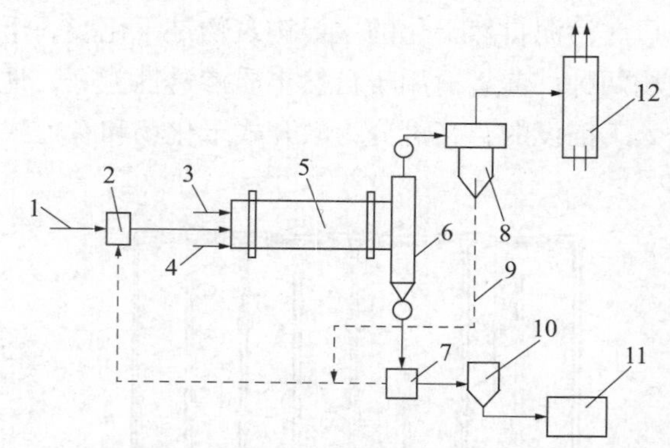

图 4-48　回转圆筒式干燥器工艺流程

1—浓缩污泥或脱水泥饼入口；2—粉碎机；3—燃料入口；4—空气入口；5—回转圆筒干燥机；6—卸料室；7—分配器；8—旋风分离器；9—细粉；10—储存池；11—灰池；12—除臭燃烧器

回转圆筒式干燥机属卧式干燥机，虽然占地面积较大，并且干燥时间较长，但构造简单，操作比较容易。

（2）污泥焚烧。污泥焚烧处理能将干燥污泥中的吸附水和颗粒内部水及有机物全部去除，使含水率降至零，变成灰尘。

污泥焚烧方式有完全焚烧和湿式燃烧（即不完全焚烧）两种。完全焚烧设备主要有立式多段炉、流化床焚烧炉及回转焚烧炉等。图 4-49 为立式多段焚烧炉。该设备为一个内衬耐火材料的钢制圆筒，由多层炉床（一般为 6～12 层）组成。各层都有同轴的旋转齿耙，转速为 1r/min。空气由底部轴心鼓入，一方面使轴冷却，另一方面预热空气。泥饼从炉的顶部进入炉内，依靠齿耙翻动逐层下落。炉内温度是中间高两端低。顶部两层温度约 480～680℃，称干燥层，污泥在此干燥到含水率 40% 以下。中部几层主要起焚烧作用，称焚烧层，温度达到 760～980℃，污泥在此与上升的高温气体和侧壁加入的辅助燃料一并燃烧。下部几层主要起冷却并预热空气的作用，称冷却层，温度为 260～350℃，焚灰在此冷却后由排灰口排出。热空气到炉顶后，一部分回流到炉底，一部分经除尘净化后排空。

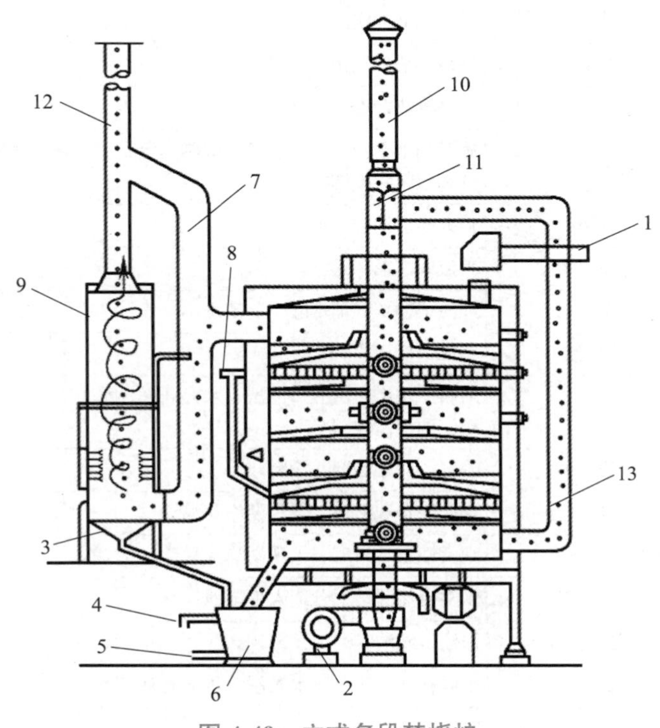

图 4-49　立式多段焚烧炉

1—泥饼传送带；2—冷却空气鼓风机；3—灰浆；4—分离水；5—砂浆；6—灰桶；7—无水时旁通风道；8—重油；9—旋风喷射洗涤器；10—废冷空气；11—浮动风门；12—清洁空气；13—热空气回流管

4.5　城镇污水的深度处理与再生回用

4.5.1　城镇污水再生利用的水质标准

我国现行的国家标准《城镇污水处理厂污染物排放标准》GB 18918—2002 规定城镇污水处理厂的污染物排放一般应达到一级 A 标准。但达到一级 A 排放标准的水质还达不到再生利用的标准，因此，如果城镇污水处理厂的出水要实现再生利用，必须增加深度处理，使其水质达到再生利用的要求。

城镇污水再生利用按用途分为以下几类，见表 4-5。

城镇污水再生利用类别　　表 4-5

序号	分类	范围	示例
1	农、林、牧、渔业用水	农田灌溉	种子与育种、粮食与饲料作物、经济作物
		造林育苗	种子、苗木、苗圃、观赏植物
		畜牧养殖	畜牧、家畜、家禽
		水产养殖	淡水养殖
2	城镇杂用水	城镇绿化	公共绿地、住宅小区绿化
		冲厕	厕所便器冲洗
		道路清扫	城镇道路的冲洗及喷洒
		车辆冲洗	各种车辆冲洗
		建筑施工	施工场地清扫、浇洒、灰尘抑制、混凝土制备与养护、施工中的混凝土构件和建筑物冲洗
		消防	消火栓、消防水炮
3	工业用水	冷却用水	直流式、循环式
		洗涤用水	冲渣、冲灰、消烟除尘、清洗
		锅炉用水	中压、低压锅炉
		工艺用水	溶料、水浴、蒸煮、漂洗、水力开采、水力输送、增湿、稀释、搅拌、选矿、油田回注
		产品用水	浆料、化工制剂、涂料
4	环境用水	娱乐性景观环境用水	娱乐性景观河道、景观湖泊及水景
		观赏性景观环境用水	观赏性景观河道、景观湖泊及水景
		湿地环境用水	恢复自然湿地、营造人工湿地
5	补充水源水	补充地表水	河流、湖泊
		补充地下水	水源补给、防止海水入侵、防止地面沉降

污水再生利用水质标准应根据不同的用途具体确定。用于冲厕、道路清扫、消防、城市绿化、车辆冲洗、建筑施工等杂用的再生水水质应符合《城市污水再生利用　城市杂用水水质》GB/T 18920－2020 的规定，见表 4-6。用于景观环境用水的再生水水质应符合《城市污水再生利用　景观环境用水水质》GB/T 18921－2019 的规定，见表 4-7。

再生水用于工业用水和农田灌溉时，其水质应达到相应的水质标准。

城市杂用水水质标准　　表 4-6

项目		冲厕、车辆冲洗	城市绿化、道路清扫、消防、建筑施工
pH		6.0～9.0	6.0～9.0
色度，钴铂色度单位	≤	15	30
臭		无不快感觉	无不快感觉
浊度（NTU）	≤	5	10

续表

项目		冲厕、车辆冲洗	城市绿化、道路清扫、消防、建筑施工
BOD_5（mg/L）	≤	10	10
氨氮（以 N 计）（mg/L）	≤	5	8
阴离子表面活性剂（mg/L）	≤	0.5	0.5
铁（mg/L）	≤	0.3	—
锰（mg/L）	≤	0.1	—
溶解性固体（mg/L）	≤	1000（2000）[a]	1000（2000）[a]
溶解氧（mg/L）	≥	2.0	2.0
总氯（mg/L）	≤	1.0（出厂），0.2（管网末端）	1.0（出厂），0.2[b]（管网末端）
大肠埃希氏菌（MPN/100mL，或 CFU/100mL）	≤	无[c]	无[c]

[a] 括号内指标值为沿海或本地水源中溶解性固体含量较高的区域的指标。

[b] 用于城市绿化时，不超过 2.5mg/L。

[c] 大肠埃希氏菌不应检出。

景观环境用水的再生水水质指标　　表 4-7

序号	项目		观赏性景观环境用水			娱乐性景观环境用水			景观湿地环境用水
			河道类	湖泊类	水景类	河道类	湖泊类	水景类	
1	基本要求		无漂浮物，无令人不愉快的嗅和味						
2	pH（无量纲）		6～9						
3	5 日生化需氧量（BOD_5）	≤	10	6		10	6		10
4	浊度（NTU）	≤	10	5		10	5		10
5	总磷（以 P 计）	≤	0.5	0.3		0.5	0.3		0.5
6	总氮	≤	15	10		15	10		15
7	氨氮（以 N 计）	≤	5	5		5	5		5
8	粪大肠菌群（个 /L）	≤	1000			1000		3	1000
9	余氯		—					0.05～0.1	—
10	色度（度）	≤	20						

注：1. 未采用加氯消毒方式的再生水；其补水点无余氯要求。

2. “—” 表示对此项无要求。

4.5.2　深度处理技术与工艺

城镇污水深度处理工艺方案取决于污水处理厂二级出水水质及深度处理后的水质要求。

1. 以一级 A 排放标准为水质目标的深度处理

以一级 A 排放标准为目标的深度处理工艺一般是在二级处理的基础上，增加混凝—沉淀—过滤—消毒深度处理工艺。该工艺能够进一步去除二级生化处理厂未能除去的胶体物质、磷、悬浮物和有机污染物。

在实际工程中，混凝—沉淀—过滤—消毒工艺由于处理构筑物不同，还可以演变为以下几个工艺：

（1）二级处理出水—高密度沉淀池—过滤—消毒；

（2）二级处理出水—混凝—沉淀—滤布滤池—消毒；

（3）二级处理出水—高密度沉淀池—滤布滤池—消毒。

对于水质二级处理出水水质较好的处理厂，深度处理也可以采用下列工艺：

（1）二级处理出水—微絮凝—过滤—消毒；

（2）二级处理出水—过滤—消毒；

（3）深度处理出水（或二级处理出水）—人工湿地—消毒。

2. 高于一级 A 排放标准的深度处理

以再生利用为目的，或者接纳污水处理厂排放的水体对水质有更高要求，这种情况下污水处理厂的排水水质一般要高于一级的排放标准，此时的深度处理工艺应根据排放水水质要求确定深度处理工艺。

对于对有机物要求比较严格的，可以考虑在混凝—沉淀—过滤—消毒工艺中增加高级氧化处理工艺单元，如臭氧氧化、芬顿试剂法等。

为了进一步去除水中的氮和悬浮物。可以采用深床反硝化滤池。深床反硝化滤池对磷也有进一步净化的功能。该工艺性能稳定，处理效果好，运行成本低。

经过深度处理后，出水中的某些污染物指标仍不能满足再生利用水质要求时，则应考虑在深度处理后增设粒状活性炭吸附工艺。

在深度处理工艺后增设人工湿地也是常见的一种方法。如果人工湿地在深度处理中占主要作用就采用潜流人工湿地；如果仅是采用人工湿地进一步提升水质，就可以采用表流人工湿地。

另外，离子交换、超滤、纳滤、反渗透等技术也可以用于深度处理工艺中。

第5章　城镇污水处理厂的试运行与水质检测

5.1　城市污水处理厂的试运行的内容及目的

污水处理厂的调试也称为试运行，包括单机试运行与联动试车两个环节，也是正式运行前必须进行的一项工作。通过试运行可以及时修改和处理工程设计和施工带来的缺陷与错误，确保污水处理厂达到设计功能。在调试处理工艺系统过程中，需要机电、自控仪表、化验分析等相关专业的配合，因此系统调试实际是设备、自控、处理工艺联动试车过程。

5.1.1　试运行的内容

（1）单机试运。包括各种设备安装后的单机运转和处理单元构筑物的试水。在未进水和已进水两种情况下对污水处理设备进行试运行，同时检查水工构筑物的水位和高程是否满足设计和使用要求。

（2）联动试车。对整个工艺系统进行设计水量的清水联动试车，打通工艺流程。考核设备在清水流动的条件下，检验部分自控仪表和连接各工艺单元的管道、阀门等是否满足设计和使用要求。

（3）对各处理单元分别注入污水，检查各处理单元运行效果，为正式运行做好准备工作。

（4）整个工艺流程全部打通后，开始进行活性污泥的培养与驯化，直至出水水质达标，在此阶段进一步检验设备运转的稳定性，同时实现自控系统的连续稳定运行。

5.1.2　试运行目的

污水处理厂的试运行包括复杂的生物化学反应过程的启动和调试。过程缓慢，受环境条件和水质水量的影响很大。污水处理厂试运行的目的如下：

（1）进一步检验土建、设备和安装工程质量，建立相关的档案资料，对机械、设备、仪表的设计合理性及运行操作注意事项提出建议。

（2）通过污水处理设备的带负荷运行，测试其能力是否达到铭牌或设计值。

（3）检验各处理单元构筑物是否达到设计值，尤其二级处理构筑物采用生化法处理污水时，一定要根据进水水质选择合适的方法培养和驯化活性污泥。

（4）在单项处理设施带负荷试运行的基础上，连续进水打通整个工艺流程，在参照同类污水处理厂运行经验的基础上，经调整各工艺单元工艺参数，使污水处理尽早达标，并摸索整个系统及各处理单元构筑物转入正常运行后的最佳工艺参数。

5.2　城镇污水处理设施的试运行

污水处理厂污水、污泥处理专用机械设备在安装工程验收后，应查阅安装质量记录，确认各技术指标符合安装质量要求，应进行试运行。试运行前的准备工作与给水厂试运行相同，参见 2.2.1 的内容。

5.2.1　处理构筑物或设备的试通水

污水与污泥处理工程竣工后，应对处理构筑物（或设备）、机械设备等进行试运转，检验其工艺性能是否满足设计要求。钢筋混凝土水池或钢结构设备在竣工验收（满水试验）后，其结构性能已达到设计要求，但还应对全部污水或污泥处理流程进行试通水试验，检验在重力流条件下污水或污泥流程的顺畅性，比较实际水位变化与设计水位；检验各处理单元间及全厂连通管渠水流的通畅性，附属设施是否能正常操作；检验各处理单元进出口水流流量与水位控制装置是否有效。

5.2.2　机械设备及泵站机组的试运行

为检验机械设备的工艺性能，在处理构筑物或设备通水后，可进行机械设备的带负荷试验，在额定负荷或超负荷 10% 的情况下，机械设备的机械、电气、工艺性能应满足设备技术文件或相关标准的要求，具体参见如下几条。

（1）机械设备各部件之间的连接处螺栓不松动、牢固可靠，无渗漏；密封处松紧适当，升温不应过高；转动部件或机构应可用手盘动或人工转动。

（2）启动运转要平稳，运转中无振动和异常声响，启动时注意依照有标箭头方向旋转。

（3）各运转啮合与差动机构运转要依照规定同步运行，并且没有阻塞碰撞现象。

（4）在运转中保持动态所应有的间隙，无抖动晃摆现象。

（5）各传动件运行灵活（包括链条与钢丝绳等柔质机件不碰不卡、不缠、不跳槽），并保持良好张紧状态。

（6）滚动轮与导向槽轨，各自啮合运转，无卡齿、发热现象。

（7）各限位开关或制动器，在运转中动作及时，安全可靠。

（8）在试运转之前或后，手动或自动操作，全程动作各 5 次以上，动作准确无误，不卡、不碰、不抖。

（9）电动机运转中温升在允许范围内。

（10）各部轴承注加规定润滑油，应不漏、不发热，升温小于规定要求（如：滑动轴承小于 60℃，滚动轴承小于 70℃）。

（11）试运转时一般空车运转 2h（且不少于两个运行循环周期），带 75% 负荷、100% 负荷与 115% 负荷分别运转 4h，各部分应运转正常、性能符合要求。

（12）带负荷运转中要测定转速、电压电流、功率、工艺性能（如流量、泥饼含水率、充氧量、提升高度等），并应符合设备技术要求或设计规定，填写记录表格，建档备查。

泵站机组的试运行与给水厂相同，参见 2.2.3 的内容。

5.3　城市污水处理厂水质与水量监测

进入污水处理厂的水量与水质总是随时间不断变化的。水量和水质的变化，必然导致污水处理系统的水量负荷、无机污染负荷、有机污染负荷、污泥处理系统泥量负荷和有机质负荷的变化。因此，应对污水处理厂进水的水量水质以及各处理单元的水质水量进行监测，以便各处理单元能够以此采取措施适应水量水质的变化，保证污水处理厂的正常运行。

5.3.1　污水处理管理对水质检测的要求

1. 准确、可靠、及时、全面提供检测数据

提供准确检测数据是污水处理厂化验室的中心工作。不正确的检测数据可能会误导技术人员，影响处理系统的运行管理，甚至造成严重的后果。检测数据的正确性是由多个主、客观因素决定的，如检测人员的责任心、技术水平及实验室管理水平等。

检测数据的可靠性是和准确性密切相关的。作为检测人员不仅要掌握水质检测化验知识和技能，并不断积累经验，而且要掌握污水处理知识，了解各检测指标在污水处理过程中的实质意义，能用掌握的各类指标的相关性、匹配性判断检测结果，保证出具数据的可靠性。

化验室及时提供运行所需的各类检测数据是保证污水处理厂正常运行的重要条件之一。当运行的某些环节出现问题，水质恶化时，化验数据的及时性就显得更为重要。化验人员应建立合理的检测工作程序，快速准确地报出数据。同时应尽量选择合理的水样预处理方法和检测方法，提高检测速度。

2. 为在线仪表的校正提供准确数据

污水处理厂大多配备了各类在线仪表，如 pH 计、MLSS 测定仪、溶解氧仪、COD 在线测定仪、氮和磷测定仪等。其中部分仪器在调试及定期校正时是以化学方法测定值为参考的，因此，为仪表校正提供准确数据对污水处理厂的正常运行具有重要意义。

5.3.2　污水处理厂的常规分析化验项目和频率

按照用途可以将污水处理厂的常规监测项目分为以下三类。

1. 反映处理效果的项目

进、出水的 BOD_5、COD_{Cr}、SS 及有毒有害物质（视进水水质情况而定）等。

2. 反映污泥状况的项目

曝气池混合液的各种指标（SV、SVI、MLSS、MLVSS）及生物相观察等和回流污泥的各种指标。

3. 反映污泥环境条件和营养的项目

水温、pH、溶解氧、氮、磷等。

污水处理厂有些指标采用在线仪表随时监测，如水温、pH、溶解氧、COD、BOD_5、TN 和 TP 等。有些指标需要定期在化验室测定。由于各个污水处理厂自动化程度不同，能够在线监测项目也就不同。表 5-1 和表 5-2 分别给出了污水处理厂污水处理检测项目及监测频率、污泥处理检测项目及监测频率。

污水处理检测项目及监测频率 表5-1

序号	项目	周期	序号	项目	周期
1	pH	每日一次	21	蛔虫卵	每周一次
2	SS		22	烷基苯磺酸钠	
3	BOD_5		23	醛类	每月一次
4	COD_{Cr}		24	氰化物	
5	SV		25	硫化物	
6	MLSS		26	氟化物	
7	MLVSS		27	油类	
8	DO		28	苯胺	
9	氯化物		29	挥发酚	
10	氨氮	每周一次	30	氢化物	
11	硝酸盐氮		31	铜及其化合物	每半年一次
12	亚硝酸盐氮		32	锌及其化合物	
13	总氮		33	铅及其化合物	
14	有机氮		34	汞及其化合物	
15	磷酸盐		35	六价铬	
16	总固体		36	总铬	
17	溶解性固体		37	总镍	
18	总有机碳		38	总镉	
19	细菌总数		39	总砷	
20	大肠菌群		40	有机磷	

污泥处理检测项目及监测频率 表5-2

序号	项目	周期	序号	项目	周期
1	pH	每日一次	14	铜及其化合物	每季一次
2	有机物总量		15	锌及其化合物	
3	含水率		16	铅及其化合物	
4	脂肪酸		17	汞及其化合物	
5	总碱度		18	铬及其化合物	
6	沼气成分	每周一次	19	镍及其化合物	
7	酚类	每月一次	20	镉及其化合物	
8	氰化物		21	硼及其化合物	
9	矿物油		22	砷及其化合物	
10	苯并（a）芘		23	总氮	
11	细菌总数		24	总磷	
12	大肠菌群		25	总钾	
13	蛔虫卵				

5.3.3　城市污水处理厂主要理化指标分析方法

城市污水处理厂主要理化指标分析方法见表 5-3。

城市污水处理厂主要理化指标分析方法　　表 5-3

序号	项目	方法	检测范围	方法来源（现行国家标准）
1	pH	玻璃电极法		GB 6920
2	COD_{Cr}	重铬酸钾法	10～800	GB/T 1914
3	BOD_5	稀释与接种法	＞3	HJ 505
4	SS	滤膜法	＞5	GB/T 10901
5	VSS	灼烧重量法		
6	TSS	重量法	＞2	CJ/T 51
7	DO	碘量法	0.2～20	GB 7489
8	NH_3-N	纳氏比色法	0.05～2.0	HJ 535
9	NO_2-N	分子吸收分光光度法	0.003～0.2	GB 7493
10	NO_3-N	酚二磺酸分光光度法	0.02～1.0	GB 7480
11	TN	蒸馏纳氏比色法	0.05～2.0	HJ 535
12	TP	钼蓝比色法	0.025～0.6	
13	挥发酚	氯仿蒸取法	0.002～6	
14	碱度	酸碱滴定法		
15	挥发酸	蒸馏滴定法		
16	大肠菌群数	发酵法		GB/T 5750.1

注：除 pH 和大肠菌群数外，均以“mg/L”计。

5.4　好氧活性污泥的培养与驯化

微课　好氧活性污泥的培养与驯化

5.4.1　培养与驯化方法

所谓活性污泥的培养，就是为活性污泥的微生物提供一定的生长繁殖条件，包括营养物质、溶解氧、适宜的温度和酸碱度等，在这种情况下，经过一段时间，就会有活性污泥形成，在数量上逐渐增长，最后达到处理废水所需的污泥浓度。活性污泥的培养方法有接种培养法和自然培养法。

1. 接种培养

将曝气池注满污水，然后大量投入接种污泥，再根据投入接种污泥的量，按正常运行负荷或略低进行连续培养。接种污泥一般为城市污水处理厂的干污泥，也可以用化粪池底泥或河道底泥。这种方法污泥培养时间较短，但受接种污泥来源的限制，一般只适合于小型污泥处理厂，或污水处理厂扩建时采用。对于大型污水处理厂，在冬季由于微生物代谢速率降低，当不受污泥培养时间限制时，可选择污水处理厂的小型处理构筑物（如：曝气沉砂池、污泥浓缩池）进行接种培养，然后将培养好的活性污泥转移至曝气池中。

2. 自然培养

自然培养，是指不投入接种污泥，利用污水现有的少量微生物，逐渐繁殖的过程。这种方法，适合于污水浓度较高、有机物浓度较高、气候比较温和的条件下采用。必要时，可在培养初期投入少量的河道或化粪池底泥。自然培养又可以有以下几种具体方法。

（1）间歇培养。将曝气池注满水，然后停止进水，开始曝气。只曝气不进水的过程，称之为“闷曝”。闷曝 2～3d 后，停止曝气，静沉 1h，然后排出部分污水并注入部分新鲜污水，这部分污水约占池容的 1/5。以后循环进行闷曝、静沉和进水 3 个过程，但每次进水量比上次有所增加，每次闷曝时间应比上次缩短，即进水次数增加。在污水的温度为 15～20℃时，采用这种方法，经过 15d 左右即可使曝气池中的 MLSS 超过 1000mg/L。此时可停止闷曝，连续进水连续曝气，并开始污泥回流。最初的回流比不要太大，可取 25%，随着 MLSS 的升高，逐渐将回流比增至设计值。

（2）连续培养。将曝气池注满污水，停止进水，闷曝 1d，然后连续进水连续曝气，当曝气池中形成污泥絮体，二沉池中有污泥沉淀时，可以开始回流污泥，逐渐培养直至 MLSS 达到设计值。在连续培养时，由于初期形成的污泥量少污泥代谢性能不强，应该控制污泥负荷低于设计值，并随着时间的推移逐渐提高负荷。培养过程污泥回流比，在初期也较低（一般为 25% 左右），然后随 MLSS 提高逐渐增加污泥回流比，直至设计值。

对于以工业废水为主的城市污水，由于其中缺乏专性菌种和足够的营养，因此在投产时除用一般菌种和所需要营养培养足量的活性污泥外，还应对所培养的活性污泥进行驯化，使活性污泥微生物群体逐渐形成具有代谢特定工业废水的酶系统，具有某种专性。

实际上活性污泥的培养和驯化可以分步进行，也可以同步进行。活性污泥的培养和驯化可归纳为异步培养法、同步培养法和接种培养法 3 种。异步培养法即先培养后驯化；同步培养法则培养和驯化同时进行或交替进行；接种法利用其他污水处理厂的剩余污泥，再进行适当培养和驯化。

5. 4. 2　好氧活性污泥培养与驯化成功标志

好氧活性污泥培养与驯化成功的标志是：

（1）培养出的污泥及悬浮固体浓度 MLSS 达到设计标准；

（2）稳定运行的出水水质达到设计要求；

（3）生物处理系统的各项指标达到设计要求；

（4）曝气池微生物镜检生物相须丰富，有原生动物出现。

活性污泥微生物的形态如图 5-1～图 5-5 所示。

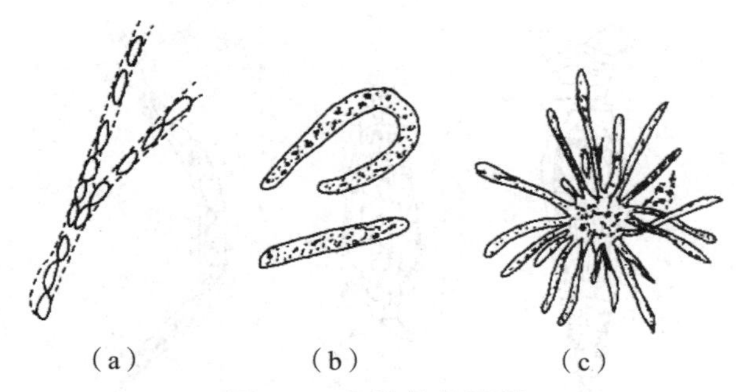

图 5-1　各种丝状细菌

（a）球衣细菌；（b）白硫细菌；（c）硫丝细菌
（菌丝从菌胶团中伸出）

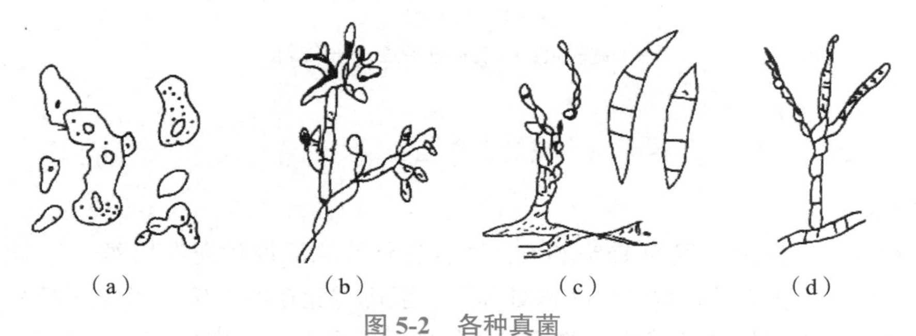

图 5-2　各种真菌

（a）酵母菌；（b）假丝酵母菌；（c）镰刀霉菌；（d）青霉菌

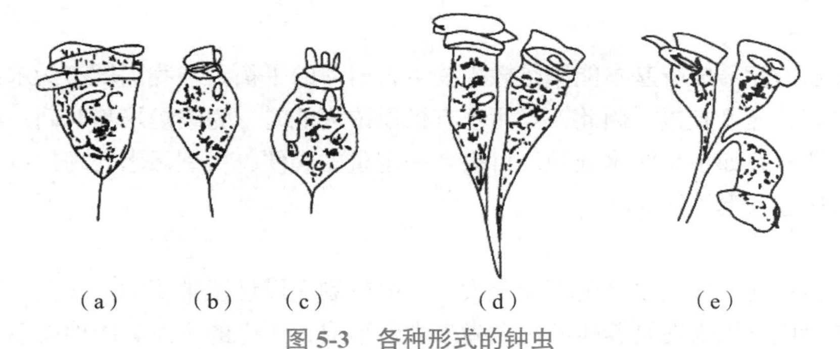

图 5-3　各种形式的钟虫

（a）大口钟虫；（b）小口钟虫；（c）无柄钟虫；（d）褶累枝虫；（e）蕊状独宿虫

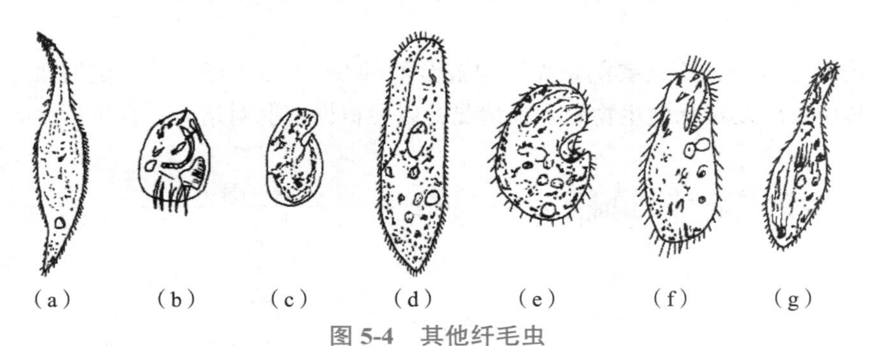

图 5-4　其他纤毛虫

（a）漫游虫；（b）盾纤虫；（c）草履虫；（d）肾形虫；（e）豆形虫；（f）尖毛虫；（g）裂口虫

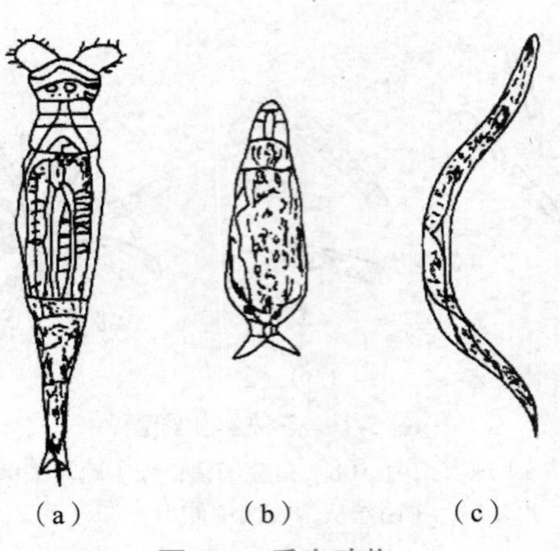

图 5-5　后生动物
（a）旋轮虫；（b）猪吻轮虫；（c）线虫

5.4.3　好氧活性污泥培养时应注意的问题

1. 温度

春秋季节污水温度一般为 15～20℃，适合进行好氧活性污泥的培养。冬季污水温度较低，不适合微生物生长，因此，污水处理厂一般应避免在冬季培养污泥。若一定要在冬季进行培养，应采用接种培养法，并控制较低的运行负荷。一般而言，冬季培养污泥时，培养时间会增加 30%～50%。

2. 污水水质

城市污水的营养成分基本能满足微生物生长所需的平衡，但我国城市污水有机质浓度大多较低，培养速度较慢。因此，当污水有机质浓度低时，为缩短培养时间，可在进水中增加有机质营养，如小型污水处理厂可投入一定量的粪便，大型污水处理厂可让污水超越初沉池，直接进入曝气池。

3. 曝气量

污泥培养初期，曝气量一定不能太大，一般控制在设计正常值的 1/2 左右。否则，絮状污泥不易形成。因为在培养初期污泥尚未大量形成，产生的污泥絮凝性能不太好，还处于离散状态，加之污泥浓度较低，微生物易处于内源呼吸状态，因此，曝气量不能太大。

4. 观测

污泥培养过程中，不仅要测量曝气池混合液的 SV 与 MLSS，还应随时观察污泥的生物相，了解菌胶团及指示微生物的生长情况，以便根据情况对培养过程进行必要的调整。

5.5　生物膜的培养与驯化

5.5.1　挂膜

生物膜反应器在投入运行时，首先应使微生物在载体上附着并生长增殖而形成生物膜。生物膜的培养常称为挂膜。

挂膜菌种大多数采用生活污水或生活粪便水和活性污泥的混合液。由于生物膜中微生物固着生长，适宜于特殊菌种的生存，所以，挂膜有时也可采用纯培养的特异菌种菌液。特异菌种可单独使用，也可以同活性污泥混合使用。由于所用的特异菌种比一般自然筛选的微生物更适宜于废水环境，因此，在与活性污泥混合使用时，仍可保持特异菌种在生物相中的优势。

挂膜过程必须使微生物吸附在载体上，同时，还应不断供给营养物，使附着的微生物能在载体上繁殖，不被水流冲走。单纯地用菌液或活性污泥混合液接种，即使载体上吸附有微生物，但还是不牢固，因此，在挂膜时应同时投加菌液和营养液。

1. 闭路循环法

闭路循环法即将菌液和营养液从设备的一端流入（或从顶部喷淋下来），从另一端流出，将流出液收集在一水槽内，槽内不断曝气，使菌与污泥处于悬浮状态，曝气一段时间后，进入分离池进行沉淀（0.5～1h），去掉上清液，适当添加营养物或菌液，再回流入生物膜反应设备，如此形成一个闭路系统，直到发现载体上长有黏状污泥，即开始连续进入废水。这种挂膜方法需要菌种及污泥量大，而且由于营养物缺乏，代谢产物积累，因而成膜时间较长，一般需要 10d 以上。

2. 连续法

连续法即在菌液和污泥循环 1～2 次后即连续进水，并使进水量逐步增大。这种挂膜法由于营养物供应良好，只要控制挂膜液的流速（在转盘中控制转速），即可保证微生物的吸附。在塔式滤池中挂膜时的水力负荷可采用 4～7$m^3/(m^2 \cdot d)$，约为正常运行的 50%～70%，待挂膜后再逐步提高水力负荷至满负荷。

3. 生物接触氧化池的挂膜

生物接触氧化池的挂膜有两种方法，一种为湿法挂膜，另一种为干法挂膜。湿法挂膜是将填料浸没在培养液中。培养液是菌种和含有丰富微生物食饵的混合液，由供气装置向培养液中提供足够的氧气，3d 后可由静态逐渐转入流态，10d 后按设计参数运行，20d 后挂膜阶段结束。当菌种数量不足或在冬季，可改用干法挂膜。干法挂膜时，氧化池内不盛水，填料暴露在空气中。在另一池中将配制好的培养液淋洒在填料上，每天 3～5 次，每次淋透。淋洒期间供气装置应向氧化池内供气，让填料表面出现湿与干的周期变化。2～3d 后，填料表面已经牢牢地粘上一层带菌培养液。这时氧化池内可以进水，按设计参数运行，14d 后挂膜阶段结束。

为了能尽量缩短挂膜时间，应保证挂膜营养液及污泥量具有适宜细菌生长的 pH、温度、气水比、营养比等。

5. 5. 2　驯化

如果所需处理的污水中含工业废水时，因大多工业废水含有对微生物有抑制或毒害作用的污染物，所以挂膜后应对生物膜进行驯化，使之适应所处理工业废水的环境。

驯化是指使培养的生物膜（微生物群）逐步适应被处理污水中的有机污染物对其生长

的影响，最终能降解这类有机污染物的过程。驯化周期视污染物的品种和浓度而定，一般为1～2个月。

当选用的菌种是处理含类似有机污染物的生物污泥时，挂膜结束后可直接转入试运行，否则，需对新培养的生物膜进行驯化。驯化时工业废水的投入量应逐渐增加，并且每个阶段稳定运行10d后再进入下个阶段。

在挂膜过程中，应经常采样进行显微镜检验，观察生物相的变化。

挂膜驯化后，系统即可进入试运转，测定生物膜反应设备的最佳工作运行条件，并在最佳条件下转入正常运行。

5.6　厌氧消化的污泥培养

厌氧消化系统试运行的一个主要任务是培养厌氧活性污泥，即消化污泥。厌氧活性污泥培养的主要目标是厌氧消化3个阶段所需的细菌，即甲烷细菌、产酸菌、水解酸化菌等。厌氧消化系统的启动，就是完成厌氧活性污泥的培养。当厌氧消化池经过满水试验和气密性试验后，便可开始甲烷菌的培养。厌氧活性污泥的培养有接种培养法和逐步培养法。

5.6.1　培养方法

1. 接种培养法

接种培养法，是向厌氧消化装置中投入容积为总容积的10%～30%厌氧菌种污泥，接种污泥一般为含固率为3%～5%的湿污泥。

接种污泥，一般取自正在运行的厌氧处理装置，尤其是城市污水处理厂的消化污泥，当液态消化污泥运输不便时，可用污水处理厂经机械脱水后的干污泥。在厌氧消化污泥来源缺乏的地方，可从废坑塘中取腐化的有机底泥，或以人粪、牛粪、猪粪、酒糟或初沉池污泥代替。

大型污水处理厂，若同时启动所需接种量太大，可分组分别启动。

2. 逐步培养法

逐步培养法就是向厌氧消化池内逐步投入生泥，使生污泥自行逐渐转化为厌氧活性污泥。该方法要使活性污泥经历一个由好氧向厌氧的转变过程，加之厌氧微生物的生长速率比好氧微生物低很多，因此培养过程很慢，一般需历时6～10月，才能完成甲烷菌的培养。

5.6.2　注意事项

（1）产甲烷细菌对温度很敏感，厌氧消化系统的启动要注意温度的控制。

（2）厌氧消化污泥培养，初期生污泥投加量与接种污泥的数量及培养时间有关，早期可按设计污泥量的30%～50%投加，到培养经历了60d左右，可逐渐增加投泥量。若从监测结果发现消化不正常时，应减少投泥量。

（3）厌氧消化系统处理城市污水处理厂的活性污泥，碳、氮、磷等营养成分能够适应厌氧微生物生长繁殖的需要。因此，厌氧消化污泥培养不需要投加营养物质。

（4）为防止发生沼气爆炸事故，投泥前，应使用不活泼的气体（氮气）将输气管路系统中的空气置换出去，以后再投泥，产生沼气后，再逐渐把氮气置换出去。

第 6 章　城镇污水处理厂污水处理系统的运行管理

6.1　城镇污水处理厂运行管理的技术经济指标和运行报表

6.1.1　技术经济指标

1. 技术指标

（1）处理污水量。污水处理厂的处理污水量一般要记录每日平均时流量、最大时流量、平均日流量、年流量等。城镇污水处理厂年处理水量应达到计划指标的 95% 以上。

（2）污染物去除指标。包括 COD_{Cr}、BOD_5、SS、TN、NH_3-N、TP 等污染物指标的总去除量、去除率。必要时应分析主要处理单元的污染物去除指标。

（3）出水水质达标率。出水水质达标率是全年出水水质达标天数与全年总运行天数之比。一般要求出水水质达标率在 95% 以上。

（4）设备完好率和设备使用率。城市污水处理厂的设备完好率是设备实际完好台数与应当完好台数之比。设备使用率是设备使用台数与设备应当完成台数之比。管理良好的城市污水处理厂的设备完好率应在 95% 以上，设备使用率则取决于设计、建设时采购安装的容余程度和其后管理改造等因素。较高的设备使用率说明设计、建设和管理合理、经济。

（5）污泥、渣、沼气产量及其利用指数。城市污水处理厂的预处理与一级处理，每天都要去除栅渣、砂及浮渣。运行记录应有各种设施或设备的渣、砂净产量及单位产量。

不论是污泥干重或湿重产量，一般都与污水水质、污水处理工艺、污泥处理工艺有关，应记录其湿、干污泥和总产量、单位产量及污泥利用产量等指标。若采用传统活性污泥法处理污水，每处理 1000m^3 污水可由带式脱水机产生湿泥、污泥饼 0.7m^3（含水率 75%～80%）。

当生污泥进行厌氧消化时，均会产生沼气。一般每消化 1.0kg 的挥发性有机物可产生 0.75～1.0m^3 的沼气。沼气的甲烷含量约 55%～70%，热值约为 23MJ/m^3。运行指标应包括沼气产量、单位沼气产量、沼气利用量。

（6）噪声指标。各类设备在运转中噪声均应小于 85dB。厂界噪声应符合《工业企业厂界环境噪声排放标准》GB 12348—2008 的有关规定。

2. 经济指标

（1）电耗。包括污水处理厂全天消耗的电量、每处理 1t 污水的电耗，各处理单元（包括污泥处理部分）的电耗。

（2）药材消耗指标。包括各种药品、水、蒸汽和其他消耗材料的总用量、单位用量指标。

（3）维修费用指标。各种机电设备检查、养护、维修费用指标。

（4）产品收益指标。沼气、污泥或再生水等副产品销售量、销售收入指标。

（5）处理成本指标。城市污水处理厂处理污水污泥发生的各种费用之和扣去副产品销售收益后的费用，为污水处理成本，并计算单位污水处理成本。

6.1.2　运行记录与报表

污水处理厂的运行记录及报表能够反映一个城市污水处理厂每日或全年处理污水处理量、处理效果、节能降耗情况、处理过程出现的异常现象和采用的解决方式与结果等。城市污水处理厂的原始记录与报表是一项重要的文字记录与档案材料，可为管理人员提供直接的运转数据、设备数据、财务数据、分析化验数据，可依靠这些数据对工艺进行计算与调整，对设施设备状况进行分析、判断，对经营情况进行调整，并据此而提出设施设备维修计划，或据此进行下一步的生产调度。

1. 生产运行记录

（1）生产运行记录应如实反映全厂设备、设施、工艺及生产运行情况，并应包括下列内容：

1）化验结果报告和原始记录；

2）各类设备、仪器、仪表运行记录；

3）运行工艺控制参数记录；

4）生产运行计量及材料消耗记录；

5）库存材料、设备、备件等库存记录。

（2）每班应有真实、准确、字迹清晰且用碳素墨水笔填写的值班记录，并应由责任人签字。

（3）记录应由相关人员审核无误并签名确认后方可按月归档。

2. 计划、统计报表

（1）城镇污水处理厂应执行计划、统计报表和报告制度。

（2）计划报表应根据城镇污水处理厂正常运行的需要，全面反映进出水水量、进出水水质、污泥处理、沼气产量、再生水利用量、能源材料消耗量、维护维修项目和资金预算等运营指标。

（3）统计报表应依据生产运行及维护、维修记录，全面反映城镇污水处理厂运行情况。

（4）中控室应结合生产运行工程中的进出水量和水质、用电量、污泥产量、各类材料消耗量及在线工艺运行参数等，生成报表、绘制参数曲线保留一年。

（5）计划、统计报表内容应主要包括生产指标报表、运行成本报表、能源及药剂消耗报表、工艺控制报表以及运行分析等。计划、统计报表应按月、年填报。

（6）报告制度应包括生产运营计划执行情况、安全生产、设施和设备大修及更新、信息上报和财务年度预、决算等。分析报告应按月、年完成。

（7）报表应经审批、签字、盖章后方可报出。

3. 维护、维修记录

（1）运行管理中应建立健全电气、仪表、机械设备的台账。

（2）维护、维修记录应包括下列内容：

1）电气、仪表、机械设备累计运行台时记录；

2）电气、仪表、机械设备维修及保养记录；

3）设施维护、维修记录。

4. 交接班记录

（1）交班人员应做好巡视维护、工艺及机组运行、责任区卫生及随班各种工具使用情况等记录。

（2）接班人员应对交班情况做接班意见记录。

（3）交、接双方必须对规定内容逐项交接，双方均确认无误后方可签字。

（4）当遇有事故处理或工艺、电器、设备正在操作过程中，暂不进行交接班，接班人员应协助交班人员处理后方可交接；并应由交班人员整理工作记录，接班人员确认。

（5）遇到异常情况，应在交接班记录中详细记录。

6.2　一级处理工艺单元各构筑物的运行管理

6.2.1　格栅间的运行管理

1. 格栅的运行管理

（1）格栅开机前，应检查系统是否具备开机条件，经确认后方可正常启动。

（2）粉碎型格栅应连续运行。

（3）拦截型格栅，应及时清除栅条（鼓、耙）、格栅出渣口及机架上悬挂的杂物，应定期对栅条校正；当汛期及进水量增加时，应加强巡视，增加清污次数。

（4）对栅渣应及时处理或处置。

（5）格栅运行中应定时巡检，发现设备异常，应立即停机检修。

（6）对传动机构应定期检查，并应保证设备处于良好的运行状态。

（7）对粉碎型格栅刀片组的磨损和松紧度应定期检查，并及时调整或更换。

（8）长期停止运行的粉碎型格栅，应调离污水池，不得长期浸泡在污水池中，并做好设备的清洁保养工作。

（9）检修格栅或人工清捞栅渣时，应切断电源，并在有效监护下进行；当需要下井作业的，除应符合《城镇污水处理厂运行、维护及安全技术规程》CJJ 60—2011 第 2.2.25 条的规定外，还应进行临时性强制性通风。

（10）应按工艺要求开启格栅机的台数，合理控制过栅流速，最大程度发挥拦截作用，保持最高拦污效率。栅前渠道流速一般应控制在 0.4～0.8m/s。过栅流速应控制在 0.6～

1.0m/s，具体情况应视实际污染物的组成、含砂量的多少及格栅距等具体情况而定。在实际运行中，可通过开、停格栅的工作台数，控制过栅流速，当发现过栅流速超过该厂要求的最高值时，应增加投入工作的格栅数量，使过栅流速控制在要求范围内，反之，当过栅流速低于该厂所要求的最低值时，应减少投入工作的格栅数量，使过栅流速控制在所要求的范围内。

（11）污水通过格栅的前后水位差宜小于 0.3m。

2. 格栅除污机的维护保养

格栅除污机是污水处理厂内最容易发生故障的设备之一。巡检时应注意有无异常声音，观察栅条是否变形，应定期加油保养。

3. 卫生安全

污水在长途输送过程中腐化，产生硫化氢和甲硫醇等恶臭毒气，将在格栅间大量释放出来，因此，要加强格栅间通风设施管理，使通风设备处于通风状态。另外，清除的栅渣应及时运走，防止腐败产生恶臭；栅渣堆放处应经常冲洗。少量的栅渣腐败后，也能在较大的空间内产生强烈的恶臭。栅渣压榨机排出的压榨液中恶臭物含量也非常高，应及时将其排入污水渠中，严禁明沟流入或在地面漫流。

4. 常见故障原因分析及对策

（1）格栅流速太高或太低。这是由于进入各个渠道的流量分配不均匀引起的，流量大的渠道，对应的格栅流速必然高，反之，流量小的渠道，格栅流速则较低。应经常检查并调节栅前的流量调节阀门或闸阀，保证格栅流速的均匀分配。

（2）格栅前后水位差增大。当栅渣截留量增加时，水位差增加，因此，格栅前后的水位差能反映截留栅渣量的多少，定时开停的除污方式比较稳定。手动开停方式虽然工作量比较大，但只要工作人员精心操作，能保证及时清污，有些城市污水处理厂采用超声波测定水位差的方法控制格栅自动除渣。但是，无论采用何种清污方式，工作人员都应该到现场巡查，观察格栅运行和栅渣积累情况，及时合理地清渣，保证格栅正常高效运行。

6.2.2　沉砂池的运行管理

1. 运行参数

各类沉砂池运行参数应符合设计要求，可按照表 6-1 中的规定确定。

各类沉砂池运行参数　　表 6-1

池型	停留时间（s）	流速（m/s）	曝气强度（m^3气/m^3水）	表面水力负荷[m^3/(m^2·h)]
平流式沉砂池	30～60	0.15～0.3		
竖流式沉砂池	30～60	0.02～0.1		
曝气沉砂池	120～240	0.06～0.12（水平流速） 0.25～0.3（旋流速度）	0.1～0.2	150～200
旋流沉砂池	＞30	0.6～0.9		150～200

2. 配水与配气

（1）沉砂池一般都设置水调节闸门，曝气沉砂池还要设置空气调节阀门，应经常巡查沉砂池的运行状况，及时调整入流污水量，使每一格（池）沉砂池的工作状况（液位、水量、气量、排砂次数）相同。

（2）曝气沉砂池的空气量应根据水量的变化进行调节。

3. 排砂与洗砂

（1）沉砂池的排砂时间和排砂频率应根据沉砂池类别、污水中含砂量及含砂量的变化情况设定。排砂次数太多，可能会使排砂含水率太大（除抓斗提砂以外）或因不必要操作增加运行费用；排砂次数太少，就会造成积砂，增加排砂难度，甚至破坏排砂设备。应在定期排砂时，密切注意排砂量、排砂含水率、设备运行状况，及时调整排砂次数。

（2）沉砂量应有记录统计，并定期对沉砂颗粒进行有机物含量分析。沉砂颗粒中的有机物含量宜小于 30%。当除砂机抽取的砂浆含有的有机物太多时，部分无机砂粒会被黏稠的有机物裹挟，而从水力旋流器的上部的溢流口排出，使除砂率降低；进入螺旋洗砂机的有机物过多，在螺旋的搅拌下砂子、有机物和水会形成胶状物，使砂子无法沉入砂斗底部，螺旋提升机无法将砂子分离出来，如果操作者发现螺旋洗砂机长时间不除砂，而系统设备运行都正常，就可能是上述情况。

（3）当采用机械除砂时，应符合下列规定：

1）除砂机械应每日至少运行一次；操作人员应现场监视，发现故障，及时处理；

2）应每日检查吸砂机的液压站油位，并应每月检查除砂机的限位装置；

3）吸砂机在运行时，同时在桥架上的人数，不得超过允许的重量荷载。

（4）对沉砂池排出的砂粒和清捞出的浮渣应及时处理或处置。

（5）对沉砂池应定期进行清池处理并检修除砂设备。

（6）对于采用平流式曝气沉砂池或平流式沉砂池，一般排砂机的砂水排入集砂井，集砂井的砂泵也会出现埋泵的情况，应采取措施避免这种情况的发生，运行时应积累经验，砂井内不要积砂过多。如果积砂过多，可打开下部的排污口，将砂排出一部分，或放入另一台潜水砂泵排出过多的积砂。

（7）无论是行车带泵排砂或链条式刮砂机，由于故障或其他原因停止排砂一段时间后，都不能直接启动。应认真检查池底积砂槽内砂量的多少，如沉砂太多，应排空沉砂池人工清砂，以免由于过载而损坏设备。

（8）采用气提式排砂的沉砂池，应定期检查储气罐安全阀、鼓风机过滤芯及气提管，严禁出现失灵、饱和及堵塞的问题。

4. 清除浮渣

（1）沉砂池上的浮渣应定期以机械或人工方式清除，否则会产生臭味影响环境卫生，或浮渣缠绕造成堵塞设备或管道。

（2）应经常巡视浮渣刮渣出渣设施的运行状况、池面浮渣的多少。

5. 做好测量与运行记录

（1）每日测量或记录的项目。除砂量、曝气量。

（2）定期测量的项目。湿砂中的含砂量、有机成分含量。

（3）可测量的项目。干砂中砂粒级配，一般应按 0.10、0.15、0.2 和 0.3 四级进行筛分测试。

6. 旋流沉砂池的运行管理

（1）根据进水负荷确定旋流沉砂池运行台数，确保各项参数在合理范围，还可以合理调节桨板的转数，有效去除在低负荷时难去除的细砂。

（2）进水渠道内的流速以控制在 0.6～0.9m/s 为宜，表面水力负荷一般为 $200m^3/(m^2 \cdot h)$，停留时间为 20～30s。

（3）旋流沉砂池的搅拌器应保持连续运转，并合理设置搅拌器叶片的转速。当搅拌器发生故障时，应立即停止向该池进水。

（4）污水处理厂的上游管网采用合流制管网时，应根据季节变化，污水含砂量的不同，调整运行参数，使集砂斗中的沉砂不能埋没提砂泵或气提管。否则，堵塞沉砂池，如此情况发生，应立即停运检修。

6.2.3　初沉池的运行管理

1. 工艺控制

（1）操作人员应根据池组设置、进水量变化，调节各池进水量，使各池配水均匀。

（2）对沉淀池的沉淀效果，应定期观察，根据污泥沉降性能、污泥界面高度、污泥量等确定排泥的频率和时间。

（3）共用配水井（槽、渠）和集泥井（槽、渠）的初沉池，且采用静压排泥的，应平均分配水量，并应按相应的排泥时间和频率排泥。

（4）沉淀池堰口应保持出水均匀，并不得有污泥溢出。

（5）由于污水处理厂入流的污水量以及 SS 的负荷总是处于变化之中，因此，要采取相应措施使初沉池 SS 的去除率基本保持稳定。工艺控制措施主要有：

1）通过改变投运池数调节流量或 SS 的负荷的变化；

2）对污水参数的短期变化，也可以采用控制入池的方法，将污水在上游管网内进行短期贮存；

3）在没有其他措施的情况下，也可向初沉池的配水渠道内投加一定量的化学絮凝剂，但前提在配水渠道内要有搅拌或混合措施。

（6）初沉池运行参数应符合设计要求，可按照表 6-2 中的规定确定。

初沉池运行参数表　　表 6-2

池型	表面负荷［$m^3/(m^2 \cdot h)$］	停留时间（h）	污泥含水率（%）
平流式沉淀池	0.8～2.0	1.0～2.5	95～97
辐流式沉淀池	1.5～3.0	1.0～2.0	95～97

（7）当进水浓度符合设计进水指标时，出水 BOD_5、COD_{Cr}、SS 的去除率应分别大于

25%、30% 和 40%。

2. 刮泥操作

（1）辐流式初沉池应采用连续刮泥方式，运行中应特别注意周边刮泥机的线速度，不能太高，一定不能超过 3m/min，否则会使周边污泥泛起，直接从堰板溢流走。平流式沉淀池采用行车刮泥机只能间歇刮泥。

（2）辐流式初沉池刮泥机长时间待修或停用时，应将池内污泥放空。

3. 排泥操作

（1）排泥是初沉池运行中最重要也是最难控制的一项操作，有连续和间歇排泥两种操作方式。平流式沉淀池采用行车刮泥机只能间歇排泥，因为在一个刮泥周期内只有污泥刮至泥斗后才能排泥，否则排出的将是污水。此时刮泥周期与排泥必须一致，刮泥与排泥必须协同操作。每次排泥持续时间取决于污泥量、排泥泵的容量和浓缩池要求的进泥浓度。一般来说既把污泥干净地排走，又要得到较高的含固量，操作起来非常困难，如果浓缩池有足够的面积，可不必追求较高的排泥浓度。

（2）根据排泥浓度估算排泥量，然后根据排泥量和排泥泵的流量确定排泥时间。排泥时间的确定方法为，当排泥开始时，从排泥管取样口连续取样分析其含固量的变化，从排泥开始到含固量降至基本为零即为排泥时间。

（3）排泥的控制方式有很多种，小型污水处理厂，可以人工控制排泥泵的开停，大型污水处理厂一般采用自动控制。最常用的控制方式是时间程序控制，即定时排泥，定时停泵。这种排泥方式要达到准确排泥，需要经常对污泥浓度进行测定，同时调整泥泵的运行时间。

（4）初沉池宜每年排空 1 次，清理配水渠、管道和池体底部积泥并检修刮泥机及水下部件等。

4. 初沉池运行管理的注意事项

（1）根据初沉池的形式和刮泥机的形式，确定刮泥方式、刮泥周期的长短，避免沉积污泥停留时间过长造成浮泥，或刮泥过于频繁或刮泥过快扰动已沉下的污泥。

（2）初沉池一般采用间歇排泥，最好实现自动控制；无法实现自控时，要总结经验，人工掌握好排泥次数和排泥时间；当初沉池采用连续排泥时，应注意观察排泥的流量和排泥的颜色，使排泥浓度符合工艺的要求。

（3）巡检时注意观察各池出水量是否均匀，还要观察出水堰口的出水是否均匀，堰口是否被堵塞，并及时调整和清理。

（4）巡检时注意观察浮渣斗上的浮渣是否能顺利排除，浮渣刮板与浮渣斗是否配合得当，并应及时调整，如果刮板橡胶板变形应及时更换。

（5）对浮渣斗和排渣管道的排渣情况，应经常检查，排出的浮渣应及时处理或处置。

（6）根据运行情况应定期对斜板（管）和池体进行冲刷，并应经常检查刮泥机电动机的电刷、行走装置、浮渣刮板、刮泥板等易磨损件，发现损坏应及时更换。

（7）对斜板（管）及附属设备应定期进行检修。

（8）巡检时注意听辨刮泥机、刮渣、排泥设备是否有异常声音，同时检查是否有部件松动等，并及时调整或检修。

（9）刮泥机运行时，不得多人同时在刮泥机走道上滞留。

（10）按规定对初沉池的常规的检测项进行化验分析，尤其是 SS 等重要检测项要及时比较，确定 SS 的去除率是否正常，如果下降应采取整改措施。

5. 常见故障原因分析及对策

（1）污泥上浮。有时在初沉池可出现浮渣异常增多的现象，这是由于本可下沉的污泥解体而浮至表面，因废水在进入初沉池前停留时间过长发生腐败时也会导致污泥上浮，这时应加强去除浮渣的撇渣器工作，及时和彻底地去除浮渣。在二沉池污泥回流至初沉池的处理系统中，有时二沉池污泥中硝酸盐含量较高，进入初沉池后缺氧时可使硝酸盐反硝化，还原成氮气附着于污泥中，使之上浮。这时可控制后面生化处理系统，使污泥的污泥龄减少。

（2）黑色或恶臭污泥。产生原因是污水水质腐败或进入初沉池的消化池污泥及其上清液浓度过高。解决办法有：切断已发生腐败的污水管道；减少或暂时停止高浓度工业废水（牛奶加工、啤酒、制革、造纸等）的进入；对高浓度工业废水进行预曝气；改进污水管道系统的水力条件，以减少易腐败固体物的淤积；必要时可在污水管道中加氯，以减少或延迟废水的腐败，这种做法在污水管道不长或温度高时尤其有效。

（3）受纳过浓的消化池上清液。解决办法有改进消化池的运行，以提高效率；减少受纳上清液的数量直至消化池运行改善；将上清液导入氧化塘、曝气池或污泥干化床；上清液预处理。

（4）浮渣溢流产生原因为浮渣去除装置位置不当或不及时。改进措施如下：加快除渣频率；更改出渣口位置，浮渣收集离出水堰更远；严格控制工业废水进入（特别是含油脂、含高浓度碳水化合物等的工业废水）。

（5）悬浮物去除率低。原因是水力负荷过高、短流、活性污泥或消化污泥回流量过大，存在工业废水。解决方法如下：设调节堰均衡水量和水质负荷；投加絮凝剂，改善沉淀条件，提高沉淀效果；在多个初沉池的处理系统中，若仅一个池超负荷则说明因进水口堵塞或堰口不平导致污水流量分布不均匀；防止短流，工业废水或雨水流量不易产生集中流，出水堰板安装不均匀，进水流速过高等，为证实短流的存在与否，可使用染料进行示踪实验；正确控制二沉池污泥回流和消化污泥投加量；减少高浓度的油脂和碳水化合物废水的进入量。

（6）排泥故障。排泥故障分沉淀池结构、管道状况以及操作不当等情况。沉淀池结构：检查初沉池结构是否合理，如排泥斗倾角是否大于 60°，泥斗表面是否平滑，排泥管是否伸到了泥斗底，刮泥板距离池底是否太高，池中是否存在刮泥设施触及不到的死角等。集渣斗、泥斗以及污泥聚集死角排不出浮渣、污泥时应采取水冲，或设置斜板引导污泥向泥斗汇集，必要时进行人工清除。排泥管状况：排泥管堵塞是重力排泥场合下初沉池的常见故障之一。发生排泥管堵塞的原因有管道结构缺陷和操作失误两方面。结构缺陷如排泥管直径太大、管道太长、弯头太多、排泥水头不足等。操作失误：如排泥间隔时间过长，沉淀池前面的细格栅管理不当，使得纱头、布屑等进入池中，造成堵塞。堵塞后的排泥管有多种清除方法，如将压缩空气管伸入排泥管中进行空气冲动，将沉淀池放空后采取水力反冲洗；堵塞特别严重时需要人工下池清掏。当斜板沉淀池中斜板上积泥太多时，可以通过降低水位使得斜板部分露出，然后使用高压水进行冲洗。

6.3　活性污泥法二级生物处理工艺单元各构筑物的运行管理

6.3.1　曝气池运行与管理

1. 运行参数

生物反应池运行参数应符合设计要求，可按表 6-3 的规定确定。

生物反应池正常运行参数　　表 6-3

生物处理类型		污泥负荷 [$kgBOD_5$/(kgMLSS·d)]	泥龄 (d)	外回流比 (%)	内回流比 (%)	MLSS (mg/L)	水力停留时间 (h)
A/O 法（厌氧 / 好氧法）		0.1～0.4	3.5～7	40～100	—	1800～4500	3～8（厌氧段 1～2）
A/A/O 法（厌氧 / 缺氧 / 好氧法）		0.1～0.3	10～20	20～100	200-400	2500～4000	7～14（厌氧段 1～2，缺氧段 0.5～3.0）
倒置 A/A/O 法		0.1～0.3	10～20	20～100	200-400	2500～4000	
AB 法	A 段	3～4	0.4～0.7	<70	—	2000～3000	0.5
	B 段	0.15～0.3	15～20	50～100	—	2000～4000	4～8
传统 SBR 法		0.05～0.15	20～30	—	—	4000～6000	4～12
DAT-IAT 法		0.045	25	—	400	4500～5500	8～12
CAST 法		0.070～0.18	12～25	20～35	—	3000～5500	16～12
UNITANK 法		0.05～0.10	15～20	—	—	2000～5000	8～12
MSBR 法		0.05～0.13	8～15	30～50	130～150	2200～4000	12～18
卡鲁塞尔氧化沟		0.05～0.15	12～25	75～150	—	3000～5500	≥16
奥贝尔氧化沟		0.05～0.15	12～18	60～100	—	3000～5000	≥16
双沟式（DE 型氧化沟）		0.05～0.10	10～30	60～200	—	2500～4500	≥16
三沟式氧化沟		0.05～0.10	20～30	—	—	3000～6000	≥16
水解酸化法		—	15～20	—	—	7000～15000	5～14

2. 污泥的甄别

微课　污泥的甄别

（1）膨胀污泥。通过测定污泥体积指数（SVI）可以了解活性污泥沉降絮凝的性能，一般规定污泥体积指数（SVI）在 200mL/g 以上，而且量筒内污泥层的浓度从 5g/L 起变为压密相的污泥称为膨胀污泥，一种由丝状菌形成的，另一种是由非丝状菌形成的。如果将膨胀的污泥置于显微镜下观察就可见到断线条状的丝状微生物互相缠绕着。

（2）上升污泥。在 30min 沉降实验的测定时间内，沉降良好但数小时内污泥又上升，如果用棒搅拌对上升污泥加以破坏立即再次沉淀。这种现象是由已进行硝化作用的污泥混合液进入沉淀池后产生了反硝化作用，并在反硝化过程中产生的氮气附着在污泥上而使其上浮引起的。在发生这种现象时，只要降低溶解氧的浓度，控制硝化过程的发生即可。

（3）腐化污泥。有时候，虽然没有发生硝化与反硝化过程，但沉淀下去的污泥再次上浮。这种现象是因为已经沉淀的污泥变成厌氧状态，并产生硫化氢、二氧化碳和甲烷、氢气等气体，这些气体将污泥推向表层，防止的方法是设计沉淀池时不要有“死区”，万一产生浮渣时，必须设置撇渣板，消灭“死区”，改进刮泥机。排泥后在死角区用压缩空气冲动或清洗。

（4）解絮污泥。对混合液进行沉淀时，虽然大部分污泥容易沉淀下去，但在上清液中仍然有一种能使水浑浊的物质。这时的指示性生物为变形虫属和简便虫属等肉足类，这种现象可以认为是由毒物的混入、温度急剧变化、废水 pH 突变等的冲击造成的，从而污泥絮体解絮。通过减少污泥回流量能使解絮现象得到某种程度的控制。

（5）污泥发黑。此时查看曝气池在线 DO 测定仪会发现 DO 过低，有机物厌氧分解释放 H_2S，其与 Fe 作用生成 FeS，可以采用增加供氧或加大回流污泥量进行控制。

（6）污泥变白。生物镜检会发现丝状菌或固着型纤毛虫大量繁殖，如果进水 pH 过低，曝气池 pH 小于 6 引起的丝状霉菌大量生成，只要提高进水 pH 就能改善；如果是污泥膨胀，请参照膨胀对策，加以解决。

（7）过度曝气污泥。这是由于曝气使细小的气泡粘附于活性污泥絮体上而出现的一种现象。上浮的污泥经过几分钟后与气泡分离而再次沉淀下来，在沉淀池中，有可能于再次沉淀之前越过出水堰而随出水流失。

（8）微细絮体。对活性污泥混合液进行沉淀时，分散在上清液中的一些肉眼可以看到的小颗粒称为微细絮体。当有微细絮体存在时，沉淀污泥的污泥体积指数非常小。这一类微细絮体有两种，一种是由普通污泥颗粒变小形成的，具有很高的 BOD，另一种带白色的不定形微细颗粒，BOD 很低。

（9）云雾状污泥。污泥在沉淀池中呈云雾状态而得名，这是污泥的一种存在状态，是由沉淀池内的水流、密度流和污泥搅拌机的搅拌而引起的。如果沉淀下去的污泥变成这种状态时，则应该降低沉淀池内的污泥面，减少进水流量。

3. 曝气池供氧与控制

（1）根据不同工艺的要求，应对溶解氧进行控制。好氧池溶解氧浓度宜为 2～4mg/L；缺氧池溶解氧浓度宜小于 0.5mg/L；厌氧池溶解氧浓度宜小于 0.2mg/L。

（2）在鼓风系统中，可控制进气量的大小来调节溶解氧的高低。当生化池溶解氧长期偏低时，可能有两种原因，一是活性污泥负荷过高，若检测活性污泥的耗氧速率，往往大于 20mgO_2/（gMLSS・h），这时须增加曝气池中活性污泥的浓度。二是供氧设施功率过小，应设法改善，可采用氧转移效率高的微孔曝气器；有时还可以增加机械搅拌打碎气泡，提高氧转移效率。

4. 曝气系统的运行维护

（1）扩散器的堵塞有内堵和外堵两种。内堵也称为气相堵塞，堵塞物主要来源于过滤空气中遗留的沙尘、鼓风机泄漏的油污、空气干管的锈蚀物、池内空气支管破裂后进入的固体物质。外堵也称为液相堵塞，堵塞物主要来源于污水中悬浮固体在扩散器上沉积，微生物附着在扩散器表面生长，形成生物垢，以及微生物生长过程中包埋的一些无机物质。

大多数堵塞是日积月累形成的，因此应经常观察。观察与判断堵塞的方法：

1）定期核算能耗并测量混合液的 DO。若设有 DO 控制系统，在 DO 恒定的条件下，能耗升高，则说明扩散器已堵塞。若没有 DO 控制系统，在曝气量不变的条件下，DO 降低，说明扩散器已堵塞。

2）定期观测曝气池表面逸出的气泡的大小。如果发现逸出气泡尺寸增大或气泡结群，说明扩散器已经堵塞。

3）在曝气池最易发生扩散器堵塞的位置设置可移动式扩散器，使其工况与正常扩散器完全一致，定期取出检查测试是否堵塞。

4）在现场最易堵塞的扩散器上设压力计，在线测试扩散器本身的压力损失，也称之为湿式压力 DWP。DWP 增大，说明扩散器已经堵塞。

（2）微孔扩散器堵塞以后，应及时安排清洗计划，根据堵塞程度确定清洗方法。清洗方法有三类：

1）在清洗车间进行清洗，包括回炉火化、磷硅酸盐冲洗、酸洗、洗涤剂冲洗、高压水冲洗等方法。

2）停止运行，在池内清洗，包括酸洗、碱洗、水冲、气冲、氯冲、汽油冲、超声波清洗等方法。

3）不拆扩散器，也不停止运行，在工作状态下清洗，包括向供气管道内注入酸气或酸液、增压冲吹等方法。后者是最常用的方法。

（3）压缩空气管道的常见故障有以下两类：

1）管道系统漏气。产生漏气的原因往往是选用材料质量或安装质量不好，或管路破裂等。

2）管道堵塞。管道堵塞表现在送气压力、风量不足，压降太大，引起原因一般是管道内的杂质或填料脱落，阀门损坏，管内有水冻结。

排除办法是：修补或更换损坏管段及管件，清除管内杂质，检修阀门，排除管道内积水。在运行中应特别注意及时排水。空气管路系统内的积水主要是鼓风机送出的热空气遇到冷形成的凝水，因此不同季节形成的冷凝水量是不同的。冬季的水量较多，应增加排放次数。排出的冷凝水应是清洁的，如发现有油花，应立即检查鼓风机是否漏油；如发现有污浊，应立即检查池内管线是否破裂导致混合液进入管路系统。

5. 生物相镜检

为了随时了解活性污泥中微生物种类的变化和数量的消长，曝气池运行过程中要经常检测活性污泥中的生物相。生物相的镜检只能作为水质总体状况的估测，是一种定性的检测，其主要目的是判断活性污泥的生长情况，为工艺运行提供参考。

生物相镜检可采用低倍或高倍两种方法进行。

低倍镜是为了观察生物相的全貌，要观察污泥颗粒大小、松散程度，菌胶团和丝状菌的比例和生长状况。

用高倍镜观察，可以进一步看清微生物的结构特征，观察时要注意微生物的外形、内部结构和纤毛摆动情况；观察菌胶团时，应注意胶质的厚薄和色泽，新生胶团的比例；观察丝状菌时，要注意其体内是否有类脂物质出现，同时注意丝的排列、形态和运动特征。

生物相镜检的注意事项：

（1）微生物种类的变化：微生物的种类会随水质的变化而变化，随运行阶段而变化。

（2）微生物活动状态的变化：当水质发生变化时，微生物的活动状态也发生变化，甚至微生物的形体也会随污水水质的变化而变化。

（3）微生物数量的变化：活性污泥中微生物种类很多，但某些微生物的数量的变化也能反映出水水质的变化。

因此，在日常观察时要注意总结微生物的种类、数量以及活动状态的变化与水质的关系，要真正使镜检起到辅助作用。

6. 曝气池运行管理应注意的问题

（1）调节各池进水量，应根据设计能力及进水水量，按池组设置数量及运行方式确定，使各池配水均匀；对于多点进水的曝气池，应合理分配进水量。

（2）污泥负荷、污泥龄或污泥浓度可通过剩余污泥排放量进行调整。

（3）操作人员应经常排放曝气系统空气管路中的存水，并应及时关闭放水阀。

（4）应经常观察生物反应池曝气装置和水下推动（搅拌）器的运行和固定情况，发现问题，应及时修复。

（5）运行管理人员应每天掌握生物反应池的pH、DO、MLSS、MLVSS、SV、SVI、水温等工艺控制指标，并通过微生物镜检检测生物池活性污泥的生物相，观察活性污泥颜色、状态、气味及上清液透明度等，及时调整运行工况。

（6）经常观测曝气池混合液的静沉速度、SV 及 SVI，若活性污泥发生污泥膨胀，判断是否存在下列原因：入流污水有机质太少，曝气池内 F/M 负荷太低；入流污水氮磷营养不足；pH 偏低不利于菌胶团细菌生长；混合液 DO 偏低；污水水温偏高等。并及时采取针对性措施控制污泥膨胀。

（7）当发现污泥膨胀、污泥上浮等不正常的状况时，应分析原因，针对具体情况调整系统运行工况，应采取有效措施恢复正常。

（8）当生物反应池水温较低时，应采取适当延长曝气时间、提高污泥浓度、增加污泥龄或其他方法，保证污水的处理效果。

（9）根据出水水质的要求及不同运行工况的变化，应对不同工艺流程生物反应池的回流比进行调整与控制。

（10）当生物池中出现泡沫、浮泥等异常现象时，应根据感观指标和理化指标进行分析，并应采取相应的调控措施。

（11）对生物反应池上的浮渣、附着物以及溢到走道上的泡沫和浮渣，应及时清除，并应采取防滑措施。

（12）采用 SBR 工艺时，应合理调整和控制运行周期，并应按照设备要求定期对滗水器进行检查、清洁和维护，对虹吸式滗水器还应进行漏气检查。

（13）定期检查空气扩散器的充氧效率，判断空气扩散器是否堵塞，并及时清洗。

（14）注意观察曝气池液面翻腾状况，检查是否有空气扩散器堵塞或脱落情况，并及时更换。

（15）每班测定曝气池混合液的 DO，并及时调节曝气系统的充氧量，或设置空气供应量自动调节系统。

（16）注意曝气池护栏的损坏情况并及时更换或修复。

（17）应定期对金属材质的空气管、挡墙、法兰接口或丝网进行检查，发现腐蚀或磨损，应及时处理。

（18）较长时间不用的橡胶材质曝气器，应采取相应措施避免太阳暴晒。

（19）做好分析测量与记录每班应测试项目：曝气混合液的 SV 及 DO（有条件时每小时一次或在线检测 DO）。

每日应测定项目：进出污水流量 Q、曝气量或曝气机运行台数与状况、回流污泥量、排放污泥量；进出水水质指标：COD_{Cr}、BOD_5、SS、pH；污水水温；活性污泥的 MLSS、MLVSS；混合液 SVI；回流污泥的 MLSS、MLVSS；活性污泥生物相。

每日或每周应计算确定的指标：污泥负荷 F/M，污泥回流比 R，水力停留时间和污泥停留时间。

6.3.2　二沉池的运行管理

二沉池的作用是泥水分离，使经过生物处理的混合液澄清，同时对混合液进行浓缩，并为生化池提供浓缩后的活性污泥回流。

1. 工艺控制

（1）调节各池进水量，应根据池组设置、进水量变化，保证各池配水均匀。

（2）二沉池污泥排放量可根据生物反应池的水温、污泥沉降比、混合液污泥浓度、污泥回流比、污泥龄及二沉池污泥界面高度确定。

（3）经常检查并调整出水堰口的平整度，防止出水不均匀和短流现象的发生；应保持堰板与池壁之间密合，不漏水；及时清除挂在堰板上的浮渣和挂在出水堰口的生物膜和藻类。

（4）操作人员应经常检查刮吸泥机以及排泥闸阀，应保证吸泥管、排泥管路畅通，并保证各池均衡运行。

（5）经常观察二沉池液面，看是否有污泥上浮现象。若局部污泥大块上浮且污泥发黑带臭味，则二沉池存在死区；若许多污泥块状上浮又不同于上述情况，则原因为曝气池混合液 DO 偏低，二沉池中污泥出现反硝化，应及时采取针对措施避免影响出水水质。

（6）由于二沉池埋深较大，当地下水位较高而需要将二沉池放空时，为防止出现漂池现象，要事先确认地下水位，必要时可先降低地下水位再排空。

（7）经常检测出水是否带走微小污泥絮粒，造成污泥异常流失。判断污泥是否异常流失有以下原因：污泥负荷偏低且曝气过度，入流污水中有毒物质浓度突然升高细菌中毒，污泥活性降低而解絮，并采取针对措施及时解决。

（8）二沉池运行参数应符合设计要求，可按表 6-4 中的规定确定。

二沉池正常运行参数　表 6-4

池型		表面负荷 [$m^3/(m^2 \cdot h)$]	固体负荷 [$kg/(m^2 \cdot d)$]	停留时间 (h)	污泥含水率 (%)
平流式沉淀池	活性污泥法后	0.6～1.5	≤ 150	1.5～4.0	99.2～99.6
	生物膜法后	1.0～2.0	≤ 150	1.5～4.0	96.0～98.0
中心进水周边出水辐流式沉淀池		0.6～1.5	≤ 150	1.5～4.0	99.2～99.6
周边进水周边出水辐流式沉淀池		1.0～2.5	≤ 240	1.5～4.0	98.8～99.0

2. 二沉池运行管理的注意事项

（1）对设有积泥槽的刮吸泥机，检查积渣斗的积渣情况并及时排除，还要经常用水冲洗浮渣斗，注意浮渣刮板与浮渣斗挡板配合是否得当，并及时调整和修复。

（2）二沉池长期停运 10d 以上时，应将池内积泥排空，并对刮吸泥机采取防变形措施。

（3）刮吸泥机在运行时，同时在桥架上的人数，不得超过允许的重量荷载。

（4）一般每年应将二沉池放空检修一次，检查水下设备、管道、池底与设备的配合等是否出现异常，并及时修复。

（5）按规定对二沉池常规检测的项目进行及时分析化验。

（6）巡检时注意听辨刮泥、刮渣、排泥设备是否有异常声音，同时检查其是否有部件松动，并及时调整或检修。

3. 二沉池常规检测项目

（1）pH。pH 与污水水质有关，一般略低于进水值，正常值为 6～9，如果偏离此值，可以从进水的 pH 的变化和曝气池充氧效果找原因。

（2）悬浮物。活性污泥系统运转正常时，其出水 SS 应当在 30mg/L 以下，最大不应当超过 50mg/L。

（3）溶解氧（DO）。因为活性污泥中的微生物在二沉池继续消耗溶解氧，出水的溶解氧略低于生化池。

（4）COD 和 BOD。这两项指标应达到国家标准，不允许超标准运行，数值过低会增加处理成本，综合两者因素，用较低的处理成本，达到最好的处理效果。

（5）氨氮和硝酸盐。这两项指标应达到国家有关排放标准，如果长期超标、而且是进水的氮和磷含量过高引起的，就应当加强除磷脱氮措施的管理。

（6）泥面。泥面的高低可以反映活性污泥在二沉池的沉降性能，是控制剩余污泥排放的关键参数。正常运行时二沉池的上清液的厚度应不少于 0.5～0.7m，如果泥面上升，在生物系统运行正常时，二沉池出水中的悬浮物都应该为可沉降的片状，此时无论悬浮物或多或少，二沉池出水的外观应该是透明的，否则出水呈乳灰色或黄色，其中夹带大量的非沉淀的悬浮物。

4. 二沉池污泥回流的控制

（1）污泥回流的作用及回流比调整。好氧活性污泥法的基本原理是利用活性污泥中的微生物在曝气池内对污水中的有机物进行氧化分解，由于连续流活性污泥法的进水是连续进行的，微生物在曝气池内的增长速度远远跟不上随混合液从曝气池中的流出速度，生物处理过程就难以维持。污泥回流就是将从曝气池中流失的、在二沉池进行泥水分离的污泥的大部分重新引回曝气池的进水端与进水充分混合，发挥回流污泥中微生物的作用，继续对进水中的有机物进行氧化分解。污泥回流的作用就是补充曝气池混合液带走的活性污泥，保持曝气池内的MLSS相对稳定。

污泥回流比是污泥回流量与曝气池进水量的比值，当曝气池进水量的进水水质、进水量发生变化时，最好能调整回流比。但回流比进行调整后其效果不能马上显现出来，需要一段时间，因此，通过调节回流比，很难适应污水水质的变化，一般情况下应保持回流比的稳定。但在污水处理厂的运行管理中，通过调整回流比应对突发情况的一种有效手段。

污泥回流比的调整方法有以下几种：

1）根据二沉池的泥位调整。这种方法可避免出现因二沉池泥位过高而造成污泥流失的现象，出水较稳定，缺点是使回流污泥浓度不稳定。

2）根据污泥沉降比确定回流比。计算公式为：

$$R=\frac{\mathrm{SV}}{100-\mathrm{SV}} \tag{6-1}$$

式中　R——回流比，%；

SV——污泥沉降比，%。

沉降比的测定比较简单、迅速、具有较强的操作性，缺点是当活性污泥沉降性较差时，即污泥沉降比较高时，需要提高回流量，造成回流污泥浓度的下降。

3）根据回流污泥浓度和混合液污泥浓度确定回流比。计算公式为：

$$R=\frac{\mathrm{MLSS}}{\mathrm{RSS}-\mathrm{MLSS}} \tag{6-2}$$

式中　MLSS——悬浮固体浓度，mg/L；

RSS——回流污泥浓度，mg/L。

分析回流污泥和曝气池混合液的污泥浓度使用烘干法，需要较长的时间，一般只做回流比的校核。但该法能够比较准确反映真实的回流比。

4）根据污泥沉降曲线，确定最佳的沉降比。通过测定混合液最佳沉降比$\mathrm{SV_m}$，调整回流量使污泥在二沉池时间恰好等于污泥通过沉降达到最大浓度的时间，可获得较大的污泥浓度，而回流量最小，使污泥在二沉池的停留时间最小，此法特别适合除磷和脱氮工艺，计算公式为：

$$R=\frac{\mathrm{SV_m}}{100-\mathrm{SV_m}} \tag{6-3}$$

（2）控制污泥回流的方式。控制污泥回流的方式主要有以下几种：

1）保持回流量恒定。该方式适用于进水量恒定或进水波动不大，否则会造成污泥在二沉池和曝气池的二池的重新分配。

2）保持剩余污泥排放量的恒定。在回流量不变的条件下，保持剩余污泥排放量的相对稳定，即可保持相对稳定的处理效果。此方式的缺点是当进水水量、进水有机物浓度降低时，曝气池的污泥增长量有可能少于剩余污泥的排放量，导致系统污泥量的下降影响处理效果。

3）回流比和剩余污泥排放量随时调整。根据进水量和进水的有机负荷的变化，随时调整剩余污泥的排放量和回流污泥量，尽可能地保持回流污泥浓度和曝气池混合液的浓度的稳定。这种方式效果最好，但操作频繁、工作量较大。

6.3.3　活性污泥法运行中的异常现象与对策

1. 污泥膨胀

污泥膨胀是活性污泥法系统常见的一种异常现象，是由于某种因素的改变，活性污泥质量变轻、膨胀、沉降性能变差，SVI 不断升高，混合液不能在沉淀阶段进行正常的泥水分离，沉淀阶段泥面不断上升，导致污泥流失，出水的水质变差，使生化池中的 MLSS 过度降低，从而破坏活性污泥工艺的正常运行，这一现象称为污泥膨胀。

（1）污泥膨胀的表现。污泥膨胀时 SVI 异常升高，二沉池出水的 SS 将大幅度增加，甚至超过排放标准，也导致出水的 COD 和 BOD_5 的超标。严重时造成污泥的大量流失，生化池微生物数量锐减，导致生化系统的性能下降甚至系统的崩溃。

（2）污泥膨胀的原因。丝状菌的过度繁殖，引起活性污泥所处的环境条件发生了不利的变化。正常的活性污泥中都含有一定丝状菌，它是形成活性污泥絮体的骨架材料。活性污泥中丝状菌数量太少或没有，则不能形成大的絮体，沉降性能不好；丝状菌过度繁殖，则形成丝状菌污泥膨胀。在正常情况下，“舒适”的环境中，菌胶团的生长速率大于丝状菌的生长速率，不会出现丝状菌的过度繁殖；但在恶劣的环境中，丝状菌由于其表面积较大，抵抗“恶劣”环境的能力比菌胶团细菌强，其数量会超过菌胶团细菌，从而过度繁殖导致丝状菌污泥膨胀，“恶劣”环境是指水质、环境因素及运转条件的指标偏高偏低。另一个原因是菌胶团生理活动异常，导致活性污泥沉降性能的恶化，即进水中含有大量的溶解性有机物，使污泥负荷太高，缺乏 N、P 或 DO 不足，细菌会向体外分泌出过量的多聚糖类物质，这些物质含有很多氢氧基而具有亲水性，使活性污泥结合水高达 400%，呈黏性的凝胶状，使活性污泥在沉淀阶段不能有效进行泥水分离。这种膨胀也叫黏性膨胀。还有一种是非丝状菌膨胀，进水中含有毒性物质，导致活性污泥中毒，使细菌分泌出足够的黏性物质，不能形成絮体，使活性污泥在沉淀阶段不能有效进行泥水分离。

（3）污泥膨胀控制措施。污泥膨胀控制措施包括临时措施、调节工艺运行控制措施和永久性控制措施。

临时措施包括：

1）加入絮凝剂，增强活性污泥的凝聚性能，加速泥水分离，但投加量不能太多，否则可能破坏微生物的生物活性，降低处理效果。

2）向生化池投加杀菌剂，投加剂量应由小到大，并随时观察生物相和测定 SVI 值，当发现 SVI 值低于最大允许值时或观察丝状菌已溶解时，应当立即停止投加。

调节工艺运行控制措施主要包括：

1）在生化池的进口投加黏泥、消石灰、消化泥，提高活性污泥的沉降性能和密实性。

2）使进入生化池污水处于新鲜状态，采取预曝气措施，同时起到吹脱硫化氢等有害气体的作用，提高进水的 pH。

3）加大曝气强度，提高混合液 DO 浓度，防止混合液局部缺氧或厌氧。

4）补充 N、P 等营养，保持系统的 C、N、P 等营养的平衡。

5）高污泥回流比，减少污泥在二沉池的停留时间，避免污泥在二沉池出现厌氧状态。

6）利用占线仪表等自控手段，强化和提高化验分析的实效性，力争早发现早解决。

永久性控制措施是指对现有的生化池进行改造，在生化池前增设生物选择器。其作用是防止生化池内丝状菌过度繁殖，避免丝状菌在生化系统成为优势菌种，确保沉淀性能良好的菌胶团、非丝状菌占优势。

2. 生化池内活性污泥不增长或减少

（1）二沉池出水 SS 过高，污泥流失过多，可能是因为污泥膨胀所致或是二沉池水力负荷过大。

（2）进水有机负荷偏低。活性污泥繁殖增长所需的有机物相对不足，使活性污泥中的微生物处于维持状态，甚至微生物处于内源代谢阶段，造成活性污泥量减少，此时应减少曝气量或减少生化池运转个数，以减少水力停留时间。

（3）曝气量过大。使活性污泥过氧化，污泥总量不增加，对策是合理调整曝气量，减少供风量。

（4）营养物质不平衡。造成活性污泥微生物的凝聚性变差，对策是补充足量的 N、P 等营养。

（5）剩余污泥量过大。使活性污泥的增长量小于剩余污泥的排放量，应减少剩余污泥的排放量。

3. 活性污泥解体

SV 和 SVI 特别高，出水非常浑浊，处理效果急剧下降，往往是活性污泥解体的征兆。其原因是：

（1）污泥中毒，进水中含有毒物质或有机物含量突然升高造成活性污泥代谢功能丧失，活性污泥失去净化活性和絮凝活性。

（2）有机负荷长时间偏低，进水浓度、水量长时间偏低，而曝气量却维持正常，出现过度曝气，污泥过度氧化造成菌胶团絮凝性能下降，最终导致污泥解体，出水水质恶化。对策是减少鼓风量或减少生化池运行个数。

4. 二沉池出水 SS 含量增大

（1）活性污泥膨胀使污泥沉降性能变差，泥水界面接近水面，造成出水大量带泥，解决办法是找出污泥膨胀原因加以解决。

（2）进水负荷突然增加，增加了二沉池水力负荷，流速增大，影响污泥颗粒的沉降，造成出水带泥，解决办法是均衡水量，合理调度。

（3）生化系统活性污泥浓度偏高，泥水界面接近水面，造成出水带泥，解决办法是加强剩余污泥的排放。

（4）活性污泥解体造成污泥絮凝性能下降，造成出水带泥，解决办法是查找污泥解体原因，逐一排除和解决。

（5）刮（吸）泥机工作状况不好，造成二沉池污泥和水流出现短流，污泥不能及时回流，污泥缺氧腐化解体后随水流出。解决办法是及时检修刮（吸）泥机，使其恢复正常状态。

（6）活性污泥在二沉池停留时间太长，污泥因缺氧而解体，解决办法是增大回流比，缩短在二沉池的停留时间。

（7）水中硝酸盐浓度较高，水温在 15℃以上时，二沉池局部出现污泥反硝化现象，氮类气体裹挟泥块随水溢出，解决办法是加大污泥回流量，减少污泥停留时间。

5. 二沉池溶解氧偏低或偏高

（1）活性污泥在二沉池停留时间太长，造成 DO 下降，污泥中好氧微生物继续好氧，对策是加大污泥回流量，减少污泥停留时间；

（2）刮（吸）泥机工作状况不好，污泥停留时间过长，污泥中好氧微生物继续好氧，造成 DO 下降，对策是及时检修刮（吸）泥机，使其恢复正常状态。

（3）生化池进水有机负荷偏低或曝气量过大，可提高进水水力负荷或减少鼓风量，以便节能运行。

（4）二沉池出水水质浑浊，DO 却升高，可能由活性污泥中毒所致，对策是查明有毒物质的来源并予以排除。

6. 二沉池出水 BOD_5 和 COD 突然升高

（1）进入生化池的污水量突然增大，有机负荷突然升高或有毒、有害物质浓度突然升高，造成活性污泥活性的降低，解决办法是及时检修刮（吸）泥机，使其恢复正常状态。加强进厂水质检测，合理调动使进水均衡。

（2）生化池管理不善，活性污泥净化功能降低，解决办法是加强生化池运行管理，及时调整工艺参数。

（3）二沉池管理不善也会使二沉池功能降低，解决办法是加强二沉池的管理，定期巡检，发现问题及时整改。

7. 活性污泥法的泡沫现象

（1）泡沫分类。泡沫包括以下几种：

1）启动泡沫，在活性污泥工艺运行的初期，污水中的表面活性剂，在活性污泥的净化功能尚未形成时，这些物质在曝气的作用下形成了泡沫，但随着活性污泥的成熟，表面活性剂逐渐被降解，泡沫会逐渐消失。

2）反硝化泡沫，一般当水温为 20℃时反硝化的进程加快，在生化池曝气不足的地方，序批式活性污泥法沉淀至滗水阶段后期及传统活性污泥法二沉池发生局部反硝化，产生氮类气体从而裹挟着污泥上浮，出现泡沫现象。

3）生物泡沫，即由于丝状微生物的增长，与气泡、絮体颗粒形成的稳定的泡沫。

（2）生物泡沫的危害。生物泡沫的危害包括以下几个方面：

1）泡沫的黏滞性，在曝气池表面阻碍氧气进入曝气池。

2）混有泡沫混合液进入二沉池后，泡沫会裹挟污泥增加出水的SS，并在二沉池表面形成浮渣层。

3）泡沫蔓延走道板，会产生一系列卫生问题。

4）回流污泥含有泡沫会引起类似浮选现象，损坏污泥的性能，生物泡沫随排泥进入泥区，干扰污泥浓缩和污泥消化。

（3）生物泡沫的控制对策。生物泡沫的控制对策包括：

1）水力消泡是最简单的物理方法，但丝状菌依然存在，不能从根本上解决问题。

2）投加杀生剂或消泡剂，消泡剂仅仅能降低泡沫的增长，却不能消除泡沫形成的内在原因，而杀生剂普遍存在副作用，投加过量或投加位置不当，会降低生化池中絮凝体的数量及生物总量。

3）降低污泥龄，减少污泥在生化池的停留时间，抑制生长周期较长的放线菌的生长。

4）回流厌氧消化池的上清液能抑制丝状菌的生长，但有可能影响出水水质，慎重采用。

5）向生化池投加填料，使容易产生污泥膨胀和泡沫的微生物固着在载体上生长，提高生化池的生物量和处理效果，又能减少或控制泡沫的产生。

6）投加絮凝剂，使混合液表面失稳，进而使丝状菌分散重新进入活性污泥絮体中。

6.4 城镇污水处理厂典型生化工艺系统的运行管理

6.4.1 缺氧—好氧活性污泥法运行管理应注意的问题

1. 污水碱度的控制

入流污水碱度不足或呈酸性，会造成硝化效率的下降，出水氨氮含量升高，硝化段pH应大于6.5，二沉池出水碱度应大于20mg/L，否则，应在硝化段投加石灰等药剂来增加碱度和调整pH。

2. 溶解氧DO的控制

曝气池供氧不足或系统排泥量太大，会造成硝化效率的下降，应调整曝气量和排泥量；但溶解氧过高，污泥龄过长，易使污泥低负荷运行，出现过曝气现象，造成污泥解絮，应经常观测硝化效率及污泥形状，调整曝气量和排泥量，做到精心管理。

3. 进水有机负荷的调整

入流污水总氮太高或温度低于15℃，生物脱氮效率会下降，此时应增加曝气池投运数量和混合液污泥浓度，保证良好的污泥运行负荷。

4. 混合液内回流比的控制

经常测定和计算系统的内回流比和缺氧池搅拌器的搅拌强度，防止缺氧段 DO 超过 0.5mg/L，内回流太少又会使缺氧段硝酸含量不足，使出水总氮超标。

5. BOD_5 和 TN 的比值的核算

经常检测进水 BOD_5 和 TN 的比值，一般应保持在 5～7，如果 BOD_5/TN 低于 5，应跨越初沉池或投加有机碳源来提高 BOD_5/TN 的比值。

6. 剩余污泥排放的控制

生物脱氮系统剩余污泥的排放，主要应满足生物脱氮的要求，传统活性污泥法排泥都适用于生物脱氮系统，但采用污泥龄控制排污泥最佳，这主要是因为污泥龄易于控制和掌握，更主要的是污泥龄对硝化的影响最大。

7. 污泥负荷和污泥龄的控制原则

生物硝化属于低负荷工艺，F/M 一般在 0.15kgBOD_5/(kgMLSS · d) 以下。负荷越低，硝化越充分，亚硝酸盐转化成硝酸盐的效率越高，与低负荷相对应，生物硝化系统的污泥龄一般较长，主要是硝化细菌的增殖速度较慢，世代较长，如果没有足够的污泥龄，硝化细菌就难以培养起来，一般要达到理想的硝化效果，污泥龄必须大于 8d 以上。

6.4.2 厌氧—缺氧—好氧活性污泥法运行管理应注意的问题

1. 污泥回流点的改进与泥量的分配

为了减少厌氧段的硝酸盐的含量，应控制加入厌氧段的回流污泥量，将回流污泥分两点加入。在保证回流比不变的前提下，加入厌氧段的回流污泥占整个回流量的 10%，其余回流到缺氧段以保证脱氮的需要。

2. 减少磷释放的措施

A^2/O 工艺系统中剩余污泥含磷量较高，在其消化过程中重新释放和溶出，还由于经硝化工艺系统排出的剩余污泥，沉淀性能良好，可直接脱水，如果采用污泥浓缩，运行过程中，要保证脱水的连续性，减少剩余污泥在浓缩池的滞留。

3. 好氧段污泥负荷的确定

在硝化的好氧段，污泥负荷应小于 0.15kgBOD_5/(kgMLSS · d)，而在除磷厌氧段，污泥的负荷应控制在 0.1kgBOD_5/(kgMLSS · d) 以上。

4. 溶解氧 DO 的控制

在硝化的好氧段，DO 应控制在 2.0mg/L 以上，在反硝化的缺氧段，DO 应控制在 0.5mg/L 以下，在除磷厌氧段，DO 应控制在 0.2mg/L 以下。

5. 回流混合液系统的控制

内回流比对除磷的影响不大，因此回流比的调节与硝化工艺一致。

6. 剩余污泥排放的控制

剩余污泥排放宜根据污泥龄来控制，污泥龄的大小决定系统是以脱氮为主还是以除磷为主。当污泥龄控制在 8～15d 时，脱氮效果较好，还有一定的除磷效果；如果污泥龄小于 8d，硝化效果较差，脱氮效果更不明显，而除磷效果较好；当污泥龄大于 15d，脱氮效果良好，但除磷效果较差。

7. BOD_5/TKN 与 BOD_5/TP 的校核

运行过程中应定期核算污水入流水质是否满足 BOD_5/TKN 大于 4.0，BOD_5/TP 大于 20 的要求，否则补充碳源。

8. pH 控制及碱度的核算

污水的混合液的 pH 应控制在 7.0 以上，如果 pH 小于 6.5，应投加石灰，补充碱源的不足。

6.4.3　循环式活性污泥法（CAST）工艺系统运行应注意的问题

1. CAST 工艺系统运行的特点

CAST 工艺系统是在一个或多个平行运行，且反应容积可变的池内完成生物降解和泥水分离过程，在运行过程中，活性污泥系统按照“曝气—非曝气”阶段不断重复进行。在曝气池内主要完成生物降解过程，而非曝气阶段也完成部分生物降解作用，但主要完成泥水分离过程，沉淀阶段完成泥水分离后，滗水器排出每一周期处理后的出水，同时，根据系统活性污泥的增殖情况，在每一处理循环的最后阶段（滗水阶段）自动排出剩余污泥。

2. CAST 工艺系统运行中应注意的问题

CAST 工艺系统对控制要求较高，一是水力负荷的控制，二是溶解氧的控制。由于 CAST 工艺系统属于间歇运行方式，在控制上应保证进水的连续性，即进水和出水的连续性。应考虑 3 种工况：一是正常运行工况，即按系统正常周期运行；二是雨季工况（如果污水收集系统是合流制系统），降雨时，进水量要大于设计水量，运行时要缩短运行周期；三是事故工况，如某组生化池出现事故或处于检修状态，控制上可缩短运行周期。CAST 工艺要求在一个池内不仅完成 BOD 的去除，还要完成生物除磷、硝化和反硝化，其过程对溶解氧的要求是不同的，在同一个反应周期内，要求溶解氧也是变化的，合理控制系统污泥浓度和溶解氧的浓度应是系统控制的关键。

6.4.4　DAT—IAT 系统运行应注意的问题

1. DAT—IAT 系统的特点

（1）增加了工艺处理的稳定性，DAT 起到了水力均衡和防止连续进水对出水水质的影响；DAT 连续曝气也使整个系统更接近于完全混合式，有利于消除高浓度有机毒物或 COD 浓度过高积累而带来的不良影响；由于系统是间歇运行，微生物以兼性菌为主，即使某个池因故长时间停运，也可在 1～2d 内恢复正常运行。

（2）提高了池容的利用率，与传统 SBR 法及其他变形工艺相比，由于 DAT—IAT 工艺系统中 DAT 反应池连续曝气，该工艺的曝气容积比是很高的。

（3）提高了设备的利用率，由于 DAT 连续进水，因此不需要设置按顺序进水的闸阀及自控装置；DAT 反应池连续曝气，减少整个系统的曝气强度，提高曝气装置的利用率。

（4）增加了整个系统的灵活性，DAT—IAT 系统可以根据进、出水水量，水质的变化来调整 DAT 反应池和 IAT 反应池的工作状态和 IAT 的运转周期，使之处于最佳工况。也可根据除磷脱氮需要，调整曝气时间，创造缺氧和厌氧的环境，实现除磷和脱氮。

2. DAT—IAT 工艺系统运行管理应注意的问题

（1）合理控制 DAT 反应池与 IAT 反应池的 MLSS 尤其重要，必须合理控制回流比以及回流泵的延时启动时间与运行时间；DAT 反应池污泥回流系统的管道出口直径要合理，确保回流污泥呈喷射状态，防止出现短流，造成 IAT 反应池 MLSS 过高，影响出水水质。

（2）由于 DAT—IAT 工艺保留了 SBR 工艺的主要特征，曝气—沉淀—出水工作过程在一个池内完成。要合理控制 IAT 反应池的浓度，尤其夏季水温在 20℃时，在沉淀和滗水阶段，底层污泥发生局部反硝化，特别是滗水后期，水位降低，污泥上浮加剧，影响出水水质，因此要加强污泥回流和剩余污泥的排放，MLSS 可控制在 2000mg/L 左右。

（3）滗水器是生化池运行的关键设备，常见故障：滗水时不下行，造成其他池水位抬高影响曝气，严重时可能发生鼓风机喘振；另一种故障是滗水后期滗水器不上行，在曝气阶段跑泥，对此情况应在程序增加保护措施；还有一种故障是滗水器运行不同步，是由机械故障所致，应定期对滗水器进行维护和保养。对于其他间歇活性污泥法，出水采用回转式滗水器的系统，加强滗水器的维护和保养非常重要。

6.4.5　间歇式循环延时曝气活性污泥法（ICEAS）工艺系统运行应注意的问题

1. ICEAS 系统工艺特点

ICEAS 系统最大的特点是在 SBR 反应池的前端增加了一个生物选择器，实现了连续进水，间歇排水。生物选择的设置使系统选择出适应污水中有机物降解和絮凝性能更强的微生物，可有效地抑制丝状菌的生长和繁殖，使活性污泥在选择器内经历一个高负荷的生物吸附阶段，随后在主反应区经历一个较低负荷的基质降解阶段。在反应阶段经历反复曝气—缺氧—厌氧过程，完成了污水的处理。

2. ICEAS 工艺系统运行管理应注意的问题

（1）ICEAS 工艺系统生物选择器里的污泥要保持悬浮状态。如果采用曝气搅拌的系统，选择器内的 DO 的控制是关键，应使其处于厌氧状态，曝气的作用只是起到搅动污泥的作用，如果为防止出现好氧状态而不曝气，污泥将在选择器内沉积，而使选择器失去作用，系统易发生污泥膨胀，最好的办法是增大选择器内的污泥浓度，控制曝气量，使其处于缺氧或厌氧状态，真正发挥选择器的作用。

（2）对于强调除磷脱氮的 ICEAS 工艺系统，系统初期运行时，其运行模式可灵活掌握，曝气时间可加长，搅拌时间可缩短，甚至可以取消某一时段搅拌过程来增加曝气时间，便于微生物的生长和硝化菌的世代生长，当硝化过程进展良好时，再进行搅拌时间的调整，从而实现除磷脱氮。

（3）在系统正常运行后，生化系统所进行的反复曝气—缺氧—厌氧的过程，搅拌时间的确定应根据实际需要的 DO 所要持续的时间进行确定，而曝气时间应根据氨氮转化率进行确定，也就是说曝气和搅拌时间要保证工艺的需要，可灵活控制。

6.4.6　氧化沟运行管理应注意的问题

氧化沟又称氧化渠或循环曝气池，污水和活性污泥混合液在系统内循环流动，其实质是传统活性污泥法的一种改型，并经常采用延时曝气的方式运行，一般不设初沉池，与传统活性污泥法相比沟体狭窄，沟渠呈圆形或椭圆形，分单沟系统和多沟系统，污泥龄长，系统中可生长世代较长的细菌，污泥负荷较低，类似延时曝气法；运行方式有连续式和间歇式，间歇式具有 SBR 的特点，连续式需要设置二沉池。

1. 氧化沟主要工艺特点

（1）抗冲击能力强。原水进入氧化沟后会被几十次或上百次地循环，能够承受水质和水量的冲击，适合处理高浓度有机废水。

（2）具有较好的除磷和脱氮功能。氧化沟采用多点或非全池曝气方式，且具有推流功能，DO 沿池呈浓度梯度，形成厌氧—缺氧—好氧的环境，通过精心设计和管理，可取得较好的除磷和脱氮效果。

（3）处理效率高、出水水质好。由于水力停留时间和污泥龄接近延时曝气法，悬浮性有机物和溶解有机物可以得到很好的去除，出水水质好，剩余污泥少。

2. 奥贝尔氧化沟工艺系统的运行管理

奥贝尔氧化沟是多级氧化沟，一般由 3 个同心椭圆形沟道组成，3 沟容积分别占总容积的 60%～70%、20%～30% 和 10%，污水由外沟道进入，与回流污泥混合，由外沟道进入内沟道再进入内沟道，在各沟道内循环数十到数百次，相当于一系列完全混合反应器串联在一起，最后经中心岛的可调堰门流出至二沉池。在各沟道横跨安装有不同数量水平转碟曝气机，进行供氧和较强的推流搅拌，使污水在系统中经历好氧—缺氧周期性循环，从而使污水得以净化。

值得注意的是：奥贝尔氧化沟 3 个沟渠内溶解氧的浓度是有明显差别，第一沟渠溶解氧吸收率较高，溶解氧较低，混合液经转碟曝气后溶解氧可能接近于零，可进行调整，溶解氧最好控制在 0.5mg/L 以下，最后沟渠溶解氧吸收率较低，溶解氧会增高，最好控制在 2mg/L 左右，当 DO 低于 1.5mg/L 时应进行调整。奥贝尔氧化沟的结构形式使得该工艺呈现出推流式的特征，因此在保证各沟渠溶解氧要求的前提下，也要注意转碟搅拌和推流的强度，防止污泥在沟渠内的沉淀。

3. 三沟式氧化沟的运行管理

三沟式氧化沟由 3 个相同的氧化沟组建在一起作为一个处理单元，3 沟的邻沟之间相互贯通，两侧氧化沟可起到曝气和沉淀的双重作用。每个池都配有可供进水和环流混合的转刷，自控装置自动控制进水的分配和出水堰的调节。污水在沟渠反复循环及三沟交替运行过程中得到净化。

三沟式氧化沟各阶段的运行管理应注意的问题如下：

阶段 A：污水进入第 1 沟，转刷低速运行，污泥在悬浮状态下环流，DO 应控制在 0.5mg/L 以下，确保微生物利用硝态氮中的氧，使其硝态氮还原成 N_2，同时自动调节出水堰上升；污水和活性污泥进入第 2 沟，第 2 沟内的转刷高速旋转，混合液在沟内保持环流，

DO 应控制在 2mg/L 左右，确保供氧量使氨氮为硝态氮，处理后的水进入第 3 沟，第 3 沟的转刷处于闲置状态，此时只作沉淀用，实现泥水分离，处理后的水通过降低的堰口排出系统。

阶段 B：污水入流由第 1 沟转向第 2 沟，此时第 1 沟、第 2 沟的转刷高速运转，第 1 沟由缺氧状态逐渐变为好氧状态，第 2 沟内的混合液进入第 3 沟，第 3 沟仍作为沉淀池进行泥水分离，处理后的出水由第 3 沟排出系统。

阶段 C：进水仍然进入第 2 沟，此时第 1 沟转刷停运，进入沉淀分离状态，第 3 沟仍然处于排水阶段。

阶段 D：进水从第 2 沟转向第 3 沟，第 1 沟出水堰口降低，第 3 沟堰口升高，混合液第 3 沟流向第 2 沟，第 3 沟转刷开始低速运转，进行反硝化出水从第 1 沟排出。

阶段 E：进水从第 3 沟转向第 2 沟，第 3 沟转刷高速运转，第 2 沟转刷低速运转实现脱氮，第 1 沟仍然作沉淀池，处理后的出水由第 1 沟排出系统。

阶段 F：进水仍进入第 2 沟，第 3 沟转刷停止运转，3 沟由运转转为静止沉淀，进行泥水分离，处理后的出水仍由第 1 沟排出，排水结束后进入下一个循环周期。

三沟式氧化沟生物脱氮运行方式见表 6-5。

三沟式氧化沟生物脱氮运行方式表　　表 6-5

运行阶段	A			B			C			D			E			F		
	1 沟	2 沟	3 沟	1 沟	2 沟	3 沟	1 沟	2 沟	3 沟	1 沟	2 沟	3 沟	1 沟	2 沟	3 沟	1 沟	2 沟	3 沟
各沟状态	反硝化	硝化	沉淀	硝化	硝化	沉淀	沉淀	硝化	沉淀	沉淀	硝化	反硝化	沉淀	硝化	硝化	沉淀	硝化	沉淀
	进水		出水		进水	出水		进水	出水	出水		进水	出水	进水		出水	进水	
持续时间（h）	2.5			0.5			1.0			2.5			0.5			1.0		

6.5　生物膜法处理构筑物的运行与管理

6.5.1　生物滤池运行管理

1. 定期检查

（1）定期检查布水系统的喷嘴，清除喷口的污物，防止堵塞。冬天停水时，不可使水积存在布水管中以防管道冻裂。旋转式布水器的轴承需定期加油。

（2）定期检查排水系统，防止堵塞，堵塞处应冲洗。当滤料石块随水流冲下时，要将其冲净，不要排入二沉池，否则会引起管道堵塞或减少池体有效容积。

2. 滤池蝇防治

滤池蝇的防治方法主要有：

（1）连续地向滤池投配水。

（2）按照与减少积水相类似方法减少过量的生物膜。

（3）每周或每两周用废水淹没滤池 24h。

（4）冲洗滤池内部暴露的池墙表面，如可延长布水横管，使废水能洒布于壁上，若池壁保持潮湿，则滤池蝇不能生存。

（5）在进水中加氯，维持 0.5～1.0mg/L 的余氯量；加药周期为 1～2 周，以避免滤池蝇完成生命周期。

（6）隔 4～6 周投加一次杀虫剂，以杀死欲进入滤池的成蝇。

3. 臭味问题

滤池是好氧的，一般不会有严重臭味，若有臭皮蛋味表明有厌氧条件存在。臭味防止办法主要有：

（1）维持所有的设备（包括沉淀池和废水废气系统）都保持在好氧状态。

（2）降低污泥和生物膜的累积量。

（3）在滤池进水且流量小时短期加氯。

（4）采用滤池出水回流。

（5）保持整个污水处理厂的清洁。

（6）清洗出现堵塞的排水系统。

（7）清洗所有通气口。

（8）在排水系统中鼓风，以增加流通性。

（9）降低特别大的有机负荷，以免引起污泥的积累。

（10）在滤池上加盖并对排放气体除臭。

4. 滤池表面泥坑问题

由于某些原因，有时会在滤池表面形成一个个由污泥堆积成的坑，里面积水。泥坑的产生会影响布水的均匀程度，并因此而影响处理效果。

预防和补救方法：① 耙松滤池表面的石质滤料；② 用高压水流冲洗滤料表面；③ 停止在积水面积上布水器的运行，让连续的废水将滤料上的生物膜冲走；④ 在进水中投配游离氯（5mg/L），历时数小时，隔几周投配，最好在晚间流量小时投配以减少用氯量，1mg/L 的氯即能抑制真菌的生长；⑤ 使滤池停止运行 1d 至数天，以便让积水滤干；⑥ 对于有水封墙和可以封住排水渠道的滤池用废水淹没 24h 以上；⑦ 若以上措施仍然无效时，就要考虑更换滤料，这样做可能比清洗旧滤料更经济些。

5. 滤池表面的结冻问题

滤池表面的结冻，不仅处理效率低，有时还可使滤池完全失效。

预防和解决办法：

（1）减少出水回流次数，可以停止回流直到气候温和为止。

（2）在滤池的上风向处设挡风装置。

（3）调节喷嘴和反射板使滤池布水均匀。

（4）及时清除滤池表面出现的冰块。

6. 布水管及喷嘴的堵塞问题

布水管及喷嘴的堵塞使废水在滤料上分配不均匀，水与滤料的接触面积减少，降低了效率，严重时大部分喷嘴堵塞，会使布水器内压力增高而爆裂。防治方法主要有：

（1）清洗所有喷嘴及布水器孔口。

（2）提高初沉池对油脂和悬浮物的去除效果。

（3）维持适当的水力负荷。

（4）按规定定期对布水器进行加油。

7. 防止滋生蜗牛、苔藓和蟑螂

防止滋生蜗牛、苔藓和蟑螂的办法：

（1）在进水中加氯 10mg/L，使滤池出水中的余氯量为 0.5～1.0mg/L，并维持数小时。

（2）用最大的回流量来冲洗滤池。

8. 生物膜的异常脱落

保持进水的连续运行，避免出现生物膜的异常脱落。

6.5.2　曝气生物滤池运行管理

由于曝气生物滤池系统采用生物处理与过滤技术，加强预处理单元的管理显得格外重要，为了延长曝气生物滤池的运行周期，需投加药剂才能达到要求，药剂的使用降低了进水的碱度，进而影响反硝化，因此在药剂上，应避免选择对工艺运行产生不良影响品种；曝气生物滤池系统与其他污水处理系统的最大的区别是曝气生物滤池要定期进行反冲洗。反冲洗不仅影响处理效果，而且关系系统运行的成败。反冲洗周期的确定是反冲洗最重要的工艺参数；若反冲洗过频，不仅使单元设施停止运行，而且消耗大量的出水，增加处理负荷，微生物大量流失，会使处理效果下降。反冲洗周期与进水的 SS、容积负荷和水力负荷密切相关，反冲洗周期随容积负荷的增加而减少，当容积负荷趋于最大时，反冲洗周期趋于最小，滤池需要频繁地反冲洗；而水力负荷对反冲洗周期的影响则相反；当进水的 SS 较高时，滤池容易发生堵塞，反冲洗周期就要缩短；所以在实际运行过程中要密切关注相关要素的变化，及时对运行参数做出必要的调整。

6.5.3　生物接触氧化法运行管理

（1）定时进行生物膜的镜检，观察接触氧化池内，尤其是生物膜中特征微生物的种类和数量，一旦发现异常要及时调整运行参数。

（2）尽量减少进水中的悬浮杂物，以防尺寸较大的杂物堵塞填料过水通道。避免进水负荷长期超过设计值造成生物膜异常生长，进而堵塞填料的过水通道。一旦发生堵塞现象，可采取提高曝气强度，来增强接触氧化池内水流紊动性的方法，或采用出水回流，以提高氧化池内水流速度的方法，加强对生物膜的冲刷作用，恢复填料的原有效果。

（3）防止生物膜过厚、结球。在生物接触氧化法工艺处理系统中，在进入正常运行阶段后的初期效果往往逐渐下降，究其原因是挂膜结束后的初期生物膜较薄，生物代谢旺盛，活性强，随着运行生物膜不断生长加厚，由于周围悬浮液中溶解氧被生物膜吸收后需从膜表面向内渗透转移，途中不断被生物膜上的好氧微生物所吸收利用，膜内层微生物活性低下，进而影响处理效果。

当生物膜增长过多过厚、生物膜发黑发臭，引起填料堵塞，使处理效果不断下降时应采取“脱膜”措施，采取瞬时大流量、大气量的冲刷，使过厚的生物膜从填料上脱落下来，此外还可采取停止一段时间曝气，使内层厌氧生物膜发酵，产生的CO_2、CH_4等气体使生物膜与填料间的“黏性”降低，此时再以大气量冲刷脱膜效果较好。某些工业废水中含有较多的黏性污染物，导致填料严重结球，大幅降低了生物接触氧化法的处理效率，因此在设计中应选择空隙率较高的漂浮填料或弹性立体填料等，对已结球的填料应使用气或水进行高强度瞬时冲洗，必要时应立即更换填料。

（4）及时排出过多的积泥。在接触氧化池中悬浮生长的“活性污泥”主要来源于脱落的老化生物膜，相对密度较小的游离细菌可随水流出，而相对密度较大的大块絮体，难以随水流出而沉积在池底，若不能及时排出，会逐渐自身氧化，同时释放出的代谢产物，会提高处理系统的负荷，使出水COD升高，而影响处理效果。另外，池底积泥过多使曝气器微孔堵塞。为了避免这种情况的发生，应定期检查氧化池底部是否积泥，一旦发现池底积有黑臭的污泥或悬浮物浓度过高时，应及时使用排泥系统，采取一面曝气一面排泥，这样会使出水恢复到原先的良好状态。

（5）在二沉池中沉积下来的污泥可定时排入污泥处理系统中进一步处理，也可以有一部分重新回流进入接触氧化池，视具体情况而定。例如在培菌挂膜充氧、生物膜较薄、生物膜活性较好时，将二沉池中沉积的污泥全部回流。在处理有毒有害的工业废水或污泥增长较慢的生物接触氧化法系统中，也可视生物膜及悬浮状污泥的数量多少，使二沉池中污泥全部或部分回流，以增加氧化池中污泥的数量，提高系统的耐冲击负荷能力。

二沉池排泥要间隔一定时间进行，间隔几小时甚至几十小时排一次泥，应视二沉池中的悬浮污泥数量多少而定。一般二沉池底部污泥数量越少，排泥时间间隔就越长，但不能无限制地延长排泥间隔时间，而以二沉池底部浓缩污泥不产生厌氧腐化或反硝化为度。

6.5.4 生物转盘的运行管理

（1）按设计要求控制转盘的转速。在一般情况下，处理城市污水的转盘，圆周速度约为18m/min。

（2）通过日常监测，要严格控制污水的pH、温度、营养成分等指标，尽量不要发生剧烈变化。

（3）反应槽中混合液的溶解氧值，在不同级上有所变化，用来去除BOD的转盘，第一级DO为0.5～1.0mg/L，后几级可增高至1.0～3.0mg/L，常为2.0～3.0mg/L，最后一级达4.0～8.0mg/L。此外，混合液DO随水质浓度和水力负荷而发生相应变化。

（4）注意生物相的观察。生物转盘与生物滤池都属于生物膜法处理系统，因此，盘片上生物膜的特点，与生物滤池上的生物膜完全相同，生物呈分级分布现象。第一级生物膜往往以菌胶团细菌为主，膜最厚；随着有机物浓度的下降，以下的数级分别出现丝状菌、原生动物及后生动物，生物的种类不断增多，但生物量即膜的厚度减少，依废水水质的不同，每级都有其特征的生物类群。当水质浓度或转盘负荷有所变化时，特征型生物层次随之前移或后移。

正常的生物膜较薄，厚度约为 1.5mm，外观粗糙、有黏性，呈现灰褐色。盘片上过剩的生物膜不时脱落，这是正常的更替，随后就被新膜覆盖。用于硝化的转盘，其生物膜薄得多，外观较光滑，呈金黄色。

（5）二沉池中污泥不回流，应定期排除二沉池中的污泥，通常每隔 4h 排一次，使之不发生腐化。排泥频率过高，泥太稀，会加重后续处置工艺的压力。

（6）为了保证生物转盘正常运行，应对所有设备定期进行检查维修，如转轴的轴承，电动机是否发热，有无不正常的杂音，传动带或链条的松紧程度，减速器、轴承、链条的润滑情况、盘片的变形情况等，及时更换损坏的零部件。在生物转盘运行过程中，经常遇到检修或停电等原因需停止运行 1d 以上时，为防止因转盘上半部和下半部的生物膜干湿程度不同而破坏转盘的重量平衡时，要把反应槽中的污水全部放空或用人工营养液循环，保持膜的活性。

（7）反应槽内 pH 必须保持在 6.5～8.5 范围内，进水 pH 一般要求调整在 6～9 范围内，经长期驯化后范围可略扩大，超过这一范围处理效率将明显下降。硝化转盘对 pH 和碱度的要求比较严格，硝化时 pH 应尽可能控制在 8.4 左右，进水碱度至少应为进水 NH_3-N 浓度的 7.1 倍，以使反应完全进行而不影响微生物的活性。

（8）沉砂池或初沉池中固体物质去除效果不佳，会使悬浮固体在反应槽内积累并堵塞进水通道，产生腐败，发出臭气，影响系统的运行，应用泵将它们抽出，并检验固体物的类型，针对产生的原因加以解决。

6.5.5　生物膜系统运行中应特别注意的问题

1. 防止生物膜过厚

膜的厚度一般与水温、水力负荷、有机负荷和供氧量等有关。水力负荷应与有机负荷相匹配，使老化的生物膜能不断冲刷下来，被水带走。有机负荷过高情况下，会使生物膜增长过快过厚，内部厌氧层随之增厚，可导致硫酸盐还原，污泥发黑发臭，使微生物活性降低，细小的悬浮物在沉淀池难以去除，造成出水水质下降。另外，大块黏厚的生物膜脱落，可造成局部堵塞，使布水不匀，影响处理效果。

对生物滤池和生物转盘，一般采用的解决办法是通过加大回流量来提高水力负荷，借助水力冲刷作用使老化的生物膜及时脱落。还可采取低频加水，使布水器或转盘转速减慢的解决办法。布水器或转盘转得慢，受水部位一次接受的水量多，使不同部位的生物膜接受到浓度基本相等的有机物，生物膜厚度较均匀。另外，由于转速减慢，不受水间隔时间较长，可致使膜量下降。例如，当滤池布水器转速为 1r/15min 时，在滤池的不同深度的膜生长得较均衡；相反，如果以 1r/1.5min 的频率布水，会使滤池上层受纳营养过多，膜增长过快过厚。

2. 维持较高的溶解氧

根据已建生物膜系统运行资料的回归分析，接触氧化池内溶解氧（DO）水平在小于

4mg/L时处理效率有较大幅度下降。也就是说，生物膜系统内DO的控制以高于悬浮活性污泥系统为好。这是因为适当地提高生物膜系统内的DO，可减少生物膜中厌氧层的厚度，增大好氧层在生物膜中所占的比例，提高生物膜内氧化分解有机物的好氧微生物的活性。此外，加大曝气量后气流上升所产生的剪切力有助于老化的生物膜脱落，使生物膜不致过厚，并防止因此而产生的堵塞弊病。加大气量后，还有助于废水在氧化池内的扩散，弥补生物膜系统内传质条件比活性污泥系统差的缺点。但若无限制地加大曝气量，除了增加曝气时所用的电耗外，在空气释放口处的冲击力可使附近生物膜过量脱落，并因此带来负面影响。

3. 减少出水悬浮物浓度

生物膜系统在正常运行时，生物膜中微生物会不断增长繁殖，使膜逐渐增厚，并最终脱落，随出水进入二沉池。这些脱落的生物膜与活性污泥的不同之处在于絮体大小不一，大者可长达数厘米，小者仅数微米。生物膜内层是厌氧层，脱落后结构也十分松散，似解絮的活性污泥。此外，脱落生物膜中丝状微生物所占的比例往往也较高，并因此而影响处理效果。为了解决这个问题，在设计生物膜系统的二沉池时，参数选取应适当保守一些，表面负荷小一些，在必要时，还可投加低剂量的絮凝剂，或在二沉池后加设快滤池，以减少出水悬浮物（ESS），提高处理效果。

4. 保证预处理效果

生物膜法必须对废水进行预处理，以去除砂粒和大的悬浮性有机物颗粒。若不除去这些，它们将沉积在反应器中，不但减少了反应器的有效容积，而且沉积的固体将变成厌氧状态，腐败后会产生臭气，使水中溶解性BOD上升。

5. 及时排泥并清除浮渣

在生物膜法工艺运行过程中，微生物不断生长、繁殖和老化，老化的生物膜脱落下来，沉积在处理构筑物的底部，或者在微细气泡的搅动下絮凝成团，形成污泥浮渣。在夏季，污泥容易浮在水面，在冬季则大部分沉入池底。由于污泥易产生厌氧腐化，可能影响净水效果、出水水质和环境卫生，所以，应定期排泥，确保生化系统的正常运行。

6.6 城镇污水处理厂深度处理系统各构筑物的运行管理

《城镇污水处理厂运行、维护及安全技术规程》CJJ 60—2011对传统的深度处理工艺（混凝—沉淀—过滤—消毒）的运行管理有一些具体规定，另外，在第3章中已详细介绍了混凝、沉淀、过滤、消毒4个工艺单元的运行管理，在城镇污水处理厂的深度处理中也都适用。在这里还要介绍高密度沉淀池、膜处理以及人工湿地的运行管理。

6.6.1 传统深度处理工艺运行管理的一些要求

1. 混合反应池

混合反应池的运行管理、安全操作、维护保养等应符合下列规定：

（1）应按设计要求和运行工况，控制流速、水位、停留时间等。

（2）采用机械搅拌的混合反应池，应根据实际运行状况设置搅拌梯度。

（3）药液与水的接触混合应快速、均匀。

（4）应定期排除混合反应池、配水池内的积泥。

（5）混合反应池设施、设备应每年检修一次，并做好防腐处理，应及时维修更换损坏部位。

2. 滤池

滤池的运行管理、安全操作、维护保养等应符合下列规定：

（1）应根据滤池水头损失或过滤时间进行反冲洗。

（2）冲洗前应检查排水槽、排水管道是否畅通。

（3）进行气水冲洗时，气压必须恒定，严禁超压。

（4）水力冲洗强度应为 8～17L/(m^2·s)，冲洗时滤料膨胀率应在 45% 左右；

（5）进水浊度宜控制在 10NTU 以下，滤后水浊度不得大于 5NTU；

（6）应定期对滤层做抽样检查，含泥量大于 3% 时应进行滤料清洗或更换；

（7）对于新装滤料或刚刚更换滤料的滤池，应进行清洗处理后方可使用；

（8）长期停用的滤池，应使池中水位保持在排水槽之上。

3. 清水池

清水池的运行管理、安全操作、维护保养等应符合下列规定：

（1）应设定运行水位的上限和下限，严禁超上限或下限水位运行；

（2）池顶严禁堆放有可能污染水质的物品或杂物；当池顶种植植物时，严禁施放各种肥料、药物；

（3）应至少每 2 年排空清刷 1 次池体；

（4）应采取有效的防止雨、污水倒流和渗透到池内的措施；

（5）应设置清水池水质检测点，每日监测化验不得少于 1 次；当发现水质超标时，应立即采取措施；

（6）应每年检查仪表孔、通气孔、人孔等处的防护措施是否良好，并应对清水池内外的金属构件做防腐处理。

6.6.2　高密度沉淀池的运行管理

1. 混凝

（1）应控制搅拌速度。过快搅拌，会导致絮凝体被打碎，生成细小的悬浮颗粒，随水流出。过慢的搅拌，会使絮凝体相互间碰撞机会减少，不容易生长成更大的絮凝体；过慢的搅拌还会导致絮凝体在反应区沉淀下去，形成底部淤泥，时间长会造成底部淤泥厌氧上浮，造成水质恶化。

（2）当水温变低或絮凝比较困难时，应适当提高混凝搅拌器转速；

（3）因原水水质的改变或药剂的改变使絮体变得易碎或在低流量时反应桶中的水流变得不对称，应降低混凝搅拌器转速。

2. 污泥回流及排放

（1）适当控制高密度沉淀池刮泥机的转速，在保证刮泥效果的前提下，控制转速不能过高，避免破坏絮体。

（2）高密度沉淀池底部的污泥浓度过高会导致高密度沉淀池刮泥机的过力矩报警并使该刮泥机跳闸。因此，当泥床位置升至 0.5～1m 时，从池锥部位开始污泥回流。

（3）通过改变回流泵的流量，控制污泥回流的百分比约为 3%，排泥量约为正常回流量 2%。

3. 合理控制泥床高度

泥床的作用是为回流污泥积攒足够的污泥并提高回流污泥的浓度。泥床控制的稳定性是判断高效沉淀池运行状况的一个关键指标。泥位过高可能造成污泥被水流带走部分或全部斜管跑泥。如果泥床泥位过低，就会有回流污泥浓度不足的危险，会引起反应区絮体松散，澄清效果差，出水悬浮物高。为保证稳定和高浓度的污泥回流：要求泥层要高于回流锥上方 0.5m，以控制在回流污泥锥上方 0.5～1m 为佳。

4. 防止青苔生长的避光措施

选择合适的闭光方法，以防止青苔生长。避光的办法包括搭建遮阳篷（彩钢瓦等办法）、采用玻璃钢（或绿色玻璃）盖板遮盖。临时措施可以选用黑色遮阳布进行全遮盖。

5. 回流污泥比率的控制原则

污泥在 1L 的带有刻度的量筒中沉淀 10min 后的泥层的高度即污泥的百分比（以 % 表示），刻度量筒中的沉淀污泥的量应该是 30～150mL，也就是说，性能良好的泥层的百分比一般为 3%～15%。如果没有足够的污泥，所取得的处理效果就不会满意，如果泥量过多，就会超出固体负荷的限制，泥床有上升的危险。好的污泥回流能达到 5%～10% 的污泥百分比。

6. 污泥回流调节

改变回流泵的流量，可以调节污泥的百分比。最佳的调节是在流量最大的情况下完成的，如果污泥比率超过 15%，应减小回流泵的流量，如果泥床升高了，那么就降低预设的百分比（回流泵流量）；当回流污泥的百分比得到满足时，不管原水流量如何，回流泵的调整值均可以保持。

7. 运行中常出现的问题

（1）加药系统堵塞。铁盐、铝盐和钙盐容易在加药泵和输送管道内结垢，堵塞加药系统，影响药量的正常投加。由于药剂投加的正常与缺失直接影响是否能达到混凝效果，因此运行中需确保加药系统的稳定、可靠，严格控制药剂质量，除了检测全铁、盐碱度、pH 等指标外，还应检测不溶物含量，其次是在加药管路上安装反洗水管，减缓堵塞时间；定期清洗药剂储罐内残渣和不溶物。

（2）斜管堵塞。斜管堵塞后，会降低斜管沉淀面积，出水短流使局部区域上升流速过高，出水悬浮物高，影响出水水质。严重时，大量污泥在斜管内发酵产气，会使斜管上浮、断裂；斜管堵塞常因污泥浓缩区泥位过高，大量污泥进入斜管或者是不加盖板的高效沉淀池，由于长期停机或阳光的照射，斜管内部大量生长藻类。

一般针对斜管堵塞采取的措施是加大排泥，直至泥位低于斜管下方；若斜管内部仍残留污泥，需将水位降至斜管以下，用水枪清洗，在冲洗过程中应控制冲力，防止斜管被破坏；如果因斜管内藻类大量生长导致的斜管堵塞，且藻类清除难度大，可用次氯酸钠对池体进行消毒除藻，具体做法就是投加 10% 的次氯酸钠量 50～100mg/L，持续 1～2d；日常运行中为防止青苔和藻类的生长，建议对高效沉淀池进行加盖处理，防止阳光照射促进藻类的生长。

（3）污泥回流不合理。污泥回流的目的在于加速絮体的生长以及增加絮体的密度。只有精确控制的连续的污泥回流用来维持形成高密度絮体，才使高效沉淀池具备“高效”的可能。反应区性能良好的污泥百分比（泥水混合液在 1L 量筒中沉淀 10min 后的泥层的高度）一般为 3%～15%，好的污泥回流能达到 5%～10%。如果反应区没有足够的污泥，出水水质就不会好。

6.6.3　膜处理工艺的运行管理

1. 粗过滤系统

粗过滤系统的运行管理、安全操作、维护保养等应符合下列规定：

（1）连续微滤系统启动前，应先检查粗过滤器是否处于自动状态。

（2）系统开机前，应同时打开进水阀和出水阀，然后关闭旁通阀转为过滤器供水，并应打开过滤器上的排气阀，排除罐内空气后，关闭排气阀。

（3）当需要切换启动备用水泵时，应使过滤器处于手动自清洗运行状态。

（4）应每日检查进出口压力表，检查自清洗是否彻底。否则，应加长自清洗时间或手动自清洗时间。

（5）应经常观察浊水腔和清水腔压力表，发现异常，及时处理。

（6）应每月定期排污一次。

（7）应每半年拆卸一次清洗过滤柱。

（8）压差控制器的差压设定范围应为 2×10^4～1.6×10^5Pa，切换差设定范围应为 3.5×10^4～1.50×10^5Pa。

2. 微过滤膜系统

微过滤膜系统的运行管理、安全操作、维护保养等应符合下列规定：

（1）微过滤膜系统启动前，应做好如下准备工作。

1）粗过滤器应处于自动状态。

2）应确认空气压缩系统处于正常状态。

3）系统进水泵应处于自动状态。

4）应确认水源供应正常。

（2）应定时巡查过滤单元，发现异常情况，及时处理。

（3）应定时排放压缩空气储罐内的冷凝水。

（4）当单元的过滤阻力超出规定值时，应及时进行化学清洗。

（5）系统需要停机时，应在正常滤水状态下进行。

（6）停机时间超过 5d，应将微过滤膜浸泡在专用药剂中保存。

（7）外压式微滤膜系统每季度必须进行一次声纳测试，膜元件出现问题，应及时隔离和修补。

（8）微滤膜系统在化学清洗时不得将单元内水排空；设备维修时必须将单元内水排空。

（9）微滤膜系统运行参数应符合设计要求，可按表 6-6 和表 6-7 中的规定确定。

外压式微滤膜系统正常运行参数　　表 6-6

工艺控制压力（kPa）	反冲频率（min/ 次）	反冲洗时间（min）	碱洗频率（d/ 次）	酸洗频率（d/ 次）	反冲洗压力（kPa）
120～600	30	2.5	10	40	600

浸没式微滤膜系统正常运行参数　　表 6-7

工艺控制压力（kPa）	反冲频率（min/ 次）	反冲洗时间（min）	化学反频率（d/ 次）	化学清洗频率（d/ 次）	反冲洗压力（kPa）
120～600	30	2.25	10	30	25

3. 反渗透系统

反渗透系统的运行管理、安全操作、维护保养等应符合下列规定：

（1）应根据进水水质定期校核阻垢剂的添加浓度。

（2）设备停机超过 24h，应将膜厂商指定的专用药液注入膜压力容器内将膜浸润。

（3）应巡查反渗透系统管道及膜压力容器，发现漏水，及时处理。

（4）根据系统的污染情况，应定期进行化学清洗（酸洗、碱洗），清洗周期应根据单元的操作环境和污染程度确定，并应符合下列规定：

1）化学清洗前，必须严格遵守安全规定；在操作和处理化学药品时必须佩戴劳动防护用品。

2）进行化学清洗时，应保证设备处于停止状态。

3）清洗后，应重新安装拆卸的管道，并应确认其牢固性。

4）系统启动前，先用反渗透进水罐的水将系统中的空气排出。

5）化学清洗应保持清洗水温在 30～35℃。

6）酸洗的药液 pH 应小于 2.8，但不得低于 1.0；碱洗的药液 pH 不得大于 12，电导率应在 50～80 μS/cm。

（5）化学清洗前后应记录系统运行时的参数，包括滤液流量、进水流量、反渗透进水压力、各段浓水压力、进水电导率、滤液电导率等；

（6）膜处理工艺出水水质指标应符合设计要求，可按表 6-8 中的规定确定。

膜处理工艺出水水质指标　　表 6-8

SS（mg/L）	pH	浊度（NTU）	电导率（μS/cm）	总溶解性固体（mg/L）	总磷（mg/L）	NH_3-N（mg/L）	NO_3-N（mg/L）	粪大肠菌群
≤ 5	6.5～7.5	≤ 1	≤ 400	≤ 320	不得检出	≤ 0.5	≤ 1.0	每 100mL 不得检出

4. 化学清洗间

化学清洗间的运行管理、安全操作、维护保养等应符合下列规定：

（1）冬季运行时，车间内温度应保持在 5℃以上，避免碱液结晶堵塞管道。

（2）化学药品的储存和放置应按其特性及使用要求定位摆放整齐，并有明显标识。

（3）用于化学清洗的酸、碱泵，应按设备使用要求，定期检查和添加养护用油。

（4）化学药品储罐应定期进行彻底清洗。

（5）操作人员在化学清洗间操作时，应穿戴必需的劳动保护用品。

（6）必须保证化学清洗间的通风良好。

（7）化学清洗配药罐清洗液位应控制在 30%～70%。

6.6.4　人工湿地的运行管理

1. 一般要求

（1）运行人员、技术人员及管理人员应进行相关法律法规、专业技术、安全防护、应急处理等理论知识和操作技能的培训。

（2）应根据人工湿地的具体特点，制订运行管理指导手册，按照手册进行后期维护和管理。

（3）运行管理人员应熟悉处理工艺和设施、设备的运行要求、技术指标以及安全操作规程。

（4）应定期对人工湿地运行状况进行检测，并负责对植物、布水管道、填料、附属设施等进行管理和维护，保证人工湿地正常运行。

（5）工程在运行前应制订设备台账、运行记录、定期巡视、交接班、安全检查、应急预案等管理制度。

（6）工艺设施和主要设备应编入台账，定期对各类设备、电器、自控仪表及建（构）筑物进行检修维护。

（7）人工湿地不应出现壅水或上部床层无水状态。如出现壅水现象，应检查配水和集水的均匀性和填料区水流的畅通性。如集配水不均匀，应对集配水设施进行维护；如填料堵塞，宜按间歇方式运行人工湿地，必要时可更换部分填料。

2. 水质水量监测

（1）人工湿地进、出水口可根据实际需要安装水质在线监测设备。未安装水质在线监测设备的人工湿地，日常运行中应定期对湿地进、出水口流量、化学需氧量（COD）、NH_3-N、TP 等主要监测项目进行监测。

（2）应定期对湿地进、出水口流量、水位、水温、溶解氧、pH、悬浮物、BOD_5、COD、NH_3-N、TN、TP 等项目进行监测。

3. 植物管理

（1）人工湿地在种植植物后即应充水，初期应进行水位调节。

（2）植物系统建立后，应连续进水，保证水生植物的密度及良性生长。

（3）应加强对植物生长的管理，补种缺苗和死苗，勤除杂草，清除枯枝落叶，及时控

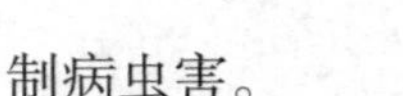

制病虫害。

（4）人工湿地不宜使用除草剂和杀虫剂。

（5）结合人工湿地内植物的生长特点，适时定期收割植物，按当地要求妥善处理，不应随意堆放。

4. 低温运行管理

（1）采取预处理、人工曝气、延长水力停留时间等工艺强化措施，提高冬季湿地运行效果。

（2）通过植物优选、填料组配，增强冬季湿地净化效果。

（3）低温运行时应对进、出水管采取防冻保温措施。可选择植物覆盖保温、温室大棚保温、塑料薄膜保温等保温措施；持续低温时也可降低运行水位，在冰层和水面间形成空气隔绝层，提高保温效果。

5. 湿地防堵运行维护

（1）控制进水中悬浮物的浓度，减轻人工湿地运行负荷，防止堵塞。

（2）选择合适的配水及排水系统，设置人工湿地运行间歇期，促进湿地复氧，防止填料堵塞。

（3）人工湿地单元宜适当进行停床轮休、增加湿地复氧及微生物内源呼吸消耗。

（4）根据人工湿地实际运行情况，堵塞严重的处理单元可挖掘清洗局部填料或更换新填料。

第7章　城镇污水处理厂污泥处理构筑物的运行管理

7.1　污泥浓缩的运行管理

污泥浓缩主要有重力浓缩、气浮浓缩和离心浓缩3种工艺形式。国内目前以重力浓缩为主，重力浓缩本质上是一种沉淀工艺，属于压缩沉淀。浓缩前由于污泥浓度很高，颗粒之间彼此接触支撑。浓缩开始以后，在上层颗粒的重力作用下，下层颗粒间隙中的水被挤出界面，颗粒之间相互拥挤得更加紧密。通过这种拥挤和压缩过程，污泥浓度进一步提高，从而实现污泥浓缩。

污泥浓缩一般采用圆形池，进泥管一般在池中心，进泥点一般在池深一半处。排泥管设在池中心底部的最低点。上清液自液面池周的溢流堰溢流排出。较大的浓缩池一般都设有污泥浓缩机。污泥浓缩机就是底部带刮板的回转式刮泥机。底部污泥刮板可将污泥刮至排泥斗，便于排泥。上部的浮渣刮板可将浮渣刮至浮渣槽排出。刮泥机上装设一些栅条，可起到助浓作用。其主要原理是随着刮泥机转动，栅条将搅拌污泥，有利于空隙水与污泥颗粒的分离。对浓缩机转速的要求不像二沉池和初沉池那样严格，一般可控制在1～4r/h，周边线速度一般控制在1～4m/min。浓缩池排泥方式可用泵排，也可直接重力排泥。后续工艺采用厌氧消化时，常用泵排，亦可直接将排出的污泥泵送至消化池。

7.1.1　进泥量的控制

对于某一确定的浓缩池和污泥种类来说，进泥量存在一个最佳控制范围。进泥量太大，超过了浓缩能力时，会导致上清液浓度太高，排泥浓度太低，起不到应有的浓缩效果；进泥量太低时，不但降低处理量，浪费池容，还可导致污泥上浮，从而使浓缩不能顺利进行下去。污泥在浓缩池发生厌氧分解，降低浓缩效果表现为两个不同的阶段：当污泥在池中停留时间较长时，首先发生水解酸化，使污泥颗粒粒径变小，相对密度减轻，导致浓缩困难；如果停留时间继续延长，则可厌氧分解或反硝化，产生CO_2和H_2S或N_2，直接导致污泥上浮。

浓缩池进泥量可根据固体负荷确定。固体负荷的大小与污泥种类及浓缩池构造和温度有关系，是综合反映浓缩池对某种污泥的浓缩能力的一个指标。当温度在15～20℃时，浓缩效果最佳。初沉污泥的固体负荷一般可控制在90～150kg/(m^2·d）的范围内。活性污泥的浓缩性能很差，一般不宜单独进行重力浓缩。如果进行重力浓缩，则固体负荷应控制在低负荷水平，一般为 10～30kg/(m^2·d)。初沉污泥与活性污泥混合后进行重力浓缩的固体负荷取决于两种污泥的比例。如果活性污泥量与初沉污泥量在 1∶2～2∶1 之间，固体负荷可控制在25～80kg/(m^2·d)，常为60～70kg/(m^2·d)。即使同一种类型的污泥，固体负荷值的选择也因厂而异，运行人员在运行实践中，应摸索出本厂的固体负荷最佳控制范围。

7.1.2　浓缩效果的评价

在浓缩池的运行管理中，应经常对浓缩效果进行评价，并随时予以调节。浓缩效果通常用浓缩比、分离率和固体回收率 3 个指标进行综合评价。浓缩比系指浓缩池排泥浓度与之入流污泥浓度比，用 f 表示，计算如下：

$$f=\frac{C_{\mu}}{C_{i}} \tag{7-1}$$

式中　C_i——入流污泥浓度，kg/m^3；

f——污泥经浓缩池后被浓缩的倍数；

C_{μ}——排泥浓度，kg/m^3。

固体回收率系指被浓缩到排泥中的固体占入流总固体的百分比，用 η 表示，计算如下：

$$\eta=\frac{Q_{\mu}\cdot C_{\mu}}{Q_{i}\cdot C_{i}} \tag{7-2}$$

式中　Q_{μ}——浓缩池排泥量，m^3/d；

η——经浓缩之后，被浓缩出的干污泥，%；

Q_i——入流污泥量，m^3/d。

分离率系指浓缩池上清液量占入流污泥量的百分比，用 F 表示，计算如下：

$$F=\frac{Q_{e}}{Q_{i}}=1-\frac{\eta}{f} \tag{7-3}$$

式中　Q_e——浓缩池上清液流量，m^3/d；

F——经浓缩之后，被分离出的水分。

以上 3 个指标相辅相成，可衡量出实际浓缩效果。一般来说，浓缩初沉池污泥时，f 应大于 2.0，η 应大于 90%。如果某一指标低于以上数值，应分析原因，检查进泥量是否合适，控制的固体负荷是否合理，浓缩效果是否受到了温度等因素的影响。浓缩活性污泥与初沉污泥组成的混合污泥时，f 应大于 2.0，η 应大于 85%。

7.1.3　排泥控制

浓缩池有连续和间歇排泥两种运行方式。连续运行是指连续进泥连续排泥，这在规模较大的处理厂比较容易实现。小型处理厂一般只能间歇进泥并间歇排泥，因为初沉池只能是间歇排泥。连续运行可使污泥层保持稳定，对浓缩效果比较有利。无法连续运行的处理厂应"勤进勤排"，使运行尽量趋于连续，当然这在很大程度上取决于初沉池的排泥操作。不能做到"勤进勤排"时，至少应保证及时排泥。一般不要把浓缩池作为储泥池使用，虽然在特殊情况下它的确能发挥这样的作用。每次排泥一定不能过量，否则排泥速度会超过浓缩速度，使排泥变稀，并破坏污泥层。

7.1.4　日常运行与维护管理

浓缩池的日常维护管理，包括以下内容：

（1）经常观察污泥浓缩池的进泥量、进泥含固率；排泥量及排泥含固率，以保证浓缩池按合适的固体负荷和排泥浓度运行。否则应对进泥量、排泥量予以调整。

（2）经常观测活性污泥沉降状况，若活性污泥发生污泥膨胀现象，应及时采取措施解决。否则污泥进入浓缩池，继续处于膨胀状态，致使无法进行浓缩。采取措施包括向污泥中投加 Cl_2、$KMnO_4$、H_2O_2 等氧化剂，抑制微生物的活动，保证浓缩效果。同时，还应从污水处理系统中寻找膨胀原因并予以排除。

（3）由浮渣刮板刮至浮渣槽内的浮渣应及时清除。无浮渣刮板时，可用水冲方法，将浮渣冲至池边，然后清除。

（4）初沉污泥与活性污泥混合浓缩时，应保证两种污泥混合均匀，否则进入浓缩池会由于密度流扰动污泥层，降低浓缩效果。

（5）在浓缩池入流污泥中加入部分二沉池出水，可以防止污泥厌氧上浮，提高浓缩效果，同时还能适当降低恶臭程度。

（6）由于浓缩池容积小，热容量小；在寒冷地区的冬季浓缩池液面会出现结冰现象，此时应先破冰并使之溶化后，再开启污泥浓缩机。

（7）应定期检查上清液溢流堰的平整度，如不平整应予以调节，否则导致池内流态不均匀，产生短路现象，降低浓缩效果。

（8）浓缩池是恶臭很严重的一个处理单元，因而应对池壁、浮渣槽、出水堰等部位定期清刷，尽量使恶臭降低。

（9）应定期（每隔半年）排空彻底检查是否积泥或积砂，并对水下部件予以防腐处理。

（10）浓缩池较长时间没有排泥时，应先排空清池，严禁直接开启污泥浓缩机。

（11）做好分析测量与记录。每班应分析测定的项目：浓缩池进泥和排泥的含水率（或含固率），浓缩池溢流上清液的 SS。每天应分析测定的项目：进泥量与排泥量，浓缩池溢流上清液的 COD 或 BOD_5、TP 等，进泥及池内污泥的温度。应定期计算的项目：污泥浓缩池表面固体负荷、水力停留时间等。

7.1.5　异常问题分析与排除

1. 污泥上浮

液面有小气泡逸出，且浮渣量增多。其原因及解决对策如下：

（1）集泥不及时。可适当提高浓缩机的转速，从而加大污泥收集速度。

（2）排泥不及时。排泥量太小，或排泥历时太短。应加强运行调度，做到及时排泥。

（3）进泥量太小，污泥在池内停留时间太长，导致污泥厌氧上浮。解决措施之一是加 Cl_2 等氧化剂，抑制微生物活动，措施之二是尽量减少投运池数，增加每池的进泥量，缩短停留时间。

（4）由于初沉池排泥不及时，污泥在初沉池内已经腐败。此时应加强初沉池的排泥操作。

2. 排泥浓度太低

排除污泥浓度太低，浓缩比太小。其原因及解决对策如下：

（1）进泥量太大，使固体负荷增大，超过了浓缩池的浓缩能力。应降低入流污泥量。

（2）排泥太快。当排泥量太大或一次性排泥太多时，排泥速率会超过浓缩速率，导致排泥中含有一些未完成浓缩的污泥。应降低排泥速率。

（3）浓缩池内发生短流。能造成短流的原因有很多，溢流堰板不平整使污泥从堰板较低处短路流失，未经过浓缩，此时应对堰板予以调节。进泥口深度不合适，入流挡板或导流筒脱落，也可导致短流，此时可予以改造或修复。另外，温度的突变、入流污泥含固量的突变或冲击式进泥，均可导致短流，应根据不同的原因，予以分析处理。

7.2　污泥厌氧消化的运行管理

污泥厌氧消化系统由消化池、加热系统、搅拌系统、进排泥系统及集气系统组成。消化池按其容积是否可变，分为定容式和动容式两类。定容式是指消化池的容积在运行中不变化，也称为固定盖式，该种消化池往往需附设可变容的湿式气柜，用以调节沼气产量的变化。动容式消化池的顶盖可上下移动，因而消化池的气相容积可随气量的变化而变化，该种消化池也称为移动盖式消化池，其后一般不需设置气柜。动容式消化池适于小型处理厂的污泥消化，国外采用较多。国内目前普遍采用的为定容式消化池。它按照池体形状，可分为细高柱锥形、粗矮柱锥形以及卵形。

7.2.1　工艺控制

1. pH 和碱度的控制

在正常运行时，产甲烷菌和产酸菌会自动保持平衡，并将消化液的 pH 自动维持在 6.5～7.5 的近中性范围内。此时，碱度一般为 1000～1500mg/L（以 $CaCO_3$ 计），典型值为 2500～3500mg/L。

2. 毒物控制

污水处理厂进水中工业废水成分较高时，其污泥消化系统经常会出现中毒问题。中毒问题常常不易及时察觉，因为一般处理厂并不经常分析污泥中的毒物浓度。当出现重金属类的中毒问题时，根本的解决方法是控制上游有毒物质的排放，加强污染源管理。在处理厂内常可采用一些临时性的控制方法，常用的方法是向消化池内投加 Na_2S，绝大部分有毒重金属离子能与 S^{2-} 反应形成不溶性的沉淀物，从而使之失去毒性，Na_2S 的投加量可根据重金属离子的种类及污泥中的浓度计算确定。

3. 加热系统的控制

甲烷菌对温度的波动非常敏感，一般应将消化液的温度波动控制在 ±（0.5～1.0）℃范围之内。要使消化液温度严格保持稳定，就应严格控制加热量。

消化系统的加热量由两部分组成：一部分是将投入的生泥加热至要求的温度所需的热量；另一部分是补充热损失，维持温度恒定所需要的热量。

温度是否稳定，与投泥次数和每次投泥量及其历时的关系很大。投泥次数较少，每次投泥量必然较大。一次投泥太多，往往能导致加热系统超负荷，由于供热不足，温度降低，从而影响甲烷菌的活性。因此，为便于加热系统的控制，投泥控制应尽量接近均匀连续。

蒸汽直接池内加热，效率较高，但存在一些缺点。一是会消耗掉锅炉的部分软化水，使污泥的含水率略有升高；二是能产生消化池局部过热现象，影响甲烷菌的活性。一般来说搅拌应与蒸汽直接加热同时进行，以便将蒸汽带入的热量尽快均匀分散到消化池各处。

当采用泥水换热器进行加热时，污泥进入换热器内的流速应控制在 1.2m/s 以上。因为流速较低时，污泥进入热交换器会由于突然遇热，在热交换面上形成一个烘烤层，起隔热作用，从而使加热效率降低。

4. 搅拌系统的控制

良好的搅拌可提供一个均匀的消化环境，是消化效果高效的保证。完全混合搅拌可使池容 100% 得到有效利用，但实际上消化池有效容积一般仅为池容的 70% 左右。对于搅拌系统设计不合理或控制不当的消化池，其有效池容会降至实际池容的 50% 以下。

对于搅拌系统的运行方式，一种方法采用连续搅拌；另一种采用间歇搅拌，每天搅拌数次，总搅拌时间保持 6h 之上。目前运行的消化系统绝大部分都采用间歇搅拌运行，但应注意：在投泥过程中，应同时进行搅拌，以便投入的生污泥尽快与池内原消化污泥均匀混合；在蒸汽直接加热过程中，应同时进行搅拌，以便将蒸汽热量尽快散至池内各处，防止局部过热，影响甲烷菌活性；在排泥过程中，如果底部排泥，则尽量不搅拌，如果上部排泥，则宜同时搅拌。

7.2.2　常见故障原因分析与对策

定期取样分析检测，并根据情况随时进行工艺控制，与活性污泥系统相比，消化系统对工艺条件及环境因素的变化反映更敏感。因此，对消化系统的运行控制就需要更多细心。

1. 积砂和浮渣太多

运行一段时间后，一般应将消化池停用并泄空，进行清砂和清渣。池底积砂太多，一方面会造成排泥困难，另一方面还会缩小有效池容，影响消化效果。池顶部液面如积累浮渣太多，则会阻碍沼气自液相向气相的转移。一般来说，连续运行 5 年以后应进行清砂。如果运行时间不长，积砂积渣就很多，则应检查沉砂池格栅除污的效果，加强对预处理的

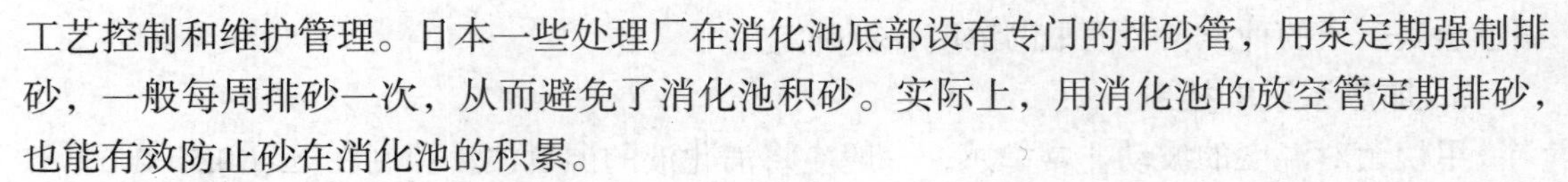

工艺控制和维护管理。日本一些处理厂在消化池底部设有专门的排砂管，用泵定期强制排砂，一般每周排砂一次，从而避免了消化池积砂。实际上，用消化池的放空管定期排砂，也能有效防止砂在消化池的积累。

2. 搅拌系统常见故障

沼气搅拌立管常有被污泥及污物堵塞现象，可以将其他立管关闭，大气量冲洗被堵塞的立管。机械搅拌桨有污物缠绕时，一些处理厂的机械搅拌可以反转，定期反转可甩掉缠绕的污物。另外，应定期检查搅拌轴穿顶板处的气密性。

3. 加热系统常见故障

蒸汽加热立管常有被污泥和污物堵塞现象，可用大气量冲吹。当采用池外热水循环加热时，泥水换热器常发生堵塞的现象，可用大水量冲洗或拆开清洗。套管式和管壳式换热器易堵塞，螺旋板式一般不发生堵塞，可在换热器前后设置压力表，观测堵塞程度。如压差增大，则说明被堵塞，如果堵塞特别频繁，则应从污水的预处理寻找原因，加强预处理系统的运行控制与维护管理。

4. 消化系统结垢

由于进泥中的硬度（Mg^{2+}）以及磷酸根离子（PO_4^{3-}）在消化液中会与产生的大量 NH_4^+ 离子结合，生成磷酸铵镁沉淀，因此，消化系统内极易结垢。防止管道结垢的有效方法就是经常用高压水清洗管道。当结垢严重时，最基本的方法是用酸清洗。

5. 消化池的腐蚀

消化池内的腐蚀现象很严重，既有电化学腐蚀，也有生物腐蚀。电化学腐蚀主要是消化过程产生的 H_2S 在液相内形成氢硫酸导致的腐蚀。生物腐蚀指由微生物引起的腐蚀或受微生物影响所引起的腐蚀。消化池的生物腐蚀也很严重，用于提高气密性和水密性的一些有机防渗防水涂料，经一段时间常被生物分解掉，而失去防水防渗效果。消化池的金属部件出现腐蚀，应根据腐蚀程度，对所有金属部件进行重新防腐处理；池壁出现腐蚀，应对池壁进行防渗处理。

6. 消化池的泡沫现象

一些消化池有时会产生大量泡沫，呈半液半固状，严重时可充满气相空间并带入系统，导致沼气利用系统的运行困难。当产生泡沫时，一般说明消化系统运行不稳定，因为泡沫主要是由于 CO_2 产量太大形成的，当温度波动太大，或进泥量发生突变等，均可导致消化系统运行不稳定，CO_2 产量增加，导致泡沫的产生。如果将运行不稳定因素排除，则泡沫也一般会随之消失。在培养消化污泥过程中的某个阶段，由于 CO_2 产量大，甲烷产量少，也会存在大量泡沫。随着甲烷菌培养成熟，CO_2 产量降低，泡沫也会逐渐消失。消化池的泡沫有时是由污水处理系统产生的诺卡氏引起的，此时曝气池也必然存在大量生物泡沫，对于这种泡沫控制措施之一是暂不向消化池投放剩余活性污泥，但根本性的措施是控制污水处理系统内的生物泡沫。

7. 消化系统的保温

消化系统内的许多管路和阀门为间隙运行，因而冬季应注意防冻，应定期检查消化池及加热管路系统的保温效果；如果不佳，应更换保温材料。因为如果不能有效保温，冬季加热的耗热量会增至很大。很多处理厂由于保温效果不好，热损失很大，导致需热量超过了加热系统的负荷，不能保证要求的消化温度，最终造成消化效果的大幅降低。

8. 消化系统的安全措施

安全运行尤为重要。沼气中的甲烷是易燃易爆气体，因而在消化系统运行中，应注意防爆问题。所有电器设备均应采用防爆型，严禁人为制造明火，例如吸烟、带钉鞋与混凝土地面的摩擦，铁器工具相互撞击，电、气焊均可产生明火，导致爆炸危险。经常对系统进行有效的维护，使沼气不泄漏是防止爆炸的根本措施。另外，沼气中含有的 H_2S 能导致中毒。

7.2.3　消化池的日常维护管理

1. 定期取样分析检测

定期取样分析检测，并根据情况随时进行工艺控制。与活性污泥系统相比，消化系统对工艺条件及环境因素的变化，反应更敏感。因此，对消化系统的运行控制就需要更科学仔细地观察和严格地控制。

2. VFA/ALK 的控制

（1）经常检测 VFA 与 ALK，若 VFA/ALK 升高，但低于 0.5，则说明系统已出现异常。此时，若发现水力负荷、有机物负荷或毒物浓度超标，应及时采取措施，使系统恢复正常。例如：进泥量太大，消化时间缩短，对消化液中的甲烷菌和碱度过度冲刷，就会导致 VFA/ALK 升高。首先应将投泥量降至正常值，并减少排泥量，如果条件许可，还可将消化池部分排泥回流至一级消化池，补充甲烷菌和碱度的损失。

（2）进泥的含固率或有机物含量升高，导致有机物超负荷，大量的有机物进入消化液，使 VFA 升高，而 ALK 却基本不变，VFA/ALK 会升高。此时应减少投泥量或适当补充一部分二沉池出水，稀释进泥中有机物负荷，或加强上游污染源管理，降低污泥中有机物含量。

甲烷菌遇到的毒物浓度过高时，甲烷菌会降低活性，VFA 分解速率下降，导致 VFA/ALK 积累升高。此时应首先明确毒物种类，如为重金属类中毒，可加入 Na_2S 降低毒物浓度，如为 S^{2-} 一类化合物中毒，可加入铁盐降低 S^{2-} 浓度。解决毒物问题的根本措施，是加强上游污染源的管理。

（3）若发现 VFA/ALK 升高，且低于 0.5，而且水力负荷、有机物负荷或毒物浓度均处于正常范围，则可能是由于搅拌效果不好，或温度波动太大，应及时采取针对措施予以解决。例如：温度波动太大，会降低甲烷菌的活性，VFA 分解速率必然下降，导致 VFA 的积累，使 VFA/ALK 升高。温度波动如因进泥量突变所致，则应增加进泥次数，减少每次进泥量，使进泥均匀。如因加热量控制不当所致，则应加强加热系统的控制调节。

3. 池底积砂的清理

运行一段时间后，一般应将消化池停用并泄空，进行清砂和清渣。池底积砂太多，一方面会造成排泥困难，另一方面还会缩小有效池容，影响消化效果。池顶部液面如积累浮渣太多，则会阻碍沼气自液相向气相的转移。一般来说，连续运行 5 年以后应进行清砂。

如果运行时间不长，积砂积渣就很多，则应检查沉砂池和格栅除污的效果，加强对预处理的工艺控制和维护管理。日本一些处理厂在消化池底部设有专门的排砂管，用泵定期强制排砂，一般每周排砂一次，从而避免了消化池积砂。实际上，用消化池的放空管定期排砂，也能有效防止砂在消化池的积累。

4. 搅拌系统应予以定期维护

沼气搅拌立管常有被污泥及污物堵塞的现象，可以将其他立管关闭，大气量冲洗被堵塞的立管。机械搅拌桨有污物缠绕，一些处理厂的机械搅拌可以反转，定期反转可甩掉缠绕的污物。另外，应定期检查搅拌轴穿顶板处的气密性。

5. 加热系统亦应定期检查维护

蒸汽加热立管常有被污泥和污物堵塞现象，可用大气量冲吹。当采用池外热水循环加热时，泥水热交换器常发生堵塞的现象，可用大水量冲洗或拆开清洗。套管式和管壳式热交换器易堵塞，螺旋板式一般不发生堵塞，可在热交换器前后设置压力表，观测堵塞程度。如压差增大，则说明被堵塞，如果堵塞特别频繁，则应从污水的预处理寻找原因，加强预处理系统的运行控制与维护管理。

6. 经常清洗管道，防止管道结垢

消化系统内极易结垢。管道内结垢后将增大管道阻力，如果换热器结垢，则降低热交换效率。日常维护管理过程中应经常用高压水清洗管道，可有效防止垢的增厚。

7. 防腐防渗检查与处理

消化池使用一段时间后，应停止运行，进行全面的防腐防渗检查与处理。如果金属部件出现腐蚀现象，应根据腐蚀程度，进行重新防腐处理。另外，还应检查池体结构变化，是否有裂缝，是否为通缝，并进行专门处理。重新投运时宜进行满水试验和气密性试验。

8. 消化系统保温与防冻

消化系统内的许多管路和阀门为间隙运行，因而冬季应注意防冻，应定期检查消化池及加热管路系统的保温效果；如果不佳，应更换保温材料。因为如果不能有效保温，冬季加热的耗热量会增至很大。很多处理厂由于保温效果不好，热损失很大，导致需热量超过了加热系统的负荷，不能保证要求的消化温度，最终造成消化效果的大幅降低。

9. 安全运行

沼气中的甲烷是易燃易爆气体，因而在消化系统运行中，尤应注意防爆问题。首先所有电气设备均应采用防爆型，其次严禁人为制造明火，例如吸烟、带钉鞋与混凝土地面的摩擦、铁器工具相互撞击、电气焊均可产生明火，导致爆炸危险。经常对系统进行有效的维护，使沼气不泄漏是防止爆炸的根本措施。另外，沼气中含有的 H_2S 能导致中毒，沼气含量大的空间含氧必然少，容易导致窒息。因此在一些值班或操作位置应设置甲烷浓度超标及氧气报警装置。

10. 做好分析测量与记录

消化系统每班应定时检测的项目：进泥量、排泥量、热水或蒸汽用量、上清液排放量；进泥、排泥、消化液和上清液 VFA 与 ALK；进泥、消化液和上清液的 pH；沼气产量。消化系统应每日检测的项目：进泥、排泥、池上清消化液的含固率、有机成分、NH_3-N 和 TN；上清液中 BOD_5、SS 和 TP；沼气中 CH_4、CO_2、H_2S 气体的含量；消化液温度。消化系统应定期或每周检测的项目：进泥和排泥的大肠菌群、蛔虫卵数量。

7.3　污泥脱水的运行管理

污泥经浓缩之后，其含水率仍在 94% 以上，呈流动状，体积很大。浓缩污泥经消化之后，如果排放上清液，其含水率与消化前基本相当或略有降低；如不排放上清液，则含水率会升高。总之，污泥经浓缩或消化之后，仍为液态，体积很大，难以处置消纳，因此，还需进行污泥脱水。浓缩主要是分离污泥中的空隙水，而脱水则主要是将污泥中的吸附水和毛细水分离出来，这部分水分约占污泥中总含水量的 15%～25%。假设某处理厂有 $1000m^3$ 由初沉污泥和活性污泥组成的混合污泥，其含水率为 97.5%，含固量为 2.5%，经浓缩之后，含水率一般可降为 95%，含固量增至 5%，污泥体积则降至 $500m^3$。此时体积仍很大，外运处置仍很困难。如经过脱水，则可进一步减量，使含水率降至 75%，含固量增至 25%，体积则减至 $100m^3$。因此，污泥经脱水以后，其体积减至浓缩前的 1/10，减至脱水前的 1/5，大幅降低了后续污泥处置的难度。

7.3.1　脱水机房的运行管理

（1）污泥脱水机械带负荷运行前，应空载运转数分钟。

（2）各种污泥浓缩、脱水设备脱水工作完成后，都应立即将设备冲洗干净，带式脱水机应将滤布冲洗干净。

（3）停机前应先关闭进泥泵、加药泵；停机后应间隔 30min 方可再次启动。

（4）脱水机房内的恶臭气体，除影响身体健康外，还腐蚀设备，因此脱水机易腐蚀部分应定期进行防腐处理。加强室内通风，增大换气次数，也能有效地降低腐蚀程度，如有条件应对恶臭气体封闭收集，并进行处理。

（5）应定期分析滤液的水质。有时通过滤液水质的变化，能判断出脱水效果是否降低。正常情况下，滤液水质应在以下范围：SS = 200～1000mg/L，BOD_5 = 200～800mg/L。如果水质恶化，则说明脱水效果降低，应分析原因。当脱水效果不佳时，滤液 *SS* 会达到数千毫克每升。冲洗水的水质一般在以下范围：SS = 1000～2000mg/L，BOD_5 = 100～500mg/L。如果水质太脏，说明冲洗次数和冲洗历时不够；如果水质高于上述范围，则说明冲洗量过大，冲洗过频。

（6）及时发现脱水机进泥中砂粒对滤带、转鼓或螺旋输送器的影响或破坏情况，损坏严重时应及时更换。

（7）由于污泥脱水机的泥水分离效果受污泥温度的影响，尤其是离心机冬季泥饼含固量一般可比夏季低 2%～3%，因此在冬季应加强保温或增加污泥投药量。

（8）做好分析测量与记录。污泥脱水岗位每班应检测的项目：进泥的流量及含固量，泥饼的产量及含固量、滤液的 SS、絮凝剂的投加量、冲洗介质或水的使用量、冲洗次数和冲洗历时。污泥脱水机房每天应测试的项目。

（9）按照脱水机的要求，定期进行机械检修维护，例如按时加润滑油、及时更换易损件等。

（10）应定期清理破碎机清淘系统，经常检查破碎机刀片磨损程度并应及时更换。

（11）应经常清洗溶药系统，防止药液堵塞；在溶药池边工作时，应注意防滑，同时应将洒落在池边、地面的药剂清理干净。

（12）应保持机房内通风良好。

7.3.2　带式压滤机运行与管理

1. 工艺运行控制

不同种的污泥要求不同的工作状态，即使同一种污泥，其泥质也因前一级的工艺状态的变化而变化。实际运行中，应根据进泥的泥质变化，及时调整带式浓缩机、带式脱水机絮凝剂投加量、进泥量、带速、滤布张力和污泥分布板，使滤布上的污泥分布均匀，控制污泥含水率，滤液含固率应小于 10%。

（1）带速的控制。滤带的行走速度控制着污泥在每一工作区的脱水时间，对泥饼的含固率、泥饼的厚度及泥饼剥离的难易程度都有影响。带速越低，泥饼含固率越高，泥饼越厚越易从滤带上剥离，反之，亦反。带速越低，其处理能力越小。对于某一特定的污泥来说，存在最佳带速控制范围。对于初沉池污泥和活性污泥组成的混合污泥来说，带速应控制在 2～5m/min，活性污泥一般不宜单独进行带式压滤脱水，否则带速控制在 1.0m/min 以下，很不经济。不管进泥量多少，带速一般控制在 5m/min 之内。

（2）滤带张力的控制。滤带的张力会影响泥饼的含固率，滤带的张力决定施加到污泥上的压力和剪切力。滤带的张力越大，泥饼的含固率越高。对于城市污水处理厂混合污泥，一般将张力控制在 0.3～0.7MPa，正常控制在 0.5MPa。但当张力过大时，会将污泥在低压区或高压区挤压出滤带，导致跑料，或将泥压进滤带。

（3）调质的控制。带式压滤机对调质的依赖很强，如果加药量不足，调质效果不佳时，污泥中的毛细水不能转化成游离水在重力区被脱去，而由楔形区进入低压区的污泥仍呈流态，无法挤压；反之，如果加药量过大，一则增加成本，二则造成污泥黏性增大，容易造成滤带的堵塞。具体投药量应由实验确定，或在运行过程中进行调整。

2. 带式压滤机日常维护管理

（1）注意时常观测滤带的损坏情况，并及时更换新滤带。滤带的使用寿命一般为 3000～10000h，如果滤带过早被损坏，应分析原因。

（2）滤带的损坏常表现为撕裂、腐蚀或老化。以下情况会导致滤带被损坏，应予以排除：滤带的材质或尺寸不合理；滤带的接缝不合理；辊压筒不整齐，张力不均匀，纠偏系统不灵敏。由于冲洗水不均匀，污泥分布不均匀，使滤带受力不均匀。

（3）每天应保证足够的滤布冲洗时间。脱水机停止工作后，必须立即冲洗滤带，不能过后冲洗。一般来说，处理 1000kg 的干污泥约需冲洗水 15～20m^3，在冲洗期间，每米滤带的冲洗水量需 10m^3/h 左右，每天应保证 6h 以上的冲洗时间，冲洗水压力一般应不低于 586kPa。另外，还应定期对脱水机周身及内部进行彻底清洗，以保证清洁，降低恶臭。

7.3.3　离心脱水机运行与管理

1. 离心脱水机运行与管理

应及时调整离心浓缩机、离心脱水机絮凝剂投加量、进泥量、扭矩和差速，控制污泥含水率，滤液含固率应小于 5%。

（1）开车前检查要点。一般情况下离心机可以遥控启动，但如果该设备是因为过载而停车的，在设备重新启动前必须进行如下检查：上、下罩壳中是否有固体沉积物；排料口是否打开；用手转动转鼓是否容易；所有保护是否正确就位。

如果离心机已经放置数月，轴承的油脂有可能变硬，使设备难以达到全速运转，可手动慢慢转动转鼓，同时注入新的油脂。

（2）离心机启动。松开“紧急停车”按钮；启动离心机的电动机，在转换角形连接之前，等待 2～4min，使离心机星形连接下达到全速运行；启动污泥输送机或其他污泥输送设备；启动絮凝剂投加系统；开启进泥泵。

（3）离心脱水机的停车。关闭絮凝剂投加泵；关闭进泥泵，关闭进料阀（如果安装了）。

（4）设备清洗。设备清洗分为直接清洗和分步清洗。直接清洗过程：脱水机停机前其以不同的速度将残存物甩出；关闭电动机继续清洗，转速降到 300r/min 以下时停止冲洗直到清洗水变得清洁；检查冲洗是否达到了预期的效果，例如使中心齿轮轴保持不动，用手转动转鼓是否灵活，否则使转鼓转速高于 300r/min 旋转并彻底用水冲洗干净。每次停车应立即进行冲洗，因为清除潮湿和松软的沉淀物比清除长时间的硬化的沉淀物要容易。如果离心机在启动时的振动比正常的振动要高，则冲洗时间应延长，如果没有异常振动，可按正常清洗。如果按上述方法清洗不成功，则转鼓必须拆卸清洗。

脱水机的分步清洗分两步进行，第一步是高速清洗，第二步是低速清洗，特殊情况下还应该增加辅助清洗。高速清洗以最高转鼓转速进行，将管道系统、入口部分、转鼓的外侧和脱水机清洗干净；低速清洗：高速清洗后转鼓中遗留的污泥，在低速清洗过程中被清洗掉，相应的转速在 50～150r/min 的范围内。

在特殊情况下，仅仅用水不能清除污垢和沉淀物，需要增加辅助清洗。辅助清洗一般是先加入氢氧化钠溶液（5%）进行碱洗，碱洗后，还可进行酸洗，用 0.5% 硝酸溶液比较合适。

当转鼓得到彻底清洗后停运离心脱水机的主电动机。

2. 离心脱水机运行最佳化

调整下列参数来改变离心脱水机的性能以满足运行的需要。

（1）调整转鼓的转速。改变转鼓的转速，可调节离心脱水机适合某种物料的要求，转鼓转速越高，分离效果越好。

（2）调整脱水机出水堰口的高度。调节液面高度可使液体澄清度与固体干度之间取得最佳平衡，方法可选择不同的堰板。一般液面越高，液相越清，泥饼越湿，反之亦然。

（3）调整速差。转速差是指转鼓与螺旋的转速之差，即两者之间的相对转速。当速差小时，污泥在机内停留时间加长，泥饼的干度可能会增加，扭矩则要增加，使处理能力降低，速差太小，由于污泥在机内积累，使固环层厚度大于液环层的厚度，导致污泥随分离液大量流失，液相变得不清澈，反之亦然。最好的办法是，通过扭矩的设定，实现速差的自动调整。

（4）进料速度。进料速度越低分离效果越好，但处理量低。最好的办法是，在脱水机的额定工况条件下，通过进泥含固率的测定来确定进泥负荷。最大限度提高处理量，防止设备超负荷运行造成设备的损坏。

（5）扭矩的控制。实现扭矩的控制是离心式最佳运行的最好途径，当进泥含固率一定的情况下，确定进泥负荷，实现速差的自动调整，确保出泥含固率和固体回收率达到要求。

3. 离心脱水机日常维护管理

经常检查和观测油箱的油位、设备的振动情况、电流读数等，如有异常，立即停车检查；离心脱水机正常停车时先停止进泥和进药，并将转鼓内的污泥推净，及时清洗脱水机，确保机内冲刷彻底；离心机的进泥一般不允许大于 0.5cm 的浮渣进入，也不允许 65 目以上的砂粒进入，应加强预处理系统对砂渣的去除；应定期检查离心脱水机的磨损情况，及时更换磨损部件；离心脱水机效果受温度影响很大。北方地区冬季污泥含固率可比夏季低 2%～3%，因此冬季应注意增加污泥投药量。

4. 异常问题的分析与排除

现象一：分离液浑浊，固体回收率降低。

其原因及解决对策：

液环层厚度太薄应增大液环层厚度，必要时，提高出水堰口的高度；进泥量太大，应减少进泥量；转速差太大，应降低转速差；进泥固体负荷超负荷，核算后调整额定负荷以下；螺旋输送器磨损严重，应更换；转鼓转速太低，应增大转速。

现象二：泥饼含固率降低。

其原因及解决对策：

转速差太大，应减少转速差；液环层厚度太大，应降低其厚度；转鼓转速太低，应增大转速；进泥量过大，应减少进泥量；调质过程中加药量过大，应降低干污泥的投药量。

现象三：转轴扭矩过大。

其原因及解决对策：

进泥量太大，应降低进泥量；进泥含固率太高，应核对进泥负荷；转速差太小，应增大转速差；浮渣或砂进入离心机，造成缠绕或堵塞，应停车检修予以清除；齿轮箱出现故障，应加油保养。

现象四：离心机振动过大。

其原因及解决对策：

润滑系出现故障，应检修并排除；有浮渣进入机内缠绕在螺旋上，造成转动失衡，应停车清理；机座松动，应及时检修。

现象五：能耗增大电流增大。

如果能耗突然增加，则离心机出泥口被堵，由于转速差太小，导致固体在机内大量积累；可增大转速差，如仍增加，则停车清理并清除；如果电耗逐渐增加，则螺旋输送器已严重磨损，应予以更换。

污泥脱水机房应定期测试或计算的项目：转速或转速差、滤带张力、固体回收率、干污泥投药量、进泥固体负荷或最大入流固体流量。

7.3.4 高分子絮凝剂配置与投加过程

城市污水处理厂采用自动配置和投加系统，自动化程度高，管理方便，精度高，可操作性强，尤其适合高分子絮凝剂的配置与投加。

1. 自动配药过程

加药前检查系统，调配罐的液位是否处于最低保护液位；如果系统第一次启动或更新絮凝剂的品种，根据工艺需要，制订药液浓度，依据配药罐的有效体积及落粉量确定落药时间，然后将落药时间输入系统，作为运行参数；检查系统水压是否达到要求，把配药系统的模式转换为自动状态。满足上述要求后，配药系统供水电磁阀自动开启，配药罐内的搅拌器开始工作。待配药罐达到最低保护液位后，系统自动落药，干粉的落药时间达到设定后，落药停止，搅拌器继续工作，进水至配药罐最高保护液位，进水电磁阀自动关闭，贮药罐达到最低保护液位，配药罐落药电磁阀自动开启，待配药罐达到最低液位，电磁阀关闭，系统进入下一周期的配药过程。

2. 手动配药过程

系统因某种原因不能实现自动加药，需手动加药，首先将配药系统的控制模式转换成手动状态；同时检查供水系统的水压是否达到要求；开启进水电磁阀，确保配药罐达到一定水位后，启动搅拌器，待配药罐达到最低保护液位，启动落粉系统，用秒表准确记录落粉时间，达到规定的落药时间，关闭落药系统，并观察配药罐液位，当达到配药罐最高保护液位，关闭进水电磁阀；应定时巡检系统，当贮药罐达到最低保护液位后，开启配药罐的药液电磁阀，配药系统进入下一周期的配药。

3. 加药

根据脱水系统开启的脱水机的台数，启动相应的加药泵和稀释水电磁阀，并调节稀释水的进水比例；根据污泥的性质和絮凝剂的药效选择合理的加药点，尤其更换新药时，更要反复实验；脱水机正常工作后，定期测定进泥、出泥和出水的含固率，根据情况调整进药量和稀释水。

7.3.5 污泥切割机运行管理

为防止大块的杂物进入螺杆泵而引发故障，一般在螺杆泵前安装污泥切割机，用于切碎进入系统内的卫生用品、纤维物等。

污泥切割机运行操作：

（1）初次运行前应检查系统、减速机内的润滑油及刀片的旋转方向，从进料口观测，刀片向中心旋转。

（2）启动。运行机体的振动不大于 1mm 峰值，减速箱及轴承温升不超过 35℃。

（3）初次运行后，200h 换减速机润滑油，以后每 100h 检查油质、油量，每 1500h 取样测定一次，每 3000h 更换一次润滑油。

（4）每次换油应检查密封是否漏水，检查时打开油堵，放出减速机内油液，并观察是否有水。如果发现漏水应及时更换密封。

7.4　污泥干化与焚烧的运行管理

7.4.1　污泥干化的运行管理

1. 流化床式污泥干化机

当流化床式污泥干化机运行时，应连续监测气体回路中的氧含量浓度，严禁在高氧量下连续运行。

流化床式污泥干化机的运行管理、安全操作、维护保养等应符合下列规定：

（1）污泥泵启动运行必须在自动模式下进行，运行管理、维护保养等应按《城镇污水处理厂运行、维护及安全技术规程》CJJ 60—2011 的有关规定执行。

（2）分配器的启动必须在自动模式下进行。

（3）湿污泥的破碎尺度应以易被干燥机分配流化而定；

（4）可根据干化系统污泥的需要量调节分配器；

（5）分配器在运行中，应注意观察油杯的自动加油状况；

（6）分配器转速应保持平稳，发现振动或电压、电流异常波动且不能排除时，应立即停机；

（7）干化系统的运行必须按自动程序完成；运行中应监视干化机的流化状态和床体的温度等各类参数值的变化；

（8）干化系统的设备及各部件间的连接口、检查孔应保持良好的密封性；

（9）应控制循环气体回路的流量在一定范围内，并应保持良好的流化状态；

（10）应连续监测气体回路中的氧含量浓度，严禁在高氧量下连续运行；

（11）干化机每运行 3 个月应对热交换器、风帽、气水分离器、高水位报警点、风室挡板等进行全面检查、清理，并应对所有的密封磨损情况进行详细检查和记录；

（12）检修或调换分配器的滚轮时，应使其嘴片盒的间隙满足要求；

（13）应定期检查旋风分离器内壁的磨损、变形、积灰、漏点及浸没管的浸没深度等情况；

（14）应调节冷凝换热器的进水量，保证气体回路冷凝后的气体温度满足工艺要求；

（15）气水分离器底部的冲洗不得间断，并缓慢调节其进水量，必须保证排水管道通畅；

（16）鼓风机、引风机的运行管理应按《城镇污水处理厂运行、维护及安全技术规程》CJJ 60—2011 第 3.10 节的有关规定执行；

（17）干燥机出口压力应控制在允许的范围内；

（18）当需要进入容器内检修时，必须做好安全防护；

（19）循环回路气体温度应控制在规定范围内；

（20）干化系统运行中或暂停时，不得停止排气风机的运转。

2. 转鼓式污泥干化机

转鼓式污泥干化机的运行管理、安全操作、维护保养等应符合下列规定：

（1）干化机的启动、运行、卸载等应采用自动操作模式。

（2）在自动运行模式下，系统必须连续供应物料。

（3）系统运行中，应巡检设备的密封、热油系统、传动装置、气闸箱等。

（4）运行时应经常检查所有闸阀的开启位置。

（5）当系统在自动运行模式下冷启动时，应确定所有系统的选择开关都处于关闭状态。

（6）正常运行需停运干化机时，必须经过冷却程序，严禁手动关闭干化系统。

（7）当干化机需维修或长时间停机时，应执行冷却的自动模式。

（8）严禁干化机长时间待机运行。

（9）过滤器应保持清洁，必要时应进行更换。

（10）干化机设备防火、防爆的管理必须严格执行国家有关规定和标准。

7.4.2　污泥焚烧的运行管理

（1）应在炉内流化床上下压力差最小的状态下实施焚烧炉的点火程序，且应缓慢升温，保持焚烧炉炉膛出口处压力为 −100～−50Pa。

（2）焚烧炉温升至 550℃以上时，可投煤或干污泥升温，焚烧温度应控制在 850～900℃。

（3）煤和泥的切换应依据焚烧状态调整，且调整的速率应相对平稳。

（4）应随时观察炉内物料流化燃烧状况。

（5）风机工况点必须避开产生喘振位置，且应保证风机安全、平稳运行。

（6）焚烧烟气排放温度必须大于烟气排放酸露点温度。

（7）焚烧炉在运行中应保持料层的流化完好，并应根据料层的压力差及时排渣。

（8）焚烧炉启动前应对下列部位进行检查，且应及时处理发现的问题：

1）流化空气风室、风帽、流化风机、管道和流化床砂层。

2）耐火砖、辅助油喷枪、流化床温度传感器及保护管、底部出灰斜槽。

3）燃烧器耐火材料、喷嘴、燃烧器空气风门和记录器。

4）加热面、烟道气管道和引风机。

5）燃料投入机及其转子和壳体。

6）防爆门和开孔的耐火材料。

（9）风机应在无负载下启动，并应在流化风机运行平稳后逐步开大流化风门。

（10）仪表空气压力应保持在 5×10^5Pa 以上。

（11）后部烟道烟气含氧量宜保持在 4%～10%vol，燃烧器油压应保持在能保证油枪雾化良好的范围内。

（12）焚烧炉停炉前，必须以一定速度减少焚烧炉的处理能力，保证残留在流化床的废燃料燃烧尽。

（13）焚烧炉物料流化高度应控制在 0.4～0.8m。

（14）风室内压力应为 0.85×10^4～1.3×10^4Pa。

（15）密相区和稀相区温度应为 850～900℃。

第3篇
泵站与鼓风机房的运行管理

第8章 水泵与水泵站的运行与维护

8.1 泵站的运行管理

8.1.1 泵站运行的技术指标

1. 设备完好率

设备完好率是泵站机组的完好台数与总台数比值的百分数，即

$$K_{ab}=\frac{N_j}{N}\times 100\% \tag{8-1}$$

式中 K_{ab}——设备完好率；

N_j——机组完好台套数；

N——机组总台套数。

设备完好率，对于电力泵站不应低于90%，对于内燃机泵站不应低于80%。

2. 水泵效率

水泵效率 η 是水泵输出功率与动力机的输入功率之比的百分数，即

$$\eta=\frac{P_2}{P_1}\times 100\%=\frac{\rho g Q H_{sy}}{1000P_1}\times 100\% \tag{8-2}$$

式中 P_1——某时段水泵的输入功率，kW；

P_2——同一时段水泵的输出功率，kW；

ρ——水的密度，kg/m^3；

g——重力加速度，$g=9.81m/s^2$；

Q——水泵的流量，m^3/s；

H_{sy}——水泵扬程，m。

《泵站设计标准》GB 50265—2022规定，对于新建泵站，抽取清水时，净扬程不大于3m，泵站水泵装置的效率不宜低于60%，净扬程大于3m，轴流泵和混流泵泵站的水泵效率不宜低于65%，离心泵站泵段的效率不宜低于83%。抽取多沙水流时，水泵装置的效率可以适当降低。对于改造泵站，水泵装置的效率可以适当降低，但最多不能超过对上述数值5%。

3. 能源单耗

能源单耗表示水泵抽升1000t水，提升1m所消耗的能量。其计算公式为

$$e=\frac{E}{3.6\rho Q H_{st} t} \tag{8-3}$$

式中　e——能源消耗，kWh/(kt·m)；

E——水泵运行时段所消耗的总能量，kWh 或燃料 kg；

H_{st}——水泵净扬程，m；

t——运行时间，h。

其余符号意义同前。

8.1.2　泵站的运行日志与设备档案

1. 运行日志

城镇水厂的泵站不管大小都应设立运行日志，由操作管理工人定时记录机组的负荷、温升、出水量、扬程、开泵及停泵时间、电力消耗和保养检修记录。有了这些原始资料，可以经常掌握泵机组的技术状态，为设备维修提供依据；还可根据这些原始资料分析和计算水泵机组的技术经济指标，为技术改造提供依据。运行日志要认真记录，妥善保存。

泵站运行日志式样见表 8-1。

________泵站运行日志　　　　表 8-1

<table>
<tr><th rowspan="2">时间</th><th colspan="4">1 号机组</th><th colspan="4">2 号机组</th><th colspan="4">3 号机组</th><th rowspan="2">电压（V）</th><th rowspan="2">总电流（A）</th><th rowspan="2">电度表读数（A）</th><th rowspan="2">变压器油温（℃）</th><th rowspan="2">室内温度（℃）</th><th rowspan="2">总出水量（t）</th></tr>
<tr><th>扬程（m）</th><th>电流（A）</th><th>机组温度（℃）</th><th>轴承温度（℃）</th><th>扬程（m）</th><th>电流（A）</th><th>机组温度（℃）</th><th>轴承温度（℃）</th><th>扬程（m）</th><th>电流（A）</th><th>机组温度（℃）</th><th>轴承温度（℃）</th></tr>
<tr><td>1:00
2:00
⋮
23:00
24:00</td><td></td><td></td><td></td><td></td><td></td><td></td><td></td><td></td><td></td><td></td><td></td><td></td><td></td><td></td><td></td><td></td><td></td><td></td></tr>
<tr><td rowspan="2">本日运行小时</td><td colspan="4" rowspan="2">h　　min</td><td colspan="4" rowspan="2">h　　min</td><td colspan="4" rowspan="2">h　　min</td><td colspan="6">本日用电量：kWh</td></tr>
<tr><td colspan="6">本日出水量：t</td></tr>
<tr><td rowspan="3">值班人员</td><td colspan="4"></td><td colspan="4" rowspan="3">值班时间</td><td colspan="10">自　　时　　分至　　时　　分</td></tr>
<tr><td colspan="4"></td><td colspan="10">自　　时　　分至　　时　　分</td></tr>
<tr><td colspan="4"></td><td colspan="10">自　　时　　分至　　时　　分</td></tr>
<tr><td>备注</td><td colspan="18"></td></tr>
</table>

注：1. 本日用电量为电度表差额乘以电流互感器的变流比及电压互感器的电压比。

2. 本日出水量如无流量计的则按真空与压力表值查找事先制成的水泵出水量表。

3. 备注栏中填写开机时间、停机时间、命令人、故障情况等。

2. 设备档案

为了管好用好泵站设备，应对主要设备建立技术档案。技术档案记录的主要内容包括：设备的规格性能、工作时间记录、检查记录、事故记录、检修记录、试验记录等。有了这些记录，可以了解设备的历史和现状，掌握设备性能，为设备的使用、修理、改造、事故的分析处理，提供了可靠的依据，从而使设备达到安全、高效、低耗运行。

（1）设备的规格性能。水泵登记卡、电动机登记卡、变压器登记卡和开关柜（配电盘）登记卡分别见表8-2～表8-5。

水泵登记卡　　表8-2

水泵编号		水泵型号	
安装位置		额定流量（t/h）	
安装年月		转速（r/min）	
出厂年月		扬程（m）	
制造厂		吸上真空高度（m）	
配套电动机型号		配套功率（kW）	

电动机登记卡　　表8-3

电动机编号		电动机型号	
安装位置		功率（kW）	
安装年月		额定电压（V）	
出厂年月		接法	
制造厂		转速（r/min）	
温升（℃）		额定电流（A）	

变压器登记卡　　表8-4

变压器编号			型号		
容量（kVA）			连接组		
额定电压	高压		额定电流	高压	
	低压			低压	
阻抗电压			空载电流（%）		
空载损耗（W）			短路损耗（W）		
油面最高温度（℃）			线固最高温升（℃）		
油型			油量（kg）		
制造厂			出厂年月		
出厂编号			安装年月		

开关柜（配电盘）登记卡　　表8-5

开关柜编号	设备名称	型号规格	单位	数量
	交流电流表			
	电流互感器			
	窜刀开关			
	空气开关			
	启动器			
	……			

（2）设备工作时间记录卡。设备工作时间记录卡见表 8-6。

设备工作时间记录卡　　表 8-6

设备名称		设备编号	
年　　月	本月运行时间（h）	本年累计运行时间（h）	上次大修后累计（h）

（3）设备检查记录卡。设备检查记录卡见表 8-7。

设备检查记录卡　　表 8-7

设备名称		设备编号	
检查日期	检查项目及测量数据	处理意见	检查人

（4）设备修理记录卡。设备修理记录卡见表 8-8。

设备修理记录卡　　表 8-8

设备名称			设备编号	
修理日期	修理类型	上次修理后工作小时（h）	主要修理内容	修理工

（5）设备事故记录卡。设备事故记录卡见表 8-9。

设备事故记录卡　　表 8-9

设备名称			设备编号	
事故日期	事故情况	值班人	事故原因	事故处理情况

将以上 5 种记录卡片装订成册，写明某设备技术档案，认真记录、妥善保存。

此外，还应将本站平面图、水泵安装图、电气接线图、水泵性能曲线等收集齐全、妥善保管，并最好复制一套模拟图张贴在值班室。

8.1.3　交接班制度

为了明确责任，水泵站应该建立交接班制度。

1. 时间要求

接班人要提前15min到达工作岗位，做好接班准备工作。

2. 交接班步骤

（1）交班人和接班人一起，巡视机电设备的运行情况；

（2）查点工具、安全用具、仪表等是否缺损；

（3）将巡夜情况由交班人记入交接班记录，见表8-10。

交接班记录　　表8-10

交接时间	年　月　日　时　分
机组运行情况	
工作保管情况	
其他交接事项	

（4）凡领导指令、与其他工序或电力部门联系事项清楚，并在交接班记录中写明。

（5）双方签名后，才算完成交接手续。

3. 交接双方责任划分

如在交接过程中需要操作或处理事故，由交班人执行。双方在“交接班记录”上签名，需要接班人知道，设备操作或事故处理均由接班人执行。

4. 其他规定

（1）如果接班人未能按时前来接班，交班人不得离开工作岗位。

（2）如果接班人喝醉了酒，或明显身体不好，交班人应拒绝交班。

（3）每班值班人员不止一人者，交接手续由双方班长负责进行。

8.1.4　水泵站安全技术规程

小城镇水泵站还应制定安全操作和技术规程，要求严格执行。主要内容包括：

（1）不允许外人与无关人员进入泵房。禁止非值班人员操作机电设备，拒绝接受除调度和有关领导外的任何其他人员的指示与命令。

（2）不允许酒后上班或精神不振及体力不支的病人上班。值班工人不得擅离工作岗位。

（3）值班工人要衣冠整齐、穿戴必要的劳保用品。禁止赤膊、赤脚、穿拖鞋、披散衣服。女工人要将发辫盘在帽内防止被机器轧住。在高压设备和线路附近不允许悬挂或存放物品，不允许在电动机和出风口烘烤衣服或其他东西。

（4）必须严格按操作规程启动、停止水泵，开泵前必须先瞭望机电设备周围及其附属设备周围无人后方可启动。

（5）操作高压电器设备，送、停电必须严格按照《电气安全技术规程》执行。

（6）在运转中打扫设备及其附近的卫生时要特别注意安全。严禁擦抹正在转动的部分，不得用水冲洗电缆头等带电部分。

（7）电动机吸风口、联轴器、电缆头必须设置防护罩，并使其经常处于良好状态。

（8）值班工人必须按规定定时检查水泵运转状况，要随时检查油壶中油质、油量，油圈必须灵活，轴承必须有良好的润滑，冷却和密封水要畅通无阻。

（9）经常检查水压、电压、电流等仪表指示变化情况，指针都要在正常指示位置，注意运行中的异常现象，如机泵有振动声和杂声、轴承发热等。发现问题要及时处理。

（10）突然停电或设备发生事故时，应立即切断电源，马上向调度或值班领导报告。

（11）吸水井工作时，必须至少两人，一人操作一人监护，操作者必须有可靠的安全措施。

（12）维修人员检修电动机、水泵时，值班工人应了解清楚检修范围，主动配合，可靠地断开检修范围内各种电源，会同维修人员一起验明无电后，及时装好接地线，悬挂指示牌后方可开始维修。

（13）搬运高大设备进入泵房或在泵房内挖掘地面，必须事先经值班工人同意，采取有效措施防止碰损设备、挖坏电缆和人身触电，必要时应有人监护。

（14）经常检查室内防火器材是否完整、好用。

（15）值班工人必须提高警惕，搞好防火、防洪、防盗、防止人身触电的“四防”工作。

8.2　水泵的运行与维护

8.2.1　水泵运行通则

运行人员必须熟悉运行水泵的特性、参数和地位，并可熟练操作。

（1）检查相应机组电源是否送到现场，控制柜显示是否正常。

（2）查看现场集水井水位，或液位仪显示的水位达到启动水位。

（3）根据实际运行的需要，开启管路系统应开的阀门。

（4）上述准备工作结束后，按启动按钮，观察启动电流的变化是否正常，否则停机检查，启动其他水泵。

（5）水泵运行后，定期检查水泵的运行情况，电流是否在额定范围内，注意检查有无各种故障的显示，并根据情况做出运行调整。

（6）水泵运行应调节好工况点，尽量使水泵工作在高效区范围内。

（7）运行时，泵进口处有效气蚀余量应大于水泵规定的必需气蚀余量，或进水水位不应低于规定的最低水位。

（8）在水泵出水阀关闭情况下，离心泵和混流泵连续工作时间不应超过 3min，电动机功率 110kW 以上时不宜超过 5min。

（9）泵运行时振动不应超过国家标准《泵的振动测量与评价方法》GB/T 29531—2013 振动烈度 C 级的规定。

（10）泵轴承温升不超过 35℃，滚珠或滚柱轴承内极限温度不得超过 75℃，滑动轴承温度不得超过70℃。

（11）水泵填料室应有水滴出，宜为每分钟30～60滴。

（12）轴承冷却箱中冷却水温升不应大于10℃，进水温度不应超过28℃。

（13）输送介质含有悬浮物质的水泵的轴封水，应用单独的清洁水源，其压力应比泵的出水压力高0.05MPa以上。

8.2.2　泵组的运行调度

泵组的运行操作应考虑以下原则：

（1）根据生产的需要确定要启动的机组及数量。

（2）保证来水量与抽升量一致，即来多少抽走多少，如来水量大于抽升量，上游没有采取溢流措施，应增加水泵运行台数实现厂内超越；上游有溢流措施，应调节溢流设施。反之，如来水量小于抽升量，则有可能使水泵处于干转状态损坏设备，此时减少水泵运行台数，确保水位淹没潜污泵的电动机；

（3）保持集水池高水位运行，这样可降低水泵扬程，在保证抽升的前提下降低能耗；

（4）水泵的开停次数不可过于频繁，应按水泵使用说明书的要求操作，否则易损坏电动机，降低电动机使用寿命；

（5）机组均衡运行，泵组内每台水泵的投运次数及时间应基本均匀。本着先开先关的原则。

8.2.3　水泵的试运行

微课　水泵的试运行

水泵在安装或检修结束以后，投入正常运行之前，必须进行试运行。这项工作一定要在正常运行前一段时间内进行，以便留有余地，来处理在试车中发生的问题。试车中要求机组所有部件都达到正常，符合质量标准后才能结束。

为了保证水泵的安全运行，试车运行前，应对机组装置进行全面仔细地检查，发现问题及时处理。检查的内容包括：

（1）盘车检查水泵转子转动是否灵活，叶轮转动时有无磨阻的声音；

（2）各轴承中的润滑油是否充足干净，油量是否符合规定要求；

（3）填料压盖的松紧程度是否合适；

（4）水泵和电动机的地脚螺栓以及其他各部件的螺栓有无松动；

（5）前池内是否有杂物，吸水管口有无杂草阻塞；

（6）检查机组上是否有遗留下的工器具等物品；

（7）排空水泵内的空气（高低压全部排完）；

（8）打开冷却水阀门，并观察管路是否畅通。

8.2.4　离心泵的运行与维护

1. 离心泵开车前的准备工作

水泵开车前，操作人员应进行如下检查工作以确保水泵的安全运行。

（1）用手慢慢转动联轴器或皮带轮，观察水泵转动是否灵活、平稳，泵内有无杂物，是否发生碰撞；轴承有无杂声或松紧不匀等现象；填料松紧是否适宜；皮带松紧是否适度。如有异常，应先进行调整。

（2）检查并紧固所有螺栓、螺钉。

（3）检查轴承中的润滑油和润滑脂是否纯净，否则应更换。润滑脂的加入量以轴承室体积的 2/3 为宜，润滑油应在油标规定的范围内。

（4）检查电动机引入导线的连接，确保水泵正常的旋转方向。正常工作前，可开车检查转向，如转向相反，应及时停车，并任意换接两根电动机引入导线的位置。

（5）离心泵应关闭闸阀启动，启动后闸阀关闭时间不宜过久，一般不超过 3～5min，以免水在泵内循环发热，损坏机件。

（6）需灌引水的抽水装置，应灌引水。在灌引水时，用手转动联轴器或皮带轮，使叶轮内空气排尽。

2. 离心泵运行中的注意事项

水泵运行过程中，操作人员要严守岗位，加强检查，及时发现问题并及时处理。一般情况下，应注意以下事项。

（1）检查各种仪表工作是否正常，如电流表、电压表、真空表、压力表等。如发现读数过大、过小或指针剧烈跳动，都应及时查明原因，予以排除。如真空表读数突然上升，可能是由于进水口堵塞或进水池水面下降使吸程增加；若压力表读数突然下降，可能是由于进水管漏气、吸入空气或转速降低。

（2）水泵运行时，填料的松紧度应该适当。压盖过紧，填料箱渗水太少，起不到水封、润滑、冷却作用，容易引起填料发热、变硬，加快泵轴和轴套的磨损，增加水泵的机械损失；填料压得过松，渗水过多，造成大量漏水，或使空气进入泵内，降低水泵的容积效率，导致出水量减少，甚至不出水。一般情况下，填料的松紧度以每分钟能渗水 20 滴左右为宜，可用填料压盖螺纹来调节。

（3）轴承温升一般不应超过 30～40℃，最高温度不得超过 60～70℃。轴承温度过高，将使润滑失效，烧坏轴瓦或引起滚动体破裂，甚至会引起断轴或泵轴热胀咬死的事故。温升过高时应马上停车检查原因，及时排除。

（4）防止水泵的进水管口淹没深度不够，导致在进水口附近产生漩涡，使空气进入泵内。应及时清理拦污栅和进水池中的漂浮物，以免阻塞进水管口。上述两者均会增大进水阻力，导致进口压力降低，甚至引起气蚀。

（5）注意油环，要让它自由地随同泵轴做不同步的转动。随时听机组声响是否正常。

（6）停车前先关闭出水闸阀，实行闭闸停车。然后，关闭真空表及压力表上阀，把泵和电动机表面的水和油擦净。在无供暖设备的房屋中，冬季停车后，要考虑水泵不致冻裂。

3. 离心泵的常见故障和排除

离心泵的常见故障现象有水泵不出水或水量不足、电动机超载、水泵振动或有杂声、轴承发热、填料密封装置漏水等多种。离心泵常见故障及其排除方法见表 8-11。

离心泵常见故障及其排除方法　　表 8-11

故障	产生原因	排除方法
启动后水泵不出水或出水不足	1. 泵壳内有空气，灌泵工作没做好	1. 继续灌水或抽气
	2. 吸水管路及填料有漏气	2. 堵塞漏气，适当压紧填料
	3. 水泵转向不对	3. 对换一对接线，改变转向
	4. 水泵转速太低	4. 检查电路，是否电压太低
	5. 叶轮进水口及流道堵塞	5. 揭开泵盖，清除杂物
	6. 底阀堵塞或漏水	6. 清除杂物或修理
	7. 吸水井水位下降，水泵安装高度太大	7. 核算吸水高度．必要时降低安装高度
	8. 减漏环及叶轮磨损	8. 更换磨损零件
	9. 水面产生漩涡，空气带入泵内	9. 加大吸水口淹没深度或采取防止措施
	10. 水封管堵塞	10. 拆下清通
水泵开启不动或启动后轴功率过大	1. 填料压得太死，泵轴弯曲，轴承磨损	1. 松一点压盖，矫直泵轴，更换轴承
	2. 多级泵中平衡孔堵塞或回水管堵塞	2. 清除杂物，疏通回水管路
	3. 靠背轮间隙太小，运行中二轴相顶	3. 调整靠背轮间隙
	4. 电压太低	4. 检查电路，向电力部门反映情况
	5. 实际液体的相对密度远大于设计液体的相对密度	5. 更换电动机，提高功率
	6. 流量太大，超过使用范围太多	6. 关小出水闸阀
水泵机组振动和噪声	1. 地脚螺栓松动或没填实	1. 拧紧并填实地脚螺栓
	2. 安装不良，联轴器不同心或泵轴弯曲	2. 找正联轴器不同心度，矫直或换轴
	3. 水泵产生气蚀	3. 降低吸水高度，减少水头损失
	4. 轴承损坏或磨损	4. 更换轴承
	5. 基础松软	5. 加固基础
	6. 泵内有严重摩擦	6. 检查咬住部位
	7. 出水管存留空气	7. 在存留空气处，加装排气阀
轴承发热	1. 轴承损坏	1. 更换轴承
	2. 轴承缺油或油太多（使用黄油时）	2. 按规定油面加油，去掉多余黄油
	3. 油质不良，不干净	3. 更换合格润滑油
	4. 轴弯曲或联轴器没找正	4. 矫直或更换泵轴的正联轴器
	5. 滑动轴承的甩油环不起作用	5. 放正油环位置或更换油环
	6. 叶轮平衡孔堵塞，使泵轴向力不能平衡	6. 清除平衡孔上堵塞的杂物
	7. 多级泵平衡轴向力装置失去作用	7. 检查回水管是否堵塞，联轴器是否相碰，平衡盘是否损坏
电动机过载	1. 转速高于额定转速	1. 检查电路及电动机
	2. 水泵流量过大，扬程低	2. 关小闸阀
	3. 电动机或水泵发生机械损坏	3. 检查电动机及水泵

续表

故障	产生原因	排除方法
填料处发热、漏渗水过少或没有	1. 填料压得太紧	1. 调整松紧度，使滴水呈滴状连续渗出
	2. 填料环装的位置不对	2. 调整填料环位置，使它正好对准水封管口
	3. 水封管堵塞	3. 疏通水封管
	4. 填料盒与轴不同心	4. 检修，改正不同心地方

8.2.5　轴流泵的运行与维护

1. 轴流泵开车前的准备工作

（1）检查泵轴和传动轴是否由于运输过程造成弯曲，如有则需校直。

（2）水泵的安装标高必须按照产品说明书的规定，以满足气蚀余量的要求和启动要求。

（3）水池进水前应设有拦污栅，避免杂物带进水泵。水经过拦污栅的流速以不超过 0.3m/s 为合适。

（4）水泵安装前需检查叶片的安装角度是否符合要求、叶片是否有松动等。

（5）安装后，应检查各联轴器和各底脚螺栓的螺母是否都旋紧。在旋紧传动轴和水泵轴上的螺母时要注意其螺纹方向。

（6）传动轴和水泵轴必须安装于同一垂直线上，允许误差小于 0.03mm/m。

（7）水泵出水管路应另设支架支承，不得用水泵本体支撑。

（8）水泵出水管路上不宜安装闸阀。如有，则启动前必须完全开启。

（9）使用止回阀时最好装一平衡锤，以平衡门盖的重力，使水泵更经济地运转。

（10）对于用牛油润滑的传动装置，轴承油腔检修时应拆洗干净，重新注以润滑剂，其量以充满油腔的 1/2～2/3 为宜，避免运转时轴承温升过高。必须特别注意，橡胶轴承切不可触及油类。

（11）水泵启动前，应向上部填料涵处的短管内引注清水或肥皂水，用来润滑橡胶或塑料轴承，待水泵正常运转后，即可停止。

（12）水泵每次启动前应先盘动联轴器三四转，并注意是否有轻重不匀等现象。如有，必须检查原因，设法消除后再运转。

（13）启动前应先检查电动机的旋转方向，使它符合水泵转向后，再与水泵连接。

2. 轴流泵运行时注意事项

水泵运转时，应经常注意如下几点：

（1）叶轮浸水深度是否足够，即进水位是否过低，以免影响流量，或产生噪声。

（2）叶轮外圆与叶轮外壳是否有磨损，叶片上是否绕有杂物，橡胶或塑料轴承是否过紧或烧坏。

（3）固紧螺栓是否松动，泵轴和传动轴中心是否一致，以防机组振动。

3. 轴流泵的常见故障及排除

表 8-12 为轴流泵的常见故障及排除方法。

轴流泵的常见故障及排除方法　　　　表 8-12

故障现象		原因分析	排除方法
启动后不出水或出水量不足	不符合性能要求	1. 叶轮淹没深度不够，或卧式泵吸程太高	1. 降低安装高度，或提高进水池水位
		2. 装置扬程过高	2. 提高进水池水位，降低安装高度，减少管路损失或调整叶片安装角
		3. 转速过低	3. 提高转速
		4. 叶片安装角太小	4. 增大安装角
		5. 叶轮外缘磨损，间隙加大	5. 更换叶轮
	零部件损坏，内部有异物	6. 水管或叶轮被杂物堵塞	6. 清除杂物
	安装、使用不符合要求	7. 叶轮转向不符	7. 调整转向
		8. 叶轮螺母脱落	8. 重新旋紧。螺母脱落原因一般是停车时水倒流，使叶轮倒转所致，故应设法解决停车时水的倒流问题
		9. 泵布置不当或排列过密	9. 重新布置或排列
	进水条件不良	10. 进水池太小	10. 设法增大
		11. 进水形式不佳	11. 改变形式
		12. 进水池水流不畅或堵塞	12. 清理杂物
动力机超载	不符合性能要求	1. 因装置扬程过高、叶轮淹没深度不够、进水不畅等，水泵在小流量工况下运行，使轴功率增加，动力机超载	1. 消除造成超载的各项原因
		2. 转速过高	2. 降低转速
		3. 叶片安装角过大	3. 减小安装角
	零件损坏或内部有异物	4. 出水管堵塞	4. 清除
		5. 叶片上缠绕杂物（如杂草、布条、纱布、纱线等）	5. 清理
		6. 泵轴弯曲	6. 校直或调换
		7. 轴承损坏	7. 调换
	安装、使用不符合要求	8. 叶片与泵壳摩擦	8. 重新调整
		9. 轴安装不同心	9. 重新调整
		10. 填料过紧	10. 旋松填料压盖或重新安装
		11. 进水池不符合设计要求	11. 水池过小，应予以放大；两台水泵中心距过小，应予以移开；进水处有漩涡，设法消除；水泵离池壁或池底太近，应予以放大
水泵振动或有异常声音	不符合性能要求	1. 叶轮淹没深度不够或卧式吸程太高	1. 提高进水池水位或重新安装
		2. 转速过高	2. 降低转速
	零部件损坏或内部有异物	3. 叶轮不平衡或叶片缺损或缠有杂物	3. 调整叶轮、叶片或重新做平衡试验或清除杂物
		4. 填料磨损过多或变质发硬	4. 更换或用机油处理使其变软

续表

故障现象	原因分析		排除方法
水泵振动或有异常声音	零部件损坏或内部有异物	5. 滚动轴承损坏或润滑不良	5. 调换轴承或清洗轴承，重新加注润滑油
		6. 橡胶轴承磨损	6. 更换并消除引起的原因
		7. 轴弯曲	7. 校直或更换
	安装、使用不符合要求	8. 地脚螺栓或联轴器螺栓松动	8. 拧紧
		9. 叶片安装角不一致	9. 重新安装
		10. 动力机轴与泵轴不同心	10. 重新调整
		11. 水泵布置不当或排列过密	11. 重新布置或排列
		12. 叶轮与泵壳摩擦	12. 重新调整
	进水条件不良	13. 进水池太小	13. 设法增大
		14. 进水池形式不佳	14. 改变形式
		15. 进水池水流不畅或堵塞	15. 清理杂物

8.2.6　潜水泵的运行与维护

1. 使用以前的准备工作

（1）检查电缆线有无破裂、折断现象。使用前既要观察电缆线的外观，又要用万用表或兆欧表检查电缆线是否通路。电缆出线处不得有漏油现象。

（2）新泵使用前或长期放置的备用泵启动之前，应用兆欧表测量定子对外壳的绝缘不低于 1MΩ，否则应对电动机绕组进行烘干处理提高绝缘等级。

潜水电泵出厂时的绝缘电阻值在冷态测量时一般均超过 50MΩ。

（3）检查潜水电泵是否漏油。潜水电泵的可能漏油途径有电缆接线处、密封室加油螺钉处的密封及密封处 O 形封环。检查时要确定是否真漏油。造成加油螺钉处漏油的原因是螺钉没旋紧，或是螺钉下面的耐油橡胶衬垫损坏。如果确定 O 形封环密封处漏油，则多是因为 O 形封环密封失效，此时需拆开电泵换掉密封环。

（4）长期停用的潜水电泵再次使用前，应拆开最上一级泵壳，盘动叶轮后再行启动，防止部件锈蚀启动不出水而烧坏电动机绕组。这对充水式潜水电泵更为重要。

2. 潜水泵运行中的注意事项

（1）潜污泵在无水的情况下试运转时，运转时间严禁超过额定时间。吸水池的容积能保证潜污泵开启时和运行中水位较高，以确保电动机的冷却效果和避免因水位波动太大造成频繁启动和停机，大、中型潜污泵的频繁启动对泵的性能影响很大。

（2）当湿度传感器或温度传感器发出报警时，或泵体运转时振动、噪声出现异常时，或输出水量水压下降、电能消耗显著上升时，应当立即对潜污泵停机进行检修。

（3）有些密封不好的潜水泵长期浸泡在水中时，即使不使用，绝缘值也会逐渐下降，最终无法投用，甚至在比连续运转的潜污泵在水中的工作时间还短的时间内发生绝缘消失现象。因此潜水泵在吸水池内备用有时起不到备用的作用，如果条件许可，可以在池外干式备用，等运行中的某台潜水泵出现故障时，立即停机提升上来后，将备用泵再放下去。

（4）潜水泵不能过于频繁开、停，否则将影响潜水泵的使用寿命。潜水泵停止时，管路内的水产生回流，此时立即再启动则引起电泵启动时的负载过重，并承受不必要的冲击载荷；另外，潜水泵过于频繁开、停将损坏承受冲击能力较差的零部件，并带来整个电泵的损坏。

（5）停机后，在电动机完全停止运转前，不能重新启动。

（6）检查电泵时必须切断电源。

（7）潜水泵工作时，不要在附近洗涤物品、游泳或放牲畜下水，以免电泵漏电时发生触电。

3. 潜水电泵的维护和保养

（1）经常加油，定期换油。潜水电泵每工作 1000h，必须调换一次密封室内的油，每年调换一次电动机内部的油液。对充水式潜水电泵还需定期更换上下端盖、轴承室内的骨架油封和锂基润滑油，确保良好的润滑状态。

对带有机械密封的小型潜水电泵，必须经常打开密封室加油螺孔加满润滑油，使机械密封处于良好的润滑状态，使其工作寿命得到充分保证。

（2）及时更换密封盒。如果发现漏入电泵内部的水较多时（正常泄漏量为 0.1mL/h），应及时更换密封盒，同时测量电动机绕组的绝缘电阻值。若绝缘电阻值低于 0.5MΩ 时，需进行干燥处理，方法与一般电动机的绕组干燥处理相同。更换密封盒时应注意外径及轴孔中 O 形封环的完整性，否则水会大量漏入潜水泵的内部而损坏电动机绕组。

（3）经常测量绝缘电阻值。用 500V 或 1000V 的兆欧表测量电泵定子绕组对机壳的绝缘电阻数值，在 1MΩ 以上者（最低不得小于 0.5MΩ）方可使用，否则应进行绕组维修或干燥处理，以确保使用安全性。

（4）合理保管。长期不用时，潜水泵不宜长期浸泡在水中，应在干燥通风的室内保管。对充水式潜水泵应先清洗，除去污泥杂物后再放在通风干燥的室内。潜水泵的橡胶电缆保管时要避免太阳光的照射，否则容易老化，表面将产生裂纹，严重时将引起绝缘电阻的降低或使水通过电缆护套进入潜水泵的出线盒，造成电源线的相间短路或绕组对地绝缘电阻为零等严重后果。

（5）及时进行潜水泵表面的防锈处理。潜水泵使用一年后应根据潜水泵表面的腐蚀情况及时地进行涂漆防锈处理。其内部的涂漆防锈应视泵型和腐蚀情况而定。一般情况下内部充满油时是不会生锈的，此时内部不必涂漆。

（6）潜水泵每年（或累计运行 2500h）应维护保养一次，内容包括：拆开泵的电动机，对所有部件进行清洗，除去水垢和锈斑，检查其完好度，及时整修或更换损坏的零部件；更换密封室内和电动机内部的润滑油；密封室内放出的润滑油若油质浑浊且水含量超过 50mL，则需更换整体式密封盒或动、静密封环。

（7）气压试验。经过检修的电泵或更换机械密封后，应该以 0.2MPa 的气压试验检查各零件止口配合面处 O 形封环和机械密封的两道封面是否有漏气现象，如有漏气现象必须重新装配或更换漏气零部件。然后分别在密封室和电动机内部加入N7（或N10）机械油，或用N15机械油，缝纫机油，10号、15号、25号变压器油代用。

4. 潜水泵的常见故障及排除

表8-13为潜水泵的常见故障和排除方法。

潜水泵的常见故障和排除方法　　表8-13

故障现象	原因分析	排除方法
启动后不出水	1. 叶轮卡住	1. 清除杂物，然后用手盘动叶轮看其是否能够转动。若发现叶轮的端面同口环相擦，则须用垫片将叶轮垫高一点
	2. 电源电压过低	2. 改用高扬程水泵，或降低电泵的扬程
	3. 电源断电或断相	3. 逐级检查电源的保险丝和开关部分，发现并消除故障；检查三相温度继电器触点是否接通，并使之正常工作
	4. 电缆线断裂	4. 查出断点并连接好电缆线
	5. 插头损坏	5. 更换或修理插头
	6. 电缆线压降过大	6. 根据电缆线长度，选用合适的电缆规格，增大电缆的导电面积，减小电缆线压降
	7. 定子绕组损坏；电阻严重不平衡；其中一相或两相断路；对地绝缘电阻为零	7. 对定子绕组重新下线进行大修，最好按原来的设计数据进行重绕
出水量过少	1. 扬程过高	1. 根据实际需要的扬程高度，选择泵的型号，或降低扬程高度
	2. 过滤网阻塞	2. 清除潜水泵格栅外围的水草等杂物
	3. 叶轮流通部分堵塞	3. 拆开潜水泵的水泵部分，清除杂物
	4. 叶轮转向不对	4. 更换电源线的任意两根非接地线的接法
	5. 叶轮或口环磨损	5. 更换叶轮或口环
	6. 潜水泵的潜水深度不够	6. 加深潜水泵的潜水深度
	7. 电源电压太低	7. 降低扬程
电泵突然不转	1. 保护开关跳闸或保险丝烧断	1. 查明保护开关跳闸或保险丝烧断的具体原因，然后对症下药，予以调整和排除
	2. 电源断电或断相	2. 接通电线
	3. 潜水泵的出线盒进水，连接线烧断	3. 打开线盒，接好断线包上绝缘胶带，消除出线盒漏水原因，按原样装配好
	4. 定子绕组烧坏	4. 对定子绕组重新下线进行大修。除及时更换或检修定子绕组外，还应根据具体情况找到产生故障的根本原因，消除故障
定子绕组烧坏	1. 接地线错接电源线	1. 正确地将潜水泵电缆线中的接地线接在电网的接地线或临时接地线上
	2. 断相工作，此时电流比额定值大得多，绕组温升很高，时间长了会引起绝缘老化而损坏定子绕组	2. 及时查明原因，接上断相的电源线，或更换电缆线
	3. 机械密封损坏而漏水，降低定子绕组绝缘电阻而损坏绕组	3. 经常检查潜水电泵的绝缘电阻情况，绝缘电阻下降时，及时采取措施维修

续表

故障现象	原因分析	排除方法
定子绕组烧坏	4. 叶轮卡住，电泵处于三相制动状态，此时电流为6倍左右的额定电流，如无开关保护，很快烧坏绕组	4. 采取措施防止杂物进入潜水泵卡住叶轮，注意检查潜水泵的机械损坏情况，避免叶轮由于某种机械损坏而卡住。同时，运行过程中一旦发现水泵突然不出水应立即关机检查，采取相应措施检修
	5. 定子绕组端部碰潜水泵外壳，而对地击穿	5. 绕组重新嵌线时尽量处理好两端部，同时去除上、下盖内表面上存在的铁疙瘩，装配时避免绕组端部碰到外壳
	6. 潜水泵开、停过于频繁	6. 不要过于频繁地开、关电泵，避免潜水泵负载过重或承受不必要的冲击载荷，如有必要重新启动潜水泵则应等管路内的水回流结束后再启动
	7. 潜水泵脱水运转时间太长	7. 运行中应密切注意水位的下降情况，不能使电泵长时间（大于1min）在空气中运转，避免潜水泵缺少散热和润滑条件

8.2.7 螺杆泵的运行与维护

1. 螺杆泵开车前的准备工作

螺杆泵在初次启动前，应对集泥池、进泥管线等进行清理，以防止在施工中遗落的石块、水泥块及其他金属物品进入破碎机或泵内。平时启动前应打开进出口阀门并确认管线通畅后方可动作。

作为螺杆泵，它所输送的介质对转子、定子起到冷却及润滑作用，因此是不允许空转的，否则会因摩擦和发热损坏定子及转子。在泵初次使用之前应向泵的吸入端注入液体介质或者润滑液，如甘油的水溶液或者稀释的水玻璃、洗涤剂等，以防止初期启动时泵处于摩擦状态。

泵和电动机安装的同轴度精确与否，是泵是否平稳运行的首要条件。虽然泵在出厂前均经过精确的调定，但底座安装固定不当会导致底座扭曲，引起同轴度的超差。因此首次运转前，或在大修后应校验其同轴度。

2. 螺杆泵运行中的注意事项

对正在运行的泵在巡视中应主要注意其螺栓是否有松动、机泵及管线的振动是否超标、填料部位滴水是否在正常范围、轴承及减速机温度是否过高、各运转部位是否有异常声响。

（1）尽量避免发生污泥或者浮渣中的大块杂质（如包装袋等）被吸入管道而出现堵塞的现象，如不慎发生此类情况应立即停泵清理，以保护泵的安全运行。

（2）在运行过程中，机座螺栓的松动会造成机体的振动、泵体的移动、管线破裂等现象。因此对机座螺栓的经常紧固是十分必要的，对泵体上各处的螺栓也应如此。在工作中应经常检查电动机与减速机之间、减速机与吸入腔之间以及吸入腔与定子之间的螺栓是否牢固。

（3）尽管螺杆泵的生产厂家都对这些螺杆有各种防松措施，但由于此处在运行中振动较大，仍可能有一些螺栓发生松动，一旦万向节或挠性轴脱开，将使泵造成进一步损坏，因此，每运转 300～500h，应打开泵对此处的螺栓进行检查、紧固。并清理万向节或者挠性轴上的缠绕物。

（4）在正常运行时，填料涵处同离心泵的填料涵一样，会有一定的滴水现象，水在填料与轴之间起到润滑作用，减轻泵轴或套的磨损。正常滴水应在每分钟 50～150 滴左右，如果超过这个数就应该紧螺栓。如仍不能奏效就应及时更换盘根。在螺杆泵输出初沉池污泥或消化污泥时，填料盒处的滴水应以污泥中渗出的清液为主，如果有很稠的污泥漏出，即使数量不多也会有一些砂粒进入轴与填料之间，会加速轴的磨损。

当用带冷却的填料环时，应保持冷却水的通畅与清洁。

（5）尽量避免过多的泥沙进入螺杆泵。螺杆泵的定子是由弹性材料制作的，它对少量进入泵腔的泥沙有一定的容纳作用，但坚硬的砂粒会加速定子和转子的磨损。大量的砂粒随污泥进入螺杆泵时，会大幅减少定子和转子的寿命，减少进入螺杆泵的砂粒要依靠除砂工序来实现。

（6）要保证变速箱、滚动轴承、联轴节 3 个润滑部位工作良好。变速箱一般采用油润滑，在磨合阶段（200～500h）以后应更换一次润滑油，以后每 2000～3000h 应换一次油。所采用的润滑油标号应严格按说明书上的标号，说明书未规定标号的可使用质量较好的重载齿轮油。

轴承架内的滚动轴承一般采用油脂润滑，污水处理厂主要输出常温介质，可选用普通钙基润滑脂。

联轴节包裹在橡皮护套中，采用销子联轴节的是用脂润滑，一般不需要经常更换润滑脂，但是如果出现护套破损或者每次大修时，应拆开清洗，填装新油脂，并更换橡皮护套和磨坏的销子等配件。如采用齿形联轴节，一般用油润滑，应每 2000h 清洗换油一次，输出污泥及浮渣的螺杆泵可使用 68 号机械油。

使用挠行连轴杆的螺杆泵由于两端属于刚性连接，可免去加油清洗的麻烦。

（7）制订严格的巡视管理制度。在污水处理厂，螺杆泵一般在地下管廊等场所运转，而且有时很分散，不可能派专人去监视每一台泵的工作，因此定时定期对运转中的螺杆泵进行巡视就成为运行操作人员的一项重要日常工作，应制订严格的巡视管理制度，建议在白天每 2h 巡视一次，夜间每 3～4h 巡视一次。对于经常开停的螺杆泵应尽量到现场去操作，以观察其启动时的情况。

巡视时应注意的主要内容：

a. 观察有无松动的地脚螺栓、法兰盘、联轴器等，变速箱油位是否正常，有无漏油现象。

b. 注意吸入管上的真空表和出泥管上的压力表的读数。这样可以及时发现泵是否在空转或者前方、后方有堵塞。

c. 听运转时有无异常声响，因为螺杆泵的大多数故障都会发出异常声响。如变速箱、轴承架、联轴节或联轴杆、定子和转子出故障都有异常声响。经验丰富的操作人员能从异常声响中判断可能出现故障的部位及原因。

d. 用手去摸变速箱、轴承架等处有无异常升温现象。对于有远程监控系统的螺杆泵，每日的定时现场巡视也是必不可少的。在很多方面，远程监控代替不了巡视。

（8）认真填写运行记录。主要记录的内容有工作时间和累计工作时间、介质状况、轴承温度、加换油记录，填料滴水情况及大中小修的记录等。

（9）定子与转子的更换。当定子与转子经过一段时间的磨损就会逐渐出现内泄现象，此时螺杆泵的扬程、流量与吸程都会减小。当磨损到一定程度，定子与转子之间就无法形成密封的空腔，泵也就无法进行正常的工作，此时就需要更换定子或转子。

更换的方法是：先将泵两端的阀门关死，然后将定子两端的法兰或者卡箍卸开，旋出定子，然后用水将定子、转子、连轴杆及吸入室的污泥冲洗干净，卸下转子后即可观察定子与转子的磨损情况。一般正常磨损情况是：在转子的突出部位，电镀层被均匀磨掉。其磨损程度可使用卡尺对比新转子量出，定子内部内腔均匀变大，但内部橡胶弹性依然良好。如发现转子有烧蚀的痕迹，有一道道深沟，定子内部橡胶碳化变硬，则说明在运转中有无介质空转的情况。如发现定子内部橡胶严重变形，并且碳化严重，则说明可能出现过在未开出口阀门的情况下运转。上述两种情况都属于非正常损坏，应提醒运行操作者注意。

一般来说，在正常使用的情况下，转子的寿命是定子寿命的 2～3 倍。当然这与介质、转子和定子的质量及操作者的责任心有关。

更换转子和定子时，应使用洗涤剂等润滑液将接触面润滑，这样转子易于装入定子，同时也避免了初次试运行时的干涩。

在更换转子或定子同时，应检查联轴节的磨损情况，并清洗更换联轴节的润滑油（脂）。

3. 螺杆泵的常见故障及排除

螺杆泵常见故障及其排除方法见表 8-14。

螺杆泵常见故障及其排除方法　　表 8-14

故障现象	原因	处理方法
泵不吸液	1. 吸入管路堵塞或漏气	1. 检修吸入管路
	2. 吸入高度超过允许吸入真空高度	2. 降低吸入高度
	3. 电动机反转	3. 改变电动机转向
	4. 介质黏度过大	4. 将介质加温
压力表指针波动大	1. 吸入管路漏气	1. 检修吸入管路
	2. 安全阀没有调好或工作压力过大，使安全阀时开时闭	2. 调整安全阀或降低工作压力
流量下降	1. 吸入管路堵塞或漏气	1. 检修吸入管路
	2. 螺杆与泵套磨损	2. 磨损严重时应更换零件
	3. 安全阀弹簧太松或阀瓣与阀座接触不严	3. 调整弹簧，研磨阀瓣与阀座
	4. 电动机转速不够	4. 修理或更换电动机
轴功率急剧增大	1. 排出管路堵塞	1. 停泵清洗管路
	2. 螺杆与泵套严重摩擦	2. 检修或更换有关零件
	3. 介质黏度太大	3. 将介质升温

续表

故障现象	原因	处理方法
泵振动大	1. 泵与电动机不同心	1. 调整同心度
	2. 螺杆与泵套不同心或间隙大	2. 检修调整
	3. 泵内有气	3. 检修吸入管路，排除漏气部位
	4. 安装高度过大泵内产生气蚀	4. 降低安装高度或降低转速
泵发热	1. 泵内严重摩擦	1. 检查调整螺杆和泵套
	2. 机械密封回油孔堵塞	2. 疏通回油孔
	3. 液温过高	3. 适当降低液温
机械密封大量漏油	1. 装配位置不对	1. 重新按要求安装
	2. 密封压盖未压平	2. 调整密封压盖
	3. 动环或静环密封面碰伤	3. 研磨密封面或更换新件
	4. 动环或静环密封圈损坏	4. 更换密封圈

8.2.8　螺旋泵的运行与维护

（1）应尽量使螺旋泵的吸水位在设计规定的标准点或标准点以上工作，此时螺旋泵的扬水量为设计流量，如果低于标准点，哪怕只低几厘米，螺旋泵的扬水量也会下降很多。

（2）当螺旋泵长期停用时，如果长期不动，很长的螺旋泵螺旋部分向下的挠曲会永久化，因而影响到螺旋与泵槽之间的间隙及螺旋部分的动平衡，所以，每隔一段时间就应将螺旋转动一定角度以抵消向一个方向挠曲所造成的不良影响。

（3）螺旋泵的螺旋部分大多在室外工作，在北方冬季启动螺旋泵之前必须检查吸水池内是否结冰、螺旋部分是否与泵槽冻结在一起，启动前要清除积冰，以免损坏驱动装置或螺旋泵叶片。

（4）确保螺旋泵叶片与泵槽的间隙准确均匀是保证螺旋泵高效运行的关键，应经常测量运行中的螺旋泵与泵槽的间隙是否为 5～8mm，并调整到均匀准确的程度。巡检时注意螺旋泵声音的异常变化，例如螺旋叶片与泵槽相摩擦时会发出钢板在地面刮行的声响，此时应立即停泵检查故障，调整间隙。上部轴承发生故障时也会发出异常的声响且轴承外壳体发热，巡检时也要注意。

（5）由于螺旋泵一般都是 30° 倾斜安装，驱动电动机及减速机也必须倾斜安装，这将影响减速机的润滑效果。因此，为减速机加油时应使油位比正常油位高一些，排油时如果最低位没有放油口，应设法将残油抽出。

（6）要定期为上、下轴承加注润滑油，为下部轴承加油时要观察是否漏油，如果发现有泄漏，要放空吸水池紧固盘根或更换失效的密封垫。在未发现问题的情况下，也要定期排空吸水池空车运转，以检查水下轴承是否正常。

8.3　泵站辅助设施的运行管理

8.3.1　水泵引水设备

对于大型水泵，自动化程度和供水安全要求较高泵站，宜采用自灌式引水。自灌式工作的水泵外壳顶点应低于吸水井内的最低水位。水泵的引水方式有自灌式和非自灌式两种。装有大型水泵，自动化程度高，供水安全要求高的泵站，宜采用自灌式工作。自灌式工作的水泵外壳顶点应低于吸水池内的最低水位。非自灌式工作的水泵在启动前必须引水，引水时间一般不得超过5min。引水方法可分为两大类，一是吸水管带有底阀，二是吸水管不带底阀。

1. 吸水管带有底阀

（1）人工引水。将水从泵顶的引水孔灌入泵内，同时打开排气阀。此法只适用于临时性供水且为小泵的场合。

（2）用压水管中的水倒灌引水。当压水管内经常有水，且水压不大而无止回阀时，直接打开压水管上的闸阀，将水倒灌入泵内。如压水管中的水压较大且在泵后装有止回阀时，需在送水闸阀后装设一旁通管引水入泵壳内，如图8-1所示。旁通管上设有闸阀，引水时开启闸阀，水充满泵后，关闭闸阀。此法设备简单，一般中、小型水泵（吸水管直径在300mm以内时）多被采用。

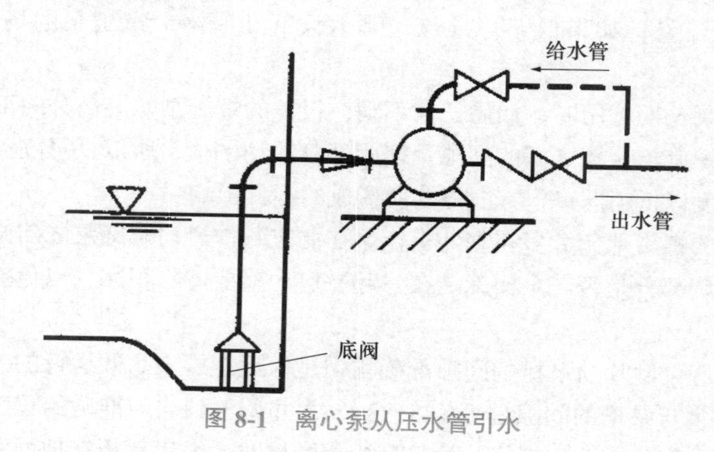

图8-1　离心泵从压水管引水

2. 吸水管上不装底阀

（1）真空泵引水。用真空泵将泵体及压水管中的空气抽空，图8-2为真空泵引水管路系统。此法在泵站中采用较为普遍，其优点是水泵启动快，运行可靠，易于实现自动化。目前使用最多的是水环式真空泵，常用的有悬臂式SZB型和电动机与真空泵为直联式的SZZ型。

真空泵是根据水泵及进水管路所需要的抽气量和最大真空值选择的。

抽气量与造成真空所要求的时间和进水管路及水泵内空气的体积有关。抽气量公式：

$$Q_V = K(W_P + W_S)H_a/T(H_a - H_{SS}) \quad (8\text{-}4)$$

式中　Q_V——真空泵的排气量，m^3/h；

W_P——泵站中最大一台水泵泵壳内空气容积，m^3，相当于水泵吸入口面积乘以吸入口到出水闸阀间的距离；

W_S——从吸水井最低水位算起的吸水管中空气容积，m^3，根据吸水管直径和长度计算，一般可查表 8-15 求得；

H_a——大气压的水柱高度，取 10.33m；

H_{SS}——离心泵的安装高度，m；

T——水泵引水时间，h，一般应小于 5min，消防水泵不得超过 3min；

K——漏气系数，一般取 1.05～1.10。

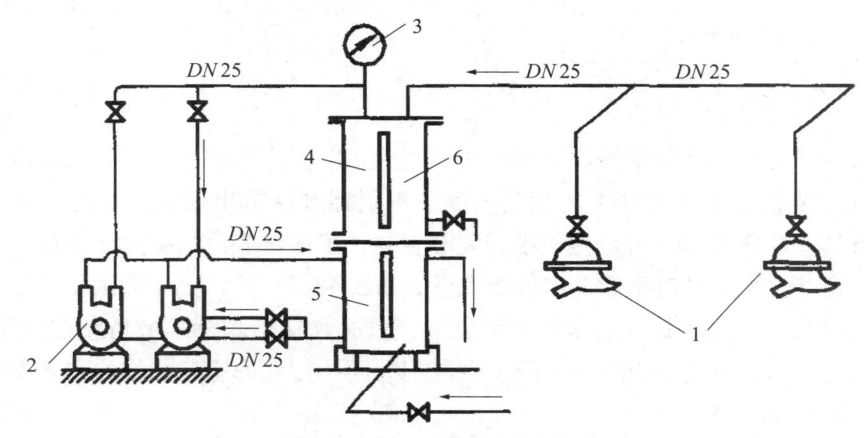

图 8-2　真空泵引水管路系统

1—离心泵；2—水环式真空泵；3—真空表；4—气水分离器；5—循环水箱；6—玻璃水位计

水管直径与空气容积的关系　　表 8-15

D（mm）	200	250	300	350	400	500	600	700	800
W_S（m^3/s）	0.031	0.071	0.092	0.096	0.120	0.196	0.282	0.385	0.503

最大真空值 H_{max} 按式（8-5）计算。

$$H_{max}=H'_{ss}\frac{760}{10.33} \tag{8-5}$$

式中　H_{max}——最大真空值；

H'_{ss}——吸水池最低水位到水泵最高点的垂直距离。

在抽气过程中，泵内真空值是逐渐加大的，而随着真空值加大抽气量是减少的，所以以最大真空值选泵，所选泵是偏大的也是偏安全的，实际运行中可缩短抽气时间。

水环式真空泵在运行时，应有少量的水流不断地循环，以保持一定容积的水环及时带走由于叶轮旋转而产生的热量，避免真空泵因温升过高而损坏，为此，在管路上装设了循环水箱。但是，真空泵运行时，吸入的水量不宜过多，否则将影响其容积效率，减少排气量。

（2）水射器引水。图 8-3 为用水射器引水的装置。水射器引水是利用压力水通过水射器喷嘴处产生高速水流，使喉管进口处形成真空的原理，将泵内的气体抽走。

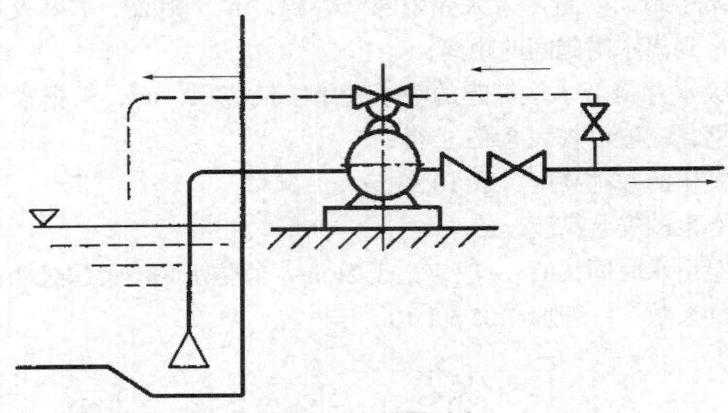

图 8-3　水射器引水

为使水射器工作，必须供给压力水作为动力。水射器应连接于水泵的最高点处，在开动水射器前，要把水泵压水管上的闸阀关闭，水射器开始带出被吸的水时，就可启动水泵。水射器具有结构简单，占地面积小，安装容易，工作可靠，维护方便等优点，是一种常用的引水设备。缺点是效率低，需供给大量的高压水。

采用真空泵或水射器抽气引水装置时，抽气管必须接于水泵的最高点，并安装水表。在启动抽气装置前，要把水泵出水水路上的阀门关闭，待泵内空气抽尽，水表中显示有水吸上时，即可启动水泵。

8. 3. 2　排水设备

泵房内由于水泵填料的滴水，阀门和管道接口的漏水，拆修管道设备时泄放的存水，清洗地面排水，以及各种地沟的渗透水等，必须设置排水设备及时排水，以保持泵房的环境整洁和设备的安全运行，尤其是电缆沟中不允许积水。

排除积水的方法取决于泵房的具体条件，基本上可归纳为如下两类。

1. 自流式排水

地面式泵房都可采用此法。由于泵房室内地坪高于室外地面，有条件利用自流式排水系统排除泵房的积水。

当泵房中设置管槽时，可利用串联管槽的办法构成自流式排水系统，但要复核下水道的水位标高。如果有倒灌的可能，就应考虑采用提升排水的办法。

2. 提升式排水

无法实行自流排水的泵房，例如埋置较深的半地下式泵房，或水管槽底低于下水的水位，都要借助提升设备来排除泵房的积水。常用的提升设备有水射器、手摇泵和水泵 3 种（选择水泵排水时可考虑小型排污泵或小型潜污泵）。无论采用何种设备，都应在泵房建立集水系统，使提升设备从集水坑中排泄。

水射器和手摇泵一般都用在排水量不大的小型泵房内，对于大、中型泵房基本上都配专用排水泵。排水泵可采用液位控制自动启闭。

8.3.3　通风与供暖设备

1. 通风

由于电动机等设备在运行中会散发大量的热量，以及太阳的辐射热等，使得泵房内温度升高，从而使电动机绝缘老化，效率降低，同时对工作人员的身体健康也会产生不利影响，因而泵房需通风、换气。

泵房内常用的通风方式有两种：自然通风和机械通风。

泵房内一般采用自然通风。地面式泵房为了改善自然通风条件，往往设有高低窗，并且保证足够的开窗面积，开窗面积一般按 1/7～1/4 的地板面积选用。当泵房为地下式或电动机功率较大，自然通风不够时，特别是南方地区，夏季气温较高，为使室内温度不超过 35℃，以保证操作人员有良好的工作环境，并改善电动机的工作条件，宜采用机械通风。

机械通风分抽风式与排风式。前者是将风机放在泵房上层窗户顶上，通过接到电动机排风口的风道将热风抽出室外，冷空气自然补充。后者是在泵房内电动机附近安装风机，将电动机散发的热气，通过风道排出室外，冷空气也是自然补进。

对于埋入地下很深的泵房，当机组容量大，散热较多时，只采取排出热空气，自然补充冷空气的方法，其运行效果不够理想时，可采用进出两套机械通风系统。

2. 供暖

在寒冷地区，泵房应考虑供暖设备。泵房供暖温度：对于自动化泵站，机器间为 5℃，非自动化泵站，机器间为 16℃。在计算大型泵房供暖时，应考虑电动机所散发的热量，但也应考虑冬季天冷停机时可能出现的低温。辅助房间室内温度在 18℃以上。对于小型泵站可用火炉取暖，我国南方地区多用此法，大、中型泵站中亦可考虑采取集中供暖方法。

8.3.4　通信设施

泵站应设有通信设施，一般在值班室内安装电话机，供生产调度和通信联络之用。电话间应具有隔声效果，以免噪声干扰。

8.3.5　防火与安全设施

泵房中防火主要是防止用电起火以及雷击起火，以保护人身及设备安全。起火的可能是用电设备过负荷超载运行、导线接头接触不良、电阻过大发热使导线的绝缘物或沉积在电气设备上的粉尘自燃、短路的电弧能使充油设备爆炸等。在江河边的取水泵房，常常设置在雷击较多的地区，泵房上如果没有可靠的防雷保护设施，便有可能发生雷击起火。泵站中防雷保护设施常用的是变电所设避雷器，变电所及泵房设避雷针，35kV 及以上输电线路设避雷线。泵站安全设施中除了防雷保护外，还有接地保护和灭火器材的使用。

泵站中常用的灭火器材有四氯化碳灭火器、二氧化碳灭火器、干粉灭火器等。

第9章　鼓风机及鼓风机房的运行管理

鼓风机供气系统是由鼓风机、输气管道和曝气器等部件组成。鼓风机有两类：一种是罗茨鼓风机，另一种是离心鼓风机。

9.1　罗茨鼓风机的运行管理

9.1.1　罗茨鼓风机的性能特点

罗茨鼓风机是低压容积式鼓风机，与离心鼓风机相比，罗茨鼓风机性能受进气温度波动的影响可以忽略不计；当相对压力低于或等于48kPa时，效率高于相同规格的离心鼓风机的效率；当流量小于$14m^3/min$时，所需功率是离心鼓风机的1/2，首次费用也是离心机的1/2。罗茨鼓风机主要由气缸和端盖转子、轴、轴承、同步齿轮等组成。结构简单，制造方便。气缸和端盖由灰铸铁铸成，经精密加工而成，转子用球墨铸铁制造，转子断面有渐开线型，圆弧形和摆线形。转子的头数有2头、3头。2头的转子均为直叶，3头转子有直叶和扭叶两种，能改善排气的不均匀性，降低噪声。转子轴由合金钢制造。采用迷宫密封或机械密封，为防止气体泄漏。

新安装或经过检修的鼓风机，均应进行运转前的空载与负荷试车。一般空载运转2～4h，然后按出厂技术要求，逐渐加压到满负荷试车8h以上。

9.1.2　罗茨鼓风机的运行管理

1. 开机前的准备与检查

（1）检查电源电压的波动值是否在380V±10%范围内。

（2）检查仪表和电气设备是否处于良好状态，检查接线情况，需接地的电气设备应可靠接地。

（3）鼓风机和管道各接合面连接螺栓、机座螺栓、联轴器柱销螺栓均应紧固。

（4）齿轮油箱内润滑油应按规定牌号加到油标线的中位。轴封装置应用压注油杯加入适量的润滑油。

（5）按鼓风机旋向，用手盘动联轴器2～3圈，检查机内是否有摩擦碰撞现象。

（6）鼓风机出风阀应关闭，旁通阀处于全开状态，对安全阀进行校验。

（7）检查传动带松紧程度，必要时进行调整。

（8）空气过滤器应清洁和畅通，必要时进行清堵或更换。

2. 空载运转

（1）按电气操作顺序开启风机。

（2）空载运转期间，应注意机组的振动状况和倾听转子有无碰撞声和摩擦声，有无转子与机壳局部摩擦发热现象。

（3）滚动轴承支承处应无杂声和突然发热冒烟状况，轴承处温度不应超过规定值。

（4）轴封装置应无噪声和漏气现象。

（5）同步传动齿轮应无异常不均匀冲击噪声。

（6）齿轮润滑方式一般为“飞溅式”，通过油箱上透明监视应看到雾状油珠聚集在孔盖下。

（7）空载电流应呈稳定状态，记下仪表读数。

3. 负荷运转

（1）开启出风阀，关闭旁通阀，掌握阀门的开关速度，升压不能超过额定范围，不能满载试车。

（2）风机启动后，严禁完全关闭出风道，以免造成爆裂事故。

（3）负荷运转中，应检查旁通阀有无发热、漏气现象。

（4）大小风机要同时开时，应按上述程序先开小风机，后开大风机。要开多台风机时应待一台开出正常后再开另一台。

（5）其他要求同空载运转。

4. 停机操作

（1）停机前先做好记录，记下电压、电流、风压、温度等数据。

（2）逐步打开旁通阀，关闭出气阀，注意掌握阀门的开关速度。

（3）按下停车按钮。

5. 巡视管理

（1）鼓风机在运转时至少每隔1h巡视一次，每隔2h抄录仪表读数一次（电流、电压、风压、油温等）。

（2）再次巡视，检查内容如下：

1）听鼓风机声音是否正常，运转声音不应有非正常的摩擦声和撞击声，如不正常时应停车检查，排除故障。

2）检查风机各部分的温度，两端轴承处温度不高于80℃，齿轮润滑油温度不超过60℃；风机周围表面用手摸时不烫手，电动机应无焦味或其他气味。

3）检查油位。油面高度应在油标线范围内，从油窗盖上观察润滑油飞溅情况应符合技术要求，发现缺油应及时添加，油箱上透气孔不应堵塞。

4）检查风压是否正常，各处是否有漏气现象。检查各运转部件，振动不能太大，电器设备应无发热松动现象。

6. 紧急停车

发现以下情况时应立即停车，以避免设备事故：

（1）风叶碰撞或转子径向、轴向窜动与机壳相摩擦，发热冒烟时。

（2）轴承、齿轮箱油温超过规定值时。

（3）机体强烈振动时。

（4）轴封装置涨圈断裂，大量漏气时。

（5）电流、风压突然升高时。

（6）电动机及电气设备发热冒烟时等。

9.2 离心鼓风机的运行管理

9.2.1 离心鼓风机的性能特点

离心鼓风机实质是一种变流量恒压装置。当转速一定时，离心鼓风机的压力—流量理论曲线是一条直线，由于内部损失，实际特性曲线是弯曲的。离心鼓风机产生的压力受到进气温度或密度变化的影响。对一个给定的进气量，最高进气温度（空气密度低）时产生的压力最低。对于一条给定的压力与流量特性曲线，就有一条功率与流量特性曲线。当鼓风机以恒速运行时，对于一个给定的流量所需的功率随进气温度的降低而升高。

9.2.2 离心鼓风机的运行管理

1. 开车前的检查

离心鼓风机首次开车前应全面检查机组的气路、油路、电路和控制系统是否达到了设计和使用要求。

（1）检查进气系统、消音器、伸缩节和空气过滤器的清洁度和安装是否正确。特别检查叶轮前面的部位、进气口和进气管。

（2）检查油路系统。检查油箱是否清洁，油路是否畅通；检查油号是否符合规定，加油是否至油位；启动油泵，检查旋转方向是否正确。油泵不得无油空转或反转。油温低于10℃不得启动油泵，否则造成油泵电动机超负荷，应启动加热系统使之达到运行温度。

若油路系统已拆过或改动过，油路系统必须按下列步骤用油进行冲洗：

拆下齿轮箱和鼓风机上的油路，使油通过干净的管路流回油箱。

（3）外部油系统用温度超过10℃的油冲洗1h。

重新连接齿轮箱和鼓风机的管路，并确认管路畅通；小心用手盘动转子一周，然后再清洗0.5h。

（4）检查滤油芯，若必要应予清洗或更换。

（5）检查放空阀、止回阀安装是否正确。

（6）检查放空阀的功能和控制是否正确。

（7）检查扩压器控制系统的功能和控制是否正确。

（8）检查进口导叶控制系统的功能和控制是否正确。

（9）检查冷却器的冷却效果。

（10）采用水冷时，检查管路和阀门安装是否正确，水压是否正常，有无泄漏。

（11）采用风冷时，检查风扇电动机的旋转方向。

2. 试运转

试运转的目的是检查开 / 停顺序和电缆连接是否正确。试运转时恒温器、恒压器和各种安全检测装置已经通过实验。

启动风机前必须手动盘车检查，各部位不应有不正常的撞击声。

试运转期间应检查和调整下列项目：

放空阀开、闭时间；止回阀的功能；压力管路中的升压功能；润滑油的压力和温度应稳定；调节冷却器情况；采用水冷时，调节恒温阀，检查通水情况；采用风冷时，调节恒温阀，检查风扇电动机的开停情况；检查油温；扩压器叶片手动调整实验情况；进口导叶手动调整实验情况；安全检测装置、恒温器、恒压器及紧急停车装置的实验情况；正常启动和停车顺序实验情况；电动机过载保护（扩压器 / 进口导叶极限位置）实验情况；在工作温度时检查漏油情况；检查就地盘的接线。

3. 启动与停车

打开放空阀或旁通阀；使扩压器和进口导叶处于最小位置；给油冷却器供水（风冷时开启冷却扇）；启动辅助油泵；辅助油泵油压正常后，启动机组主电动机；主油泵产生足够油压后，停辅助油泵；使导叶微开（15°）；机组达到额定转速确认各轴承温升，各部分振动都符合规定；进口导叶全开时，慢慢关闭放空阀或旁通阀；放空阀关闭后，扩压器或进口导叶进入正常动作，启动程序完成，机组投入负荷运行。

4. 正常停车程序

停车程序不像开车那样严格，大致与启动程序相反。

打开放空阀；进口导叶关至最小位置；开辅助油泵。机组主电动机停车；机组停车后，油泵至少连续运行 20min；油泵停止工作后，停冷却器冷却水。

5. 运行检查

鼓风机运行时应检查下列项目：

油位不得低于最低油位线；油温；油压；油冷却器供水压力和进水温度；鼓风机排气压力；鼓风机进气压力；鼓风机排气温度；鼓风机进气温度；进气过滤器压差；振动；功率消耗。

鼓风机运行时，应定期记录仪表读数，并进行分析对比。由于扩压器或进风导叶系统并不是全开到全关闭频繁地动作，因此就地盘至少每周一次设定在手动位置，扩压器或进口导叶从全开到全闭至少动作两次。这个方法也适应不同风机。应每月检查一次油质。如果鼓风机停机一个月，应采取下列措施：就地盘设定手动位置，启动油泵当油泵运行 30min 后，鼓风机按正确方向至少盘车 5 周。油泵运行 1h，运行时间长更好。

机组运行中有下列情况之一应立即停车：

机组发生强烈振动或机壳内有磨刮声；任意轴衬冒出烟雾；油压降低；轴承温度突然升高超过允许值，采取措施仍不能降低；油位降至最低油位线，加油后油位未上升；转子轴向窜动超过 0.5mm。

6. 机组运行中维护

首次开车后200h应换油，如果被更换的油未变质，经过滤后仍可重新使用；首次开车后500h应做油样分析，以后每月做一次油样分析，发现变质应立即换油，油耗必须符合规定，严禁使用其他牌号的油；经常检查油箱的油位，不得低于最低油位线；经常检查油压是否保持正常值；经常检查轴承的油温，不应超过60℃，并根据情况调节油冷却器冷却水量。使轴承温度保持为30～40℃；定期检查油过滤器；经常检查空气过滤器的阻力变化，定期更换滤布；经常注意并定期测听机组运行和轴承的振动，如发现声音异常和振动加剧，应立即采取措施，必要时应紧急停车，找出原因，排除故障；严禁机组在喘振区运行；按电动机说明要求，定期对电动机进行检查和维护。

7. 机组的并联

必须注意单台鼓风机运行与几台鼓风机联运的工况是不同的，如果仅一台鼓风机运行，它将在单台鼓风机性能曲线与系统曲线交点处运行，输出的气量要比原设计流量稍大；如果两台同规格的鼓风机以同样的速度运行，它们的压力—流量曲线是相同的，如果两台并联到系统中去，它们将叠加成一条新的曲线在与系统曲线交点处运行。新曲线是任选的排气压力对应流量的2倍绘制而成。鼓风机并联运行时，总流量等于每台鼓风机的流量，而排气压力则由总流量时的管道系统的特性曲线所决定。如果两台鼓风机的实际特性曲线相同，则分配给每台鼓风机的流量是总流量的一半。由于实际特性曲线总是有区别，因此鼓风机之间的负荷的分配就不可能相等，因此其中一台鼓风机可能在另一台之前发生喘振。多台机组运行时也是如此，每台鼓风机的流量是可以单独控制的。在实际应用中，鼓风机的规格或型号不必完全一致，但通常按相同规格配置。鼓风机具有平缓上升的压力曲线，最适合并联运行，轻微的压力变化对流量的影响很小。排气量相同的鼓风机并联运行时，问题可能发生在后启动的那台鼓风机。

一台鼓风机运行后，其流量决定是由排气总管的系统压力来决定的，如果启动一台没有运行的鼓风机，它必须产生足够的压力才能顶开止回阀向总管供气，唯一的途径是提高鼓风机的排气量，产生比总管压力高的压力。提高排气量的方法是打开排气阀，使鼓风机向大气中排气，这样就能提高排气量，产生足够的压力顶开止回阀，在新启动鼓风机并网前，最好将正在运行的鼓风机的风量减小到最低后并网，然后关闭放气阀，两台鼓风机投入运行，调整鼓风机的流量，使其工况一致，防止喘振现象的发生。如果几台鼓风机运行，应按电流表的指示作为电动机负荷平衡指示，也就是调节进气阀的方法使所有的电流表的读数几乎相等。如果负荷不平衡，低负荷的鼓风机就可能发生喘振。几台鼓风机并联运行，运行人员应经常调换鼓风机的启动次序，其目的是使所有的鼓风机保持相同运行时间。

8. 喘振及其防止的措施

离心鼓风机存在喘振现象，当进风流量低于一定值时，由于鼓风机产生的压力突然低于出口背压致使后面管路中的空气倒流，弥补了流量的不足，恢复工作把倒流的空气压出去，压力再度下降，后面管路中的空气又倒流回来，不断重复上述现象，机组及气体管路产生低频高振幅压力脉动，并发出很大声响，机组剧烈振动，这种现象就是喘振。严重时损坏机组部件，为使鼓风机不发生喘振，必须使进气流量大于安全的最低值，可调节进口导叶或进气节流装置，使鼓风机的工况不在喘振区。

引起喘振的原因有：① 总压力管压力过高。② 进气温度太高。③ 鼓风机转速降低或机械故障。

手动操作的情况下发生喘振，应尽快打开排气阀，降低机组出口的背压，使鼓风机的工况点向大流量区移动消除喘振现象。

消除喘振方法：开启放气或旁通阀；限制进口导叶的调整；限制进气流量；调速；降低气流的系统阻力。

9. 离心鼓风机节能措施

利用离心鼓风机给曝气池供气时，其排气压力相对稳定，但需气量和环境温度是变化的，为适应不同运行工况，最大限度地节约电能，可以通过改变转速，进口导叶或蝶阀节流装置进行流量调节和控制。在变工况运行时，改变转速具有较高效率，并有较宽的性能范围，但变速及控制设备的价格昂贵。调节时应避开转子的临界速度，多数离心机经常利用可调进口导叶以满足工艺需要，部分负荷运行时，可求得高效率和较宽的性能范围，因此进口导叶已成为污水处理厂单级鼓风机普遍采用部件，进口导叶调节，可手动或自动，使流量在50%～100%额定流量的范围内变化。

9.3　鼓风机运行中应注意的问题

（1）调节鼓风机的供气量，应根据生物反应池的需氧量确定。

（2）当鼓风机及水（油）冷却系统因突然断电或发生故障时，应采取措施。

（3）鼓风机叶轮严禁倒转。

（4）鼓风机房应保证良好的通风。正常运行时，出风管压力不应超过设计压力值。停止运行后，应关闭进、出气闸阀或调节阀。长期停用的水冷却鼓风机，应将水冷却系统的存水放空。

（5）鼓风机在运行中，应定时巡查鼓风机及电动机的油温、油压、风量、风压、外界温度、电流、电压等参数，并填写记录报表。当遇到异常情况不能排除时，应立即按操作程序停机。

（6）对鼓风机的进风廊道、空气过滤及油过滤装置，应根据压差变化情况适时清洁；并应按设备运行要求进行检修或更换已损坏的部件。

（7）对备用的鼓风机转子与电动机的联轴器，应定期手动旋转一次，并更换原停置角度。

（8）对鼓风系统消声器消声材料及导叶的调节装置，应定期检查，当有腐蚀、老化、脱落现象时，应及时维修或更换。

（9）使用微孔曝气装置时，应进行空气过滤，并应对微孔曝气器、单孔膜曝气器进行定期清洗。

（10）正常运行的罗茨鼓风机，严禁完全关闭排气阀，不得超负荷运行。

（11）对以沼气为动力的鼓风机，应严格按照开停机程序进行，每班加强巡查，并应检查气压、沼气管道和闸阀，发现漏气应及时处理。

（12）鼓风机运行中严禁触摸空气管路。维修空气管路时，应在散热降温后进行。

（13）调节出风管闸阀时，应避免发生喘振。

（14）按照运行维护周期，在卸压的情况下应对安全阀进行各项功能的检查。

（15）在机器间巡视或工作时，应与联轴器等运转部件保持安全距离。

（16）进入鼓风机房时，应佩戴安全防护耳罩等。

本教材数字资源列表

主要参考文献

[1] 中华人民共和国住房和城乡建设部. 城镇供水厂运行、维护及安全技术规程：CJJ 58—2009 [S]. 北京：中国建筑工业出版社，2009.
[2] 中华人民共和国住房和城乡建设部. 城镇污水处理厂运行、维护及安全技术规程：CJJ 60—2011 [S]. 北京：中国建筑工业出版社，2011.
[3] 李圭白，张杰. 水质工程学（下册）[M]. 2版. 北京：中国建筑工业出版社，2013.
[4] 张自杰. 排水工程（下册）[M]. 5版. 北京：中国建筑工业出版社，2015.
[5] 严煦世，高乃云. 给水工程（上册）[M]. 5版. 北京：中国建筑工业出版社，2020.
[6] 张朝升. 小城镇给水厂设计与运行管理 [M]. 北京：中国建筑工业出版社，2010.
[7] 李亚峰，晋文学，陈立杰. 城市污水处理厂运行管理 [M]. 3版. 北京：化学工业出版社，2015.
[8] 徐梅芳. 小城镇给水厂设计与运行管理指南 [M]. 天津：天津大学出版社，2015.
[9] 国家市场监督管理总局，国家标准化管理委员会. 泵站技术管理规程：GB/T 30948—2021 [S]. 北京：中国标准出版社，2021.
[10] 李亚峰，佟玉衡，陈立杰. 实用废水处理技术 [M]. 北京：化学工业出版社，2007.
[11] 王晖，周杨. 污水处理工 [M]. 北京：中国建筑工业出版社，2004.
[12] 李亚峰，班福忱，许秀红. 废水处理实用技术及运行管理 [M]. 北京：化学工业出版社，2013.
[13] 纪轩. 污水处理工必读 [M]. 北京：中国石化出版社，2004.
[14] 李亚峰，夏怡，曹文平. 小城镇污水处理设计及工程实例 [M]. 北京：化学工业出版社，2011.
[15] 张弛，汪美贞. 污水处理百问百答 [M]. 杭州：浙江工商大学出版社，2011.
[16] 徐亚同. 废水生物处理的运行管理与异常对策 [M]. 北京：化学工业出版社，2003.
[17] 张统. SBR及其变法污水处理与回用技术 [M]. 北京：化学工业出版社，2003.
[18] 王文东. 废水处理生物技术 [M]. 北京：化学工业出版社，2014.
[19] 尹士君，李亚峰. 水处理构筑物设计与计算 [M]. 3版. 北京：化学工业出版社，2015.
[20] 李亚峰，马学文，刘强. 小城镇污水处理厂的运行管理 [M]. 北京：化学工业出版社，2011.
[21] 王宝贞，王琳. 水污染治理新技术 [M]. 北京：科学出版社，2004.
[22] 崔玉川，杨崇豪，张东伟. 城市污水回用深度处理设施设计计算 [M]. 北京：化学工业出版社，2003.
[23] 徐强. 污泥处理处置新技术新工艺处理 [M]. 北京：化学工业出版社，2011.
[24] 刘景明. 水处理工 [M]. 北京：化学工业出版社，2014.